高等职业教育土木建筑类专业新形态教材

建筑装饰工程概预算
（第3版）

主　编　侯小霞　夏莉莉
参　编　邱玉婷

北京理工大学出版社
BEIJING INSTITUTE OF TECHNOLOGY PRESS

内 容 提 要

本书详细阐述了建筑装饰工程概预算的编制程序及方法。全书共十章，主要内容包括建筑装饰工程概预算概述、建筑装饰工程定额原理、建设工程项目费用、建筑装饰工程工程量清单及其计价、建筑装饰工程工程量计算、建筑装饰工程材料用量计算、建设项目投资估算、建设工程设计概算、建筑装饰工程施工图预算和建筑装饰工程结算与竣工决算等。

本书可作为高职高专院校工程造价、建筑装饰工程技术等相关专业的教材，也可作为建筑装饰工程施工管理人员学习工程概预算知识的参考用书。

版权专有　侵权必究

图书在版编目（CIP）数据

建筑装饰工程概预算 / 侯小霞，夏莉莉主编 . —3版 . —北京：北京理工大学出版社，2020.1（2022.1重印）

ISBN 978-7-5682-7969-7

Ⅰ.①建… Ⅱ.①侯… ②夏… Ⅲ.①建筑装饰－建筑概算定额－高等学校－教材 ②建筑装饰－建筑预算定额－高等学校－教材 Ⅳ.①TU723.3

中国版本图书馆CIP数据核字（2019）第253304号

出版发行 /	北京理工大学出版社有限责任公司
社　　址 /	北京市海淀区中关村南大街5号
邮　　编 /	100081
电　　话 /	（010）68914775（总编室）
	（010）82562903（教材售后服务热线）
	（010）68944723（其他图书服务热线）
网　　址 /	http://www.bitpress.com.cn
经　　销 /	全国各地新华书店
印　　刷 /	北京紫瑞利印刷有限公司
开　　本 /	787毫米×1092毫米　1/16
印　　张 /	16.5
字　　数 /	390千字
版　　次 /	2020年1月第3版　2022年1月第3次印刷
定　　价 /	45.00元

责任编辑 / 李玉昌
文案编辑 / 李玉昌
责任校对 / 周瑞红
责任印制 / 边心超

图书出现印装质量问题，请拨打售后服务热线，本社负责调换

第3版前言

随着我国国民经济的稳步提升，房地产市场的高速增长，人民生活质量水平不断提高，人们对于建筑装饰工程的要求也越来越高，新工艺、新材料在建筑装饰工程中得以大量使用，从而使得建筑装饰工程概预算编制和控制工作更加重要和突出。合理、准确地确定建筑装饰工程造价，是工程造价管理部门和工程造价计价人员的一项重要任务。建筑装饰工程概预算不仅对建设工程造价起着控制作用，而且对于工程投资、工期、施工等各方面都有着较大的影响，能够有效地分析和控制建筑装饰工程造价，控制投资规模，缩短建设时间，对于提高投资效益具有重要作用。

"建筑装饰工程概预算"是高职高专院校工程造价、建筑装饰工程技术等相关专业学习工程造价知识的核心课程，本书要解决的主要问题是如何使学生从理论上掌握建筑装饰工程概预算的编制原理，从实践上掌握建筑装饰工程概预算的编制方法。本书自1、2版出版发行以来，经相关高职高专院校的教学使用，得到了广大师生的认可和喜爱，但随着《房屋建筑与装饰工程消耗量定额》（TY 01-31-2015）的发布实施，以及国家在建设工程造价领域积极推进营改增税收政策，建筑业现已全面实施了"营改增"，书中部分内容已不符合当前建筑装饰工程概预算编制工作实际。为使本书能更好地满足高职高专院校教学工作的需要，编者根据最新建筑装饰工程概预算定额及造价编制管理的相关文件精神，根据各院校使用者的建议，对本书进行了修订。

（1）根据高职高专学生工作就业的需要，结合建筑装饰工程概预算编制工作实际，对本书的部分章节进行合并、删除或补充，如结合最新版装饰工程消耗量定额对工程定额体系进行完善，并对单位估价表、企业定额和工期定额等内容进行补充；根据最新建设工程概预算编审规程对建筑装饰工程设计概算、施工图预算、竣工结算等内容进行修订。

（2）根据建筑装饰工程最新定额及造价相关政策文件对教材内容进行了修改与充实，强化了教材的实用性和先进性，使修订后的教材能更好地满足高职高专院校教学工作的需要。如结合《房屋建筑与装饰工程消耗量定额》（TY 01-31-2015）的内容，对书中定额项目说明及定额工程量计算规则进行修订；根据国家全面开展营业税改增值税的相关政策文件，对书中有关税金计取的内容进行修订。

（3）对各章节的能力目标、知识目标、本章小结进行了修订，在修订中对各章节知识体系进行了深入的思考，并联系实际进行知识点的总结与概括，使该部分内容更具有指导性与实用性，便于学生学习与思考。对各章节的思考与练习也进行了适当补充，有利于学生课后复习，强化应用所学理论知识解决工程实际问题的能力。

本书由长治职业技术学院侯小霞、成都航空职业技术学院夏莉莉担任主编，宿迁泽达职业技术学院邱玉婷参与了本书部分章节的编写工作。在本书修订过程中，参阅了国内同行的多部著作，部分高职高专院校的老师也提出了很多宝贵的意见供我们参考，在此表示衷心的感谢！

本书虽经反复讨论修改，但限于编者的学识及专业水平和实践经验，修订后的图书仍难免有疏漏和不妥之处，恳请广大读者指正。

编　者

第2版前言

随着我国工程建设市场的快速发展，以及招标投标制、合同制的逐步推行，工程造价计价依据的改革正不断深化，工程造价管理改革也日渐加深，工程造价管理制度日益完善，市场竞争也日趋激烈，特别是《建设项目施工图预算编审规程》（CECA/GC 5—2010）、《建设项目工程结算编审规程》（CECA/GC 3—2010）、《建设工程工程量清单计价规范》（GB 50500—2013）及《房屋建筑与装饰工程工程量计算规范》（GB 50854—2013）等9个工程量计算规范的颁布实施，对做好建设工程概预算编制与管理工作提出了更高的要求。对于《建筑装饰工程概预算》一书来说，其中部分内容已不符合当前装饰装修工程概预算编制与管理工作实际，已不能满足高职高专院校教学工作的需要。

《建筑装饰工程概预算》一书自出版发行以来，经有关院校教学使用，深受广大师生的喜爱，编者倍感荣幸。它对广大学生从理论上掌握装饰装修工程概预算的编制原理，从实践上掌握装饰装修工程概预算的编制方法提供了力所能及的帮助。为使《建筑装饰工程概预算》一书的内容更好地符合装饰装修工作实际，帮助广大高职高专院校相关专业师生更好地理解2013版清单计价规范及现行建设工程概预算编审的内容，掌握建标〔2013〕44号文件的精神，根据各院校使用者的建议，结合近年来高职高专教育教学改革的动态，我们对第1版的相关内容进行了修订。本次修订主要进行了以下工作：

（1）严格按照《建设工程工程量清单计价规范》（GB 50500—2013）和《房屋建筑与装饰工程工程量计算规范》（GB 50854—2013）的内容，以及建标〔2013〕44号文件进行，修订后的教材更符合装饰装修概预算编制工作实际，更好地满足了当前高职高专院校教学工作的需要，帮助学生进一步了解定额计价与工程量清单计价的区别与联系。

（2）修订时进一步强化了实用性，集概预算编制理论与编制技能于一体，对部分内容进一步进行了丰富与完善，对知识体系进行除旧布新，便于学生更形象、直观地掌握装饰装修工程概预算编制的方法与技巧。

（3）依据《房屋建筑与装饰工程工程量计算规范》（GB 50854—2013），对已发生了变动的装饰工程工程量清单项目，重新组织相关内容进行了介绍，并对照新版规范修改了其计量单位、工程量计算规则和工作内容。本次修订还增加了拆除工程工程量计算以及措施项目费用计算等内容。

（4）修订时还对装饰装修工程概预算工作中具有较强实用价值的内容进行了必要补充，如对装饰装修工程材料用量计算的相关内容进行了补充等。

（5）对各章节的学习重点、培养目标、本章小结进行了修订，在修订中对各章节知识体系进行了深入的思考，并联系实际进行知识点的总结与概括，使该部分内容更具有指导性与实用性，便于学生学习和思考。

本书由侯小霞、王永利、夏莉莉担任主编，杨婷、李昊鹏担任副主编。

本书在修订过程中，参阅了国内同行多部著作，部分高职高专院校老师提出了很多宝贵意见供我们参考，在此表示衷心的感谢！对于参与本书第1版编写但未参加本次修订的老师、专家和学者，本书所有编写人员向你们表示敬意，感谢你们对高等职业教育改革所做出的不懈努力，希望你们对本书保持持续关注并多提宝贵意见。

本书虽经反复讨论修改，但限于编者的学识和专业水平及实践经验，修订后的教材仍难免有疏漏或不妥之处，恳请广大读者指正。

编　者

第1版前言

随着我国国民经济的发展，建筑装饰装修越来越受到人们的关注。随着装饰装修规模和范围的不断扩大，建筑装饰装修行业已经从传统的建筑业中分离出来，形成了一个比较独立的新兴行业。建筑装饰装修不仅广泛应用于宾馆、酒店、银行、写字楼、政府部门办公大楼，以及车站、码头、候机楼、休闲场所等领域，而且已经普遍进入寻常百姓家。

建筑装饰工程造价是根据设计图纸所规定的工程数量及其相应的劳动力、材料和机械台班消耗量进行编制的，主要用于确定整个建筑装饰工程所需的资金额度。建筑装饰工程造价按不同的建设阶段和不同的作用，分为设计概算、施工图预算（预算造价）、施工预算和工程决（结）算等。

建筑装饰工程费用是建筑工程造价的重要组成部分，也是建设项目总费用的一部分。认真开展建筑装饰工程的技术经济分析与概预算工作，是合理筹措、节约和控制建筑装饰工程投资，提高项目投资效率的重要手段和必然选择。随着各类建筑装饰装修档次的不断提高，装饰工程费用在整个建筑工程造价中所占的比重也在不断增长，普通建筑装饰工程费用占工程总造价的30%~50%，较高档次的建筑装饰工程费用甚至超过了总造价的50%。因此，合理、准确地确定建筑装饰工程造价，是工程造价管理部门和工程造价计价人员的一项重要任务。

"建筑装饰工程概预算"是高职高专院校工程管理相关专业学习工程造价的核心课程，该课程要解决的主要问题是使学生从理论上掌握建筑装饰工程概预算的编制原理，从实践中掌握建筑装饰工程概预算的编制方法。

本教材根据高职高专教育改革与发展的需要，结合全国高职高专教育工程管理专业教学指导委员会制定的教育标准和培养方案及主干课程教学大纲，本着"必需、够用"的原则，以"讲清概念、强化应用"为主旨进行编写，目的是培养学生综合运用理论知识解决实际问题的能力，提高实际工作技能，从而满足企业用人的需要。

本教材由侯小霞、刘芳任主编，杨婷、杜宏任副主编。全书主要包括建筑装饰工程定额、建筑装饰工程工程量计算、建筑装饰工程费用、建筑装饰工程投资估算、建筑装饰工程设计概算、建筑装饰工程施工图预算、建筑装饰工程结算与竣工决算、建筑装饰工程工程量清单计价等内容。

为方便教学，本教材在各章前面设置了【学习重点】和【培养目标】，给学生的学习和老师的教学做出了引导；在各章后面设置了【本章小结】和【思考与练习】，从更深的层次给学生以思考和复习的提示，从而构建了一个"引导—学习—总结—练习"的教学全过程。

本教材可作为高职高专工程管理相关专业的教材，也可作为工程造价人员的培训教材和相关工程技术管理人员的自学用书。本教材在编写过程中参阅了国内同行多部著作，部分高职高专院校老师对教材的编写工作提出了很多宝贵意见和建议，在此表示衷心的感谢！

本教材的编写虽经推敲核证，但限于编者的专业水平和实践经验，仍难免有疏漏或不妥之处，恳请广大读者批评指正。

编 者

目 录

第一章　建筑装饰工程概预算概述……1
　第一节　建筑装饰工程基础……1
　　一、建筑装饰工程的概念……1
　　二、建筑装饰工程的作用、分类及特点……1
　第二节　基本建设……3
　　一、基本建设的概念及分类……3
　　二、基本建设程序……5
　　三、基本建设项目划分……6
　第三节　建筑装饰工程概预算基础……6
　　一、建筑装饰工程概预算的概念与分类……6
　　二、建筑装饰工程概预算的作用……8
　　三、基本建设程序与工程概预算的关系……8
　第四节　本课程基本任务……9
　　一、本课程研究的对象与任务……9
　　二、本课程的学习方法……9

第二章　建筑装饰工程定额原理……11
　第一节　工程建设定额……11
　　一、定额的产生……11
　　二、工程建设定额的含义……12
　　三、工程建设定额的特点……13
　　四、工程建设定额的分类……14
　　五、定额的作用……15
　第二节　工程造价与定额计价……16
　　一、工程造价概述……16
　　二、定额计价……19
　　三、工程计价的基本程序……21
　第三节　工程建设定额消耗量指标的确定……23
　　一、工作时间分类和工作时间消耗的确定……23
　　二、人工消耗定额的确定……26
　　三、材料消耗定额的确定……27
　　四、机械台班消耗定额的确定……28
　第四节　建筑安装工程人工、材料、机械台班单价……29
　　一、人工日工资单价的组成和确定方法……29
　　二、材料单价的组成和确定方法……30
　　三、施工机械台班单价的组成和确定方法……32
　　四、施工仪器仪表台班单价的组成和确定方法……34
　第五节　预算定额……35
　　一、预算定额的概念及作用……35
　　二、预算定额的编制原则、编制依据、编制程序及要求……36
　　三、预算定额消耗量的编制方法……37
　　四、房屋建筑与装饰工程消耗量定额简介……39
　　五、预算定额基价编制……40
　　六、预算定额消耗量换算的方法……41
　第六节　概算定额、概算指标与投资估算指标……42
　　一、概算指标……42

二、概算定额……………………43
　　三、投资估算指标…………………45
第七节　施工定额…………………………48
　　一、施工定额的概念及作用………48
　　二、人工定额………………………49
　　三、机械台班使用定额……………52
　　四、材料消耗定额…………………54

第三章　建设工程项目费用………………58
第一节　设备、工器具及生产家具
　　　　购置费…………………………59
　　一、设备购置费……………………59
　　二、工具、器具及生产家具购置费…59
第二节　建筑安装工程费用………………59
　　一、按照费用构成要素划分………59
　　二、按照工程造价形成划分………65
第三节　工程建设其他费用………………70
　　一、土地使用费……………………70
　　二、与项目建设有关的其他费用…72
　　三、与未来企业生产经营有关的其他
　　　　费用…………………………74
第四节　预备费和建设期贷款利息………74
　　一、预备费…………………………74
　　二、建设期贷款利息………………75

第四章　建筑装饰工程工程量清单及其
　　　　计价………………………………77
第一节　建筑装饰工程量清单概述………77
　　一、工程量清单计价的意义………78
　　二、工程量清单计价的过程………78
　　三、工程量清单计价与传统定额预算
　　　　计价的差别…………………79
第二节　装饰工程工程量清单编制………80
　　一、分部分项工程量清单编制……81

　　二、措施项目清单编制……………84
　　三、其他项目清单编制……………85
　　四、规费、税金项目清单编制……89
第三节　装饰工程工程量计价……………90
　　一、招标控制价编制………………90
　　二、投标报价的编制………………94

第五章　建筑装饰工程工程量计算………99
第一节　工程量计算概述…………………99
　　一、工程量的概念及作用…………99
　　二、工程量计算的依据……………100
　　三、工程量计算方法………………100
第二节　建筑面积计算规则………………102
　　一、建筑面积的概念及作用………102
　　二、建筑面积计算规则……………103
第三节　楼地面装饰工程工程量计算……107
　　一、定额说明………………………107
　　二、定额工程量计算规则…………108
　　三、清单工程量计算规则…………109
　　四、工程量计算示例………………109
　　五、综合单价计算示例……………113
第四节　墙、柱面装饰与隔断、幕墙
　　　　工程量计算……………………114
　　一、定额说明………………………114
　　二、定额工程量计算规则…………115
　　三、清单工程量计算规则…………116
　　四、工程量计算示例………………117
　　五、综合单价计算示例……………124
第五节　天棚工程工程量计算……………126
　　一、定额说明………………………126
　　二、定额工程量计算规则…………127
　　三、清单工程量计算规则…………127
　　四、工程量计算示例………………127
　　五、综合单价计算示例……………129

第六节 门窗工程工程量计算……130
　　一、定额说明……130
　　二、定额工程量计算规则……132
　　三、清单工程量计算规则……133
　　四、工程量计算示例……134
　　五、综合单价计算示例……136
第七节 油漆、涂料、裱糊工程量计算……137
　　一、定额说明……137
　　二、定额工程量计算规则……138
　　三、清单工程量计算规则……141
　　四、工程量计算示例……141
　　五、综合单价计算示例……144
第八节 其他装饰工程量计算……145
　　一、定额说明……145
　　二、定额工程量计算规则……146
　　三、清单工程量计算规则……147
　　四、工程量计算示例……148
　　五、综合单价计算示例……149
第九节 拆除工程工程量计算……150
　　一、定额说明……150
　　二、定额工程量计算规则……151
　　三、清单工程量计算规则……152
第十节 措施项目……153
　　一、定额说明……153
　　二、定额工程量计算规则……155
　　三、清单工程量计算规则……156
　　四、工程量计算示例……159
　　五、综合单价计算示例……160

第六章 建筑装饰工程材料用量计算……162
　第一节 砂浆配合比计算……162
　　一、抹灰砂浆配合比计算……162
　　二、装饰砂浆配合比计算……164
　第二节 建筑装饰用块料用量计算……170

　　一、建筑陶瓷砖用量计算……170
　　二、建筑石材板（块）用量计算……172
　　三、建筑板材用量计算……175
　　四、顶棚材料用量计算……176
　第三节 壁纸、地毯用料计算……177
　　一、壁纸……177
　　二、地毯……178
　第四节 油漆、涂料用量计算……179
　　一、油漆用量计算……180
　　二、涂料用量计算……181
　第五节 屋面瓦及其他材料用量计算……185
　　一、屋面瓦用量计算……185
　　二、卷材（油毡）用量计算……186

第七章 建设项目投资估算……187
　第一节 投资估算概述……187
　　一、投资估算的概念与作用……187
　　二、投资估算工作内容……188
　　三、投资估算的阶段划分和精度要求……188
　第二节 建设工程投资估算的费用构成
　　　　 与计算……189
　　一、投资估算的费用构成……189
　　二、固定资产其他费用的计算……189
　　三、无形资产费用计算方法……191
　　四、其他资产费用（递延资产）计算
　　　　方法……192
　第三节 投资估算编制办法……192
　　一、投资估算文件的组成……192
　　二、投资估算的编制依据……193
　　三、项目建议书阶段投资估算……194
　　四、可行性研究阶段投资估算……195
　　五、投资估算过程中的方案比选、优化
　　　　设计和限额设计……195
　　六、流动资金的估算……196

3

第八章　建设工程设计概算 199
第一节　设计概算概述 199
一、设计概算的概念与作用 199
二、设计概算的分类 200
三、设计概算的编制依据 200
第二节　设计概算的编制办法 201
一、建设项目总概算及单项工程综合概算的编制 201
二、工程建设其他费用、预备费、专项费用概算编制 202
三、单位工程概算的编制 203
四、概算的调整 204
五、设计概算文件的编制程序和质量控制 204
第三节　设计概算的审查 205
一、设计概算审查的意义 205
二、设计概算审查的内容 205
三、设计概算审查的方法 206
四、设计概算审查的步骤 207

第九章　建筑装饰工程施工图预算 209
第一节　建筑装饰工程施工图预算概述 209
一、建筑装饰工程施工图预算的概念 209
二、建筑装饰工程施工图预算的作用 209
第二节　施工图预算文件组成及签署 210
一、施工图预算编制形式及文件组成 210
二、施工图预算文件表格格式 210
三、施工图预算文件签署 211

第三节　施工图预算的编制 211
一、施工图预算的编制依据 211
二、施工图预算的编制步骤 212
三、施工图预算编制方法 214
第四节　施工图预算审查与质量管理 216
一、施工图预算审查的意义 216
二、施工图预算审查的原则及依据 216
三、施工图预算审查的方式、内容与方法 217
四、施工图预算质量管理 218

第十章　建筑装饰工程结算与竣工决算 221
第一节　建筑装饰工程结算 221
一、建筑装饰工程结算的概念及意义 221
二、工程结算编审一般原则 222
三、建设项目工程结算编制 223
四、建设项目工程结算审查 227
五、质量管理 232
六、档案管理 232
第二节　建筑装饰工程竣工决算 233
一、竣工决算的概念与作用 233
二、竣工决算的编制 234
三、竣工决算的内容 235

附录　装饰工程工程量清单前九位全国统一编码 243

参考文献 254

第一章　建筑装饰工程概预算概述

知识目标

1. 了解建筑装饰工程、基本建设程序、工程概预算的基本概念。
2. 掌握基本建设项目的划分；基本建设程序与工程概预算的关系。

能力目标

1. 具备对基本建设工程项目进行划分的能力。
2. 能依据建筑装饰工程设计和施工的不同阶段，划分不同类别的建筑装饰工程概预算。

第一节　建筑装饰工程基础

一、建筑装饰工程的概念

建筑装饰工程是指为达到保护建筑物的主体结构、完善建筑物的使用功能、美化建筑物的目的，采用装饰装修材料或饰物，对建筑物的内外表面及空间进行的各种处理过程。建筑装饰工程包含装饰、装修、装潢三个方面的含义。

(1)建筑装饰。建筑装饰是指为了美化建筑物，体现个性化视觉效果，增加使用舒适感所做的工程。

(2)建筑装修。建筑装修是指为保证建筑房屋使用的基本功能，在不影响房屋结构承重的情况下所做的工程。

(3)建筑装潢。建筑装潢是指对建筑的装饰美化。

二、建筑装饰工程的作用、分类及特点

(一)建筑装饰工程的作用

建筑装饰工程是建筑工程的重要组成部分。其是在已经建立起来的建筑实体上进行装饰的工程，包括建筑内外装饰和相应的设施。归纳起来，建筑装饰工程具有以下主要作用：

(1)保护建筑主体结构。通过建筑装饰，使建筑物主体不受风雨和有害气体的侵蚀。

(2)保证建筑物的使用功能。这里是指建筑装饰应满足建筑物在灯光、卫生、隔声等方面的要求。

(3)强化建筑物的空间序列。对公共娱乐设施、商场、写字楼等建筑物的内部进行合理布局和分隔，可以满足这些建筑物在使用上的各种要求。

(4)强化建筑物的意境和气氛。通过建筑装饰，对室内外的环境进行再创造，从而使居住者或使用者获得精神享受。

(5)起到装饰性作用。通过建筑装饰，可达到美化建筑物和周围环境的目的。

(二)建筑装饰工程的分类

通常情况下，建筑装饰工程按建筑物的使用功能分为下列11类：
(1)酒店、宾馆、饭店、度假村装饰工程；
(2)展览馆、图书馆、博物馆装饰工程；
(3)商场、购物中心、店铺装饰工程；
(4)银行营业大厅、证券交易所装饰工程；
(5)办公楼、写字楼装饰工程；
(6)歌剧院、戏院、电影院装饰工程；
(7)歌舞厅、卡拉OK厅装饰工程；
(8)高级公寓、高层商住楼装饰工程；
(9)厨房厨具工程；
(10)园林雕塑工程；
(11)其他建筑装饰工程。

(三)建筑装饰工程的特点

1. **固定性**

与一般工业生产相比，虽然建筑装饰工程也是把资源投入产品的生产过程，其生产上的阶段性和连续性，组织上的专业化、协作化和联合化，是和工业产品的生产相一致的，但是，其实施却有着自身一系列的技术经济特点。这些特点首先表现为建筑装饰产品的固定性。这是由于建筑装饰工程是在已经建立起来的建筑实体上进行的，而建筑实体在一个地方建造后便不能移动，只能在建造的地方供人们长期使用，因此，建筑装饰工程也只能在固定的地方进行。与一般工业生产中生产者和生产设备固定不动、产品在流水线上流动不同，建筑装饰的产品本身是固定的，生产者和生产设备必须不断地在建筑物不同部位上流动。这就决定了建筑装饰施工的流动性。

2. **多样性**

建筑装饰产品的另一个显著特点是多样性。在一般工业生产部门，如机械工业、化学工业、电子工业等，生产的产品数量很大，而产品本身都是标准的同一产品，其规格相同、加工制造的过程也相同，按照同一设计图纸反复地连续进行批量生产；建筑装饰产品则不同，根据不同的用途、不同的自然环境、人文历史、不同的审美情趣、建造风格、造型、材料以及工艺各异的装饰作品、构配件等，从而表现出装饰产品的多样性。每一个建筑装饰产品都需要一套单独的设计图纸，在施工时，根据特定的自然条件、工艺要求，采用相应的施工方法和施工组织。即使采用相同造型、相同材质的设计，因为各地自然条件、材料资源的不同，施工时往往也需要采用不同的构造处理、不同的材料配比等，使之与特定自然条件和材料特性等相适应，从而保证产品质量。这使得装饰产品具有明显的多样性。

3. 体积庞大性

体积庞大是建筑装饰产品的另一个特点。由于建筑装饰产品的体积庞大，占用空间多，因而建筑装饰特别是建筑外装饰施工不得不在露天进行，即使是室内装饰施工，由于其作业的特点（如湿作业多，涂料施工、胶粘需要一定的温度、湿度条件等），所以其受自然气候条件影响很大。

4. 造价差异性

建筑装饰的流动性使得不同的建筑装饰产品具有不同的工程条件，因而在工程造价上也有很大差异；建筑装饰产品的多样性决定了建筑装饰产品的个体性，这种个体性使不同的建筑装饰产品的费用也不同；另外，建筑装饰产品的体积庞大性和装饰施工作业的特点决定了建筑装饰受自然气候条件的影响很大，因而，自然气候条件差异也使得不同的建筑装饰产品造价不同。

第二节　基本建设

一、基本建设的概念及分类

(一)基本建设的概念

1. 固定资产

固定资产是指在社会再生产过程中，可供较长时间的生产或生活使用，在使用过程中基本保持原有实物形态的劳动资料或其他物质资料。

一般情况下，凡列为固定资产的物质资料，应同时具备以下两个条件：

(1)使用期限在一年以上。

(2)劳动资料的单位价值在规定的限额以上：小型国有企业在1 000元以上；中型企业在1 500元以上；大型企业在2 000元以上。

不同时具备上述两个条件的应列为低值易耗品。

2. 固定资产投资

固定资产投资是以货币形式表现的计划期内建造、购置、安装或更新生产性和非生产性固定资产的工作量。

3. 基本建设

基本建设是指国民经济中的各个部门为了扩大再生产而进行的增加固定资产的建设工作，即把一定的建筑材料、机械设备等，通过购置、建造、安装等一系列活动，转化为固定资产，形成新的生产能力或使用效益的过程。固定资产扩大再生产的新建、扩建、改建、迁建、恢复工程及与此相关的其他工作，如土地征用、房屋拆迁、青苗赔偿、勘察设计、招标投标、工程监理等，也是基本建设的组成部分。因此，基本建设的实质是形成新的固定资产的经济活动。

(二)基本建设项目分类

基本建设是由若干个具体基本建设项目(简称建设项目)组成的。基本建设项目可从不同角度进行分类。

1. 按建设性质划分

(1)新建项目。新建项目是指从无到有,"平地起家",新开始建设的项目,或在原有建设项目基础上扩大三倍以上规模的建设项目。

(2)扩建项目。扩建项目是指为扩大原有产品生产能力(或效益)或增加新的产品生产能力,而在原有建设项目基础上扩大三倍以内规模的建设项目。

(3)改建项目。改建项目是指为提高生产效率,改进产品质量,或改变产品方向,对原有设备、工艺流程进行技术改造的项目。

(4)迁建项目。迁建项目是指由于各种原因经上级批准搬迁到另地建设的项目。迁建项目中符合新建、扩建、改建条件的,应分别视为新建、扩建或改建项目。迁建项目不包括留在原址的部分。

(5)恢复项目。恢复项目是指由于自然灾害、战争等原因使原有固定资产全部或部分报废,以后又投资按原有规模重新恢复建设的项目。在恢复的同时进行扩建的,应视为扩建项目。

2. 按建设项目资金来源渠道划分

(1)国家投资项目,是指国家预算计划内直接安排的建设项目。

(2)自筹建设项目,是指国家预算以外的投资项目。自筹建设项目又分地方自筹项目和企业自筹项目。

(3)外资项目,是指由国外资金投资的建设项目。

(4)贷款项目,是指通过向银行贷款的建设项目。

3. 按建设过程划分

(1)生产性项目。生产性项目是指直接用于物质生产或直接为物质生产服务的项目,主要包括工业项目(含矿业)、建筑业和地区资源勘探事业项目、农林水利项目、运输邮电项目、商业和物资供应项目等。

(2)非生产性项目。非生产性项目是指直接用于满足人民物质和文化生活需要的项目,主要包括住宅、教育、文化、卫生、体育、社会福利、科学实验研究项目、金融保险项目、公用生活服务事业项目、行政机关和社会团体办公用房等项目。

4. 按建设规模划分

基本建设项目按项目建设总规模或总投资可分为大型项目、中型项目和小型项目三类。习惯上将大型项目和中型项目合称为大中型项目,一般按产品的设计能力或全部投资额来划分。

新建项目按项目的全部设计规模(能力)或所需投资(总概算)计算;扩建项目按扩建新增的设计能力或扩建所需投资(扩建总概算)计算,不包括扩建以前原有的生产能力。其中,新建项目的规模是指经批准的可行性研究报告中规定的近期建设的总规模,而不是指远景规划所设想的长远发展规模。明确分期设计、分期建设的,应按分期规模计算。更新改造项目按照投资额分为限额以上项目和限额以下项目两类。

二、基本建设程序

基本建设程序就是指建设项目从酝酿、提出、决策、设计、施工到竣工验收整个过程中各项工作的先后次序。其是基本建设经验的科学总结，是客观存在的经济规律的正确反映。

我国大、中型项目和限额以上建设项目的建设应遵循以下程序：

(1)提出项目建议书。项目建议书是建设单位向国家提出的、要求建设某一建设项目的建议文件，即投资者对拟兴建项目的兴建必要性、可行性以及兴建的目的、要求、计划等进行论证并写成报告，建议上级批准。项目建议书是国家选择建设项目和有计划地进行可行性研究的依据。

(2)进行可行性研究。可行性研究是通过市场研究、技术研究和经济研究进行多方案比较，提出评价意见，推荐最佳方案，对建设项目技术上和经济上是否可行而进行科学分析和论证，为项目决策提供科学依据。在可行性研究的基础上编写可行性研究报告。

(3)报批可行性研究报告。项目可行性研究通过评估审定后，就要着手编写可行性研究报告。可行性研究报告是确定建设项目、编制设计文件的主要依据，在建设程序中占据主导地位，一方面要把国民经济发展计划落实到建设项目上；另一方面使项目建设及建成投产后所需的人、财、物有可靠保证。可行性研究报告批准后，不能随意修改或变更。

(4)选择建设地点。建设地点应根据区域规划和设计任务的要求来选择，按照隶属关系，由主管部门组织勘察设计等单位和所在地有关部门共同进行。

(5)编制设计文件。可行性研究报告和选点报告批准后，建设单位委托设计单位按可行性研究报告中的有关要求，编制设计文件。设计文件是安排建设项目和组织工程施工的主要依据。

(6)建设前期准备工作。为保证施工顺利进行，必须做好征地、拆迁、场地平整；完成施工用水、电、路等工程；组织设备、材料订货；准备必要的施工图纸；组织施工招标，择优选择施工单位；办理建设项目施工许可证等建设前期的准备工作。

(7)编制建设计划和建设年度计划。根据批准的总概算和建设工期，合理地编制建设项目的建设计划和建设年度计划，计划内容要与投资、材料和设备相适应，配套项目要同时安排，相互衔接。

(8)实施建设。在完成建设准备工作且具备开工条件后，正式开工建设工程。施工单位按施工顺序合理组织施工。在施工中，应严格按照设计要求和施工规范进行施工，确保工程质量，努力推广应用新技术，按科学的施工组织与管理方法组织施工、文明施工，努力降低造价，缩短工期，提高工程质量和经济效益。

(9)项目投产前的准备工作。项目投产前要进行生产准备，包括建立生产经营管理机构，制定有关制度和规定，招收、培训生产人员，组织生产人员参加设备的安装，调试设备和工程验收，签订原材料、协作产品、燃料、水、电等供应运输协议，进行工具、器具、备品、备件的制造或订货，进行其他必需的准备。

(10)竣工验收。建设项目的竣工验收是建设全过程的最后一个施工程序，是投资成果转入生产或使用的标志。符合竣工验收条件的施工项目应及时办理竣工验收，上报竣工投产或交付使用，以促进建设项目及时投产，发挥效益，总结建设经验，提高建设水平。

(11)后评价。建设项目后评价是工程项目竣工投产、生产运营一段时间之后,对项目的立项决策、设计施工、竣工投产、生产运营等全过程进行系统评价的一种技术经济活动,通过建设项目后评价达到肯定成绩、总结经验、研究问题、吸取教训、提出建议、改进工作、不断提高项目决策水平和投资效果的目的。

在上述程序中,以可行性研究报告得以批准作为一个重要的"里程碑",通常称之为批准立项,此前的建设程序可视为建设项目的决策阶段,此后的建设程序可视为建设项目的实施阶段。

三、基本建设项目划分

根据基本建设工程管理和确定工程造价的需要,基本建设项目划分为建设项目、单项工程、单位工程、分部工程和分项工程五个基本层次。

(1)建设项目。建设项目是指具有经过有关部门批准的立项文件和设计任务书,经济上实行独立核算,行政上具有独立的组织形式并实行统一管理的工程项目。我们通常认为:一个建设单位就是一个建设项目,建设项目的名称一般是以这个建设单位的名称来命名。

(2)单项工程。单项工程是指具有独立的设计文件,竣工后可以独立发挥生产能力并能产生经济效益或效能的工程,是建设项目的组成部分。如一个工厂的车间、办公楼、宿舍、食堂等,一个学校的教学楼、办公楼、实验楼、学生公寓等均属于单项工程。

(3)单位工程。单位工程是工程项目的组成部分,是指竣工后不能独立发挥生产能力或使用效益,但具有独立的施工图纸和组织施工的工程。一个单位工程由多个分部工程构成。

(4)分部工程。分部工程是指按工程的工程部位或工种不同进行划分的工程项目。如:在装饰工程这个单位工程中包括门窗工程,楼地面装饰工程,抹灰工程,天棚工程,油漆、涂料、裱糊工程等多个分部工程。

(5)分项工程。分项工程是指能够单独地经过一定的施工工序完成,并且可以采用适当计量单位计算的建筑或设备安装工程。例如,门窗这个分部工程中的木门、金属门、木窗、金属窗、窗台板、门窗套、窗帘等均属分项工程。分项工程是工程量计算的基本元素,是工程项目划分的基本单位,所以工程量均按分项工程计算。

第三节 建筑装饰工程概预算基础

一、建筑装饰工程概预算的概念与分类

每一个装饰工程,在其装饰造型、装饰结构、装饰材料等方面各不相同。完全相同的室内外装饰工程是很少见的。因此,装饰工程具有很强的单件性和多样性特点。装饰工程是在固定地点、固定结构部位上进行装饰施工,具有产品固定、人员流动的特点,装饰工

程的造价受当地资源条件、工资标准等各种因素的影响，其工料消耗也不完全相同。由于每个工程的具体情况不同，应采用恰当的方法来编制确定预算价格。

一般工程项目的建设程序依次可分为投资决策、工程设计、招投标、施工安装、竣工验收等几个阶段，而为了使其中的工程设计有次序、有步骤地进行，一般又可按工程规模大小、技术难易程度等不同分为三段设计（初步设计、技术设计、施工图设计），或两段设计（扩大初步设计、施工图设计）。

由于建筑装饰工程设计和施工的进展阶段不同，建筑装饰工程的概预算可分为投资估算、设计概算、施工图预算、施工预算、工程结算和竣工决算等。

1. 投资估算

投资估算是指在项目建议书和可行性研究阶段，由可研单位或建设单位编制，用以确定建设项目投资控制额的基本建设造价文件。投资估算是项目决策时一项重要的参考经济指标，是判断项目可行性的重要依据之一。

一般来说，投资估算比较粗略，仅作控制总投资使用。其方法是根据建设规模结合估算指标进行估算，常用到的指标有：平方米指标、立方米指标或产量指标等。投资估算在通常情况下应将资金打足，以保证建设项目的顺利实施。

投资估算文件在可行性研究报告时编制。

2. 设计概算

设计概算是指建设项目在设计阶段由设计单位根据设计图纸进行计算的，用以确定建设项目概算投资、进行设计方案比较、进一步控制建设项目投资的基本建设造价文件。设计概算由设计院根据设计文件编制，是设计文件的组成部分。

根据施工图纸设计深度的不同，设计概算的编制方法也有所不同。设计概算的编制方法有根据概算指标编制概算、根据类似工程预算编制概算、根据概算定额编制概算三种。

在方案设计阶段和修正设计阶段，根据概算指标或类似工程预算编制概算；在施工图设计阶段，可根据概算定额编制概算。

3. 施工图预算

施工图预算是指在施工图设计完成之后工程开工之前，根据施工图纸及相关资料编制的，用以确定工程预算造价及工料的基本建设造价文件。由于施工图预算是根据施工图纸及相关资料编制的，施工图预算确定的工程造价更接近实际。

施工图预算由建设单位或委托有相应资质的造价咨询机构编制。

4. 施工预算

施工预算是指施工单位在签订工程合同后，根据施工图等有关资料计算出施工期间所应投入的人工、材料和金额等数量的一种内部工程预算。其是施工企业加强施工管理、进行工程成本核算、下达施工任务和拟订节约措施的基本依据。

施工预算由施工承包单位编制，施工预算的内容包括：工程量计算、人工和材料数量计算、两算对比、对比结果的整改措施等。

5. 工程结算

工程结算是指建设工程承包商在单位工程完工后，根据施工合同、设计变更、现场技术签证、费用签证等资料编制的，确定工程造价的经济文件。工程结算是工程承包方与发包方办理工程竣工结算的重要依据。

工程结算是在单位工程完工后由施工单位编制、建设单位或委托有相应资质的造价咨询机构审查,审查后经双方确认的工程结算是办理工程最终结算的重要依据。

6. 竣工决算

竣工决算是指建设项目竣工验收后,建设单位根据工程结算以及相关技术经济文件编制的,用以确定整个建设项目从筹建到竣工投产全过程的实际总投资的经济文件。

竣工决算由建设单位编制,编制人是会计师。投资估算、设计概算、施工图预算、招标控制价、投标报价、工程结算的编制人是造价工程师。

二、建筑装饰工程概预算的作用

建筑装饰工程概预算是对装饰工程造价进行正规管理、降低装饰工程成本、提高经济效益的一个重要监控手段。其对保证施工企业的合理收益和确保装饰投资的合理开支起着重要的作用。建筑装饰工程概预算在工程中所起的作用可以归纳为以下几点:

(1)确定建筑装饰工程造价的重要方法和依据。

(2)进行建筑装饰工程项目方案比较、评价、选择的重要基础工作内容。

(3)设计单位对设计方案进行技术经济分析比较的依据。

(4)建设单位与施工单位进行工程招投标的依据,也是双方签订施工合同,办理工程结算的依据。

(5)施工企业组织生产、编制计划、统计工作量和实物量指标的依据。

(6)控制建筑装饰投资额、办理拨付工程款、办理贷款的依据。

(7)建筑装饰施工企业考核工程成本、进行成本核算或投入产出效益计算的重要内容和依据。

三、基本建设程序与工程概预算的关系

基本建设项目投资目标的实现是一个复杂的综合管理的系统过程,贯穿于基本建设项目实施的全过程,必须严格遵循基本建设的法规、制度和程序,按照概预算发生的各个阶段,使"编""管"结合,实行各实施阶段的全面管理与控制。图1-1表示了基本建设程序、概预算编制与管理的总体过程,以及工程(概)预算与基本建设不可分割的关系。

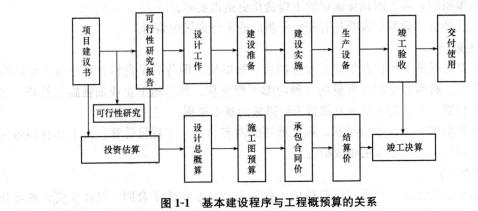

图1-1 基本建设程序与工程概预算的关系

第四节 本课程基本任务

一、本课程研究的对象与任务

1. 本课程的研究对象

物质资料的生产是人类赖以生存、延续和发展的基础，而物质生产活动都必须消耗一定数量的活劳动与物化劳动，这是任何社会都必须遵循的一般规律。建筑装饰工程建设是一项重要的社会物质生产活动，其中也必然要消耗一定数量的活劳动与物化劳动，而反映这种建筑装饰产品的实物形态在其建造过程中投入与产出之间的数量关系以及建筑装饰产品在价值规律下的价格构成因素，即本课程的研究对象。

2. 本课程的研究任务

随着我国经济体制改革的不断深入，国家逐步推行工程量计价办法，目的是建立以市场形成价格为主的价格体制，改革现行工程定额管理方式，实行量价分离，引导企业积极参与市场竞争，政府则进行宏观调控，从而确定出科学合理且符合市场经济运行规律的产品价格。因此，如何运用各种经济规律和科学方法，合理确定建筑装饰工程造价，科学地掌握价格变动规律，就成为本课程研究的主要任务。学好本课程的三个关键点是：正确地应用定额；合理地确定工程造价；熟练地计算工程量。

二、本课程的学习方法

(1)在教学过程中应注重结合现行国家或当地定额或单位估价表以及清单计价规范进行实践性教学。

(2)本课程是一门专业性、技术性、综合性、实践性很强的学科，学习时应注意与前期所学专业基础课有机结合，才能更好地理解和学好本课程。

(3)结合教学内容深入施工现场参观学习，让学生熟悉建筑装饰工程施工工艺过程，有助于学生在编制装饰工程预算时能够完整列项，提高预算编制的准确性。

(4)本课程实践性和操作性很强，在学习中要注意理论与实践相结合，结合工程实际，动手参与工程造价的编制；在实际编制中积极发现问题，及时解决问题，从而有效掌握装饰工程造价的编制原理、编制程序和工程造价的计算。

本章小结

本章主要介绍了建筑装饰工程的概念、作用、分类、特点，基本建设的概念与分类、基本建设项目的划分，建筑装饰工概预算的概念、分类与作用，基本建设程序与工程概预算的关系，本课程研究的对象、任务与学习方法，从而为进行建筑装饰工程概预算计价奠定扎实的基础。

思考与练习

一、是非题

1. 按建设性质划分，基本建设项目可划分为新建项目、扩建项目、改建项目、迁建项目和恢复项目。（   ）
2. 基本建设项目按项目建设总规模或总投资可分为大型项目和中型项目两类。（   ）
3. 一般工程项目的建设程序依次可分为投资决策、工程设计、招投标、施工安装、竣工验收等几个阶段。（   ）
4. 建筑装饰工程概预算是对装饰工程造价进行正规管理、降低装饰工程成本、提高经济效益的一个重要监控手段。（   ）

二、多项选择题

1. 我国大、中型项目和限额以上建设项目的建设遵循的程序，表述正确的有（   ）。
   A. 项目建议书是建设单位向国家提出的、要求建设某一建设项目的建议文件
   B. 可行性研究是通过市场研究、技术研究和经济研究进行多方案比较，提出评价意见，推荐最佳方案，对建设项目技术上和经济上是否可行而进行科学分析和论证，为项目决策提供科学依据。在可行性研究的基础上编写可行性研究报告
   C. 建设地点应根据区域规划和设计任务的要求来选择，按照隶属关系，由主管部门组织勘察设计等单位和所在地有关部门共同进行
   D. 可行性研究报告和选点报告批准后，建设单位委托设计单位按可行性研究报告中的有关要求，编制设计文件。设计文件是安排建设项目和组织工程施工的主要依据
2. 工程设计一般可按工程规模大小、技术难易程度等不同分为（   ）。
   A. 初步设计、技术设计、施工图设计　　B. 扩大初步设计、技术设计、施工图设计
   C. 初步设计、施工图设计　　　　　　　D. 扩大初步设计、施工图设计
3. 设计概算的编制方法有（   ）。
   A. 根据概算指标编制概算　　　　　　　B. 根据概算定额编制概算
   C. 根据预算编制概算　　　　　　　　　D. 以上都对
4. 施工预算的内容包括（   ）。
   A. 建筑安装工程费计算　　　　　　　　B. 两算对比
   C. 人工和材料数量计算　　　　　　　　D. 对比结果的整改措施

三、简答题

1. 简述建筑装饰工程的分类。
2. 什么是基本建设？
3. 简述基本建设项目的分类。
4. 我国大、中型项目和限额以上建设项目的建设应遵循的程序是怎样的？
5. 建筑装饰工程概预算的作用是什么？

第二章　建筑装饰工程定额原理

 知识目标

1. 了解定额的含义、特点与分类。
2. 掌握人工消耗量定额、材料消耗量定额、机械台班消耗量定额的确定方法。
3. 掌握建筑安装工程人工、材料、机械台班单价的确定方法。
4. 了解预算定额的概念与作用，掌握预算定额的编制步骤与方法。
5. 了解概算指标、概算定额、投资估算指标的概念与作用，熟悉它们的编制原则，掌握它们的编制步骤与方法。
6. 了解施工定额的概念与作用，掌握人工定额、施工机械台班定额以及材料消耗定额的编制方法。

 能力目标

具备编制预算定额、概算指标、概算定额、投资估算指标、施工定额的能力。

第一节　工程建设定额

一、定额的产生

定额产生于19世纪末资本主义企业管理科学的发展初期。当时，高速的工业发展与低水平的劳动生产率之间产生了矛盾。虽然科学技术发展很快，机器设备很先进，但企业在管理上仍然沿用传统的经验、方法，生产效率低，生产能力得不到充分发挥，阻碍了社会经济的进一步发展和繁荣，而且也不利于资本家赚取更多的利润。改善管理成了生产发展的迫切需求，在这种背景下，著名的美国工程师泰勒(F.W.Taylor, 1856—1915)制定出工时定额，以提高工人的劳动效率。他为了减少工时消耗，研究改进生产工具与设备，并提出一整套科学管理的方法，即著名的"泰勒制"。

泰勒提倡科学管理，主要着重于提高劳动生产率，提高工人的劳动效率。他突破了当时传统管理方法的羁绊，通过科学试验，对工作时间的利用进行细致的研究，制定标准的操作方法;通过对工人进行训练,要求工人改变原来习惯的操作方法,取消不必要的操作程序,并且在此基础上制定出较高的工时定额,用工时定额评价工人工作的好坏;为了使工人能达到定额,又制定了工具、机器、材料和作业环境的"标准化原理";为了鼓励工人努力完成定额,还制定了一种有差别的计件工资制度。如果工人能完成定额,就采用较高的工资率,如果工人完不成定额,则采用较低的工资率,以刺激工人为多拿60%或者更多的工资去努力工作,去适应标准化操作方法的要求。

"泰勒制"是资本家榨取工人剩余价值的工具,但它又以科学方法来研究分析工人劳动中的操作和动作,从而制定最节约的工作时间——工时定额。"泰勒制"给资本主义企业管理带来了根本性变革,对提高劳动效率做出了显著的科学贡献。

我国的古代工程也很重视工料消耗计算,并形成了许多则例。如果说人们在长期生产中积累的丰富经验是定额产生的土壤,这些则例就可以看作是工料定额的原始形态。我国北宋著名的土木建筑家李诫编修的《营造法式》,刊行于公元1103年,它是土木建筑工程技术的巨著,也是工料计算方面的巨著。《营造法式》共有三十四卷,分为释名、制度、功限、料例和图样五个部分。其中,第十六卷至第二十五卷是各工种计算用工量的规定;第二十六卷至第二十八卷是各工种计算用料的规定。这些关于算工算料的规定,可以看作是古代的工料定额。清代工部的《工程做法则例》中也有许多内容是说明工料计算方法的,甚至可以说它主要是一部算工算料的书。直到今天,《仿古建筑及园林工程预算定额》仍将这些则例等技术文献作为编制依据之一。

二、工程建设定额的含义

定额是在正常的施工生产条件下,完成单位合格产品所必需的人工、材料、施工机械设备及资金消耗的数量标准。它反映出一定时期的生产力水平。不同的产品有不同的质量要求,因此,不能把定额看成是单纯的数量关系,而应将其看成是质和量的统一体。考察个别生产过程中的因素不能形成定额,只有通过考察总体生产过程中的各生产因素,归结出社会平均必需的数量标准,才能形成定额。同时,定额还可反映出一定时期的社会生产力水平。

定额是企业管理科学化的产物,也是科学管理的基础,它一直在企业管理中占有重要的地位。如果没有定额提供可靠的基本管理数据,即使用电子计算机也不能取得科学、合理的结果。

在数值上,定额表现为生产成果与生产消耗之间一系列对应的比值常数,用公式表示则为

$$T_z = \frac{Z_{1,2,3,\cdots,n}}{H_{1,2,3,\cdots,m}}$$

式中　T_z——产量定额;
　　　H——单位劳动消耗量(如每一工日、每一机械台班等);
　　　Z——与单位劳动消耗相对应的产量。

或

$$T_h = \frac{H_{1,2,3,\cdots,n}}{Z_{1,2,3,\cdots,m}}$$

式中　T_h——时间定额;
　　　Z——单位产品数量(如每1 m³混凝土、每1 m²抹灰、每1 t钢筋等);

H——与单位产品相对应的劳动消耗量。

产量定额与时间定额是定额的两种表现形式,在数值上互为倒数,即

$$T_z = \frac{1}{T_h} \text{ 或 } T_h = \frac{1}{T_z}$$

则

$$T_z \cdot T_h = 1$$

定额的数值表明生产单位产品所需的消耗越少,则单位消耗获得的生产成果越大;反之,生产单位产品所需的消耗越多,则单位消耗获得的生产成果越小。它反映了经济效果的提高或降低。

三、工程建设定额的特点

装饰工程定额是建筑工程定额的组成部分,其涉及装饰技术、建筑艺术创作,也与装饰施工企业的内部管理,以及装饰工程造价的确定关系密切。因此,装饰定额具有以下几个特点。

1. 权威性

工程建设定额具有很大的权威,这种权威在一些情况下具有经济法规性质。权威性反映统一的意志和统一的要求,也反映信誉和信赖程度以及定额的严肃性。

工程建设定额权威性的客观基础是定额的科学性。只有科学的定额才具有权威性。但是在社会主义市场经济条件下,它必然涉及各有关方面的经济关系和利益关系。赋予工程建设定额一定的权威性,就意味着在规定的范围内,对于定额的使用者和执行者来说,无论主观上愿意不愿意,都必须按定额的规定执行。在当前市场不很规范的情况下,赋予工程建设定额以权威性是十分重要的。但是在将竞争机制引入工程建设的情况下,定额的水平必然会受市场供求状况的影响,从而在执行中可能产生定额水平的浮动。

应该指出的是,在社会主义市场经济条件下,对定额的权威性也不应该绝对化。定额毕竟是主观对客观的反映,定额的科学性会受到人们认识的局限。与此相关,定额的权威性也就会受到现实的挑战。更为重要的是,随着投资体制的改革和投资主体多元化格局的形成,随着企业经营机制的转换,它们都可以根据市场的变化和自身的情况,自主地调整自己的决策行为。因此,一些与经营决策有关的工程建设定额的权威性特征就弱化了。

2. 科学性

工程建设定额的科学性首先表现为定额是在认真研究客观规律的基础上,自觉遵守客观规律的要求,实事求是地制定的。因此,它能正确地反映单位产品生产所必需的劳动量,从而以最少的劳动消耗取得最大的经济效果,促进劳动生产率的不断提高。

定额的科学性还表现在制定定额所采用的方法上,通过不断吸收现代科学技术的新成就,不断完善,形成了一套严密的确定定额水平的科学方法。这些方法不仅在实践中行之有效,而且还有利于研究建筑产品生产过程中的工时利用情况,从中找出影响劳动消耗的各种主客观因素,设计出合理的施工组织方案,挖掘生产潜力,提高企业管理水平,减少以至杜绝生产中的浪费现象,促进生产的不断发展。

3. 统一性

工程建设定额的统一性,主要是由国家对经济发展有计划的宏观调控职能决定的。为

了使国民经济按照既定的目标发展，就需要借助于某些标准、定额、参数等，对工程建设进行规划、组织、调节、控制。而这些标准、定额、参数在一定的范围内必须是一种统一的尺度，才能实现上述职能，才能利用它对项目的决策、设计方案、投标报价、成本控制进行比选和评价。

工程建设定额的统一性按照其影响力和执行范围来看，有全国统一定额、地区统一定额和行业统一定额等；按照定额的制定、颁布和贯彻使用来看，有统一的程序、统一的原则、统一的要求和统一的用途。

在生产资料私有制的条件下，定额的统一性是很难想象的，充其量也只是工程量计算规则的统一和信息提供。我国工程建设定额的统一性与工程建设本身的巨大投入和巨大产出有关。它对国民经济的影响不仅表现在投资的总规模和全部建设项目的投资效益等方面，而且往往还表现在具体建设项目的投资数额及其投资效益方面。因而需要借助统一的工程建设定额进行社会监督。这一点和工业生产、农业生产中的工时定额、原材料定额也是不同的。

4. 稳定性与时效性

工程建设定额中的任何一种定额项目都是一定时期技术发展和管理水平的反映，因而在一段时间内都表现出稳定的状态。稳定的时间有长有短，一般为5～10年。保持定额的稳定性是维护定额的权威性所必需的，更是有效地贯彻定额所必需的。如果某种定额经常处于修改变动之中，那么必然会造成执行中的困难和混乱，使人们感到没有必要去认真对待它，很容易导致定额权威性的丧失。工程建设定额的不稳定也会给定额的编制工作带来极大的困难。

但是工程建设定额的稳定性也是相对的。当生产力向前发展了，定额就会与已经发展了的生产力不相适应。这样，它原有的作用就会逐步减弱乃至消失，需要重新编制或修订。

5. 系统性

工程建设定额是相对独立的系统。它是由多种定额结合而成的有机的整体。它的结构复杂，有鲜明的层次和明确的目标。

工程建设定额的系统性是由工程建设的特点决定的。按照系统论的观点，工程建设就是庞大的实体系统。工程建设定额是为这个实体系统服务的。因而，工程建设本身的多种类、多层次就决定了以它为服务对象的工程建设定额的多种类、多层次。从整个国民经济来看，进行固定资产生产和再生产的工程建设，是一个由多项工程集合而成的整体。

四、工程建设定额的分类

工程定额是一个综合概念，是生产消耗性定额的总称。它包括的定额种类很多。为了对工程定额从概念上有一个全面的了解，可对工程定额做如下分类。

1. 按生产要素分类

进行劳动生产所必须具备的三要素为劳动者、劳动对象和劳动手段。劳动者是指生产工人；劳动对象是指建筑材料和各种半成品等；劳动手段是指生产机具和设备。因此，定额可按这三个要素编制，即劳动定额、材料消耗定额、机械台班消耗定额。

2. 按编制程序和用途划分

工程定额按其用途分类，可分为施工定额、预算定额、概算定额及概算指标。

(1) 施工定额是施工企业中最基本的定额，是直接用于施工企业内部施工管理的一种技术定额。施工定额是以工作过程或复合工作过程为标定对象，规定某种建筑产品的人工消耗量、材料消耗量和机械台班消耗数量。施工定额可用来编制施工预算，编制施工组织设计、施工作业计划、考核劳动生产率和进行成本核算。施工定额也是编制预算定额的基础。

（2）预算定额是以建筑物或构筑物的各个分项工程为单位编制的，定额中包括所需人工工日数、各种材料的消耗量和机械台班数量，同时表示相应的地区基价。预算定额是在施工定额的综合和扩大的基础上编制的，可以用来编制施工图预算，确定工程造价，编制施工组织设计和工程竣工决算。预算定额是编制概算定额和概算指标的基础。

（3）概算定额是以扩大结构构件、分部工程或扩大分项工程为单位编制的。其包括人工、材料和机械台班消耗量，并列有工程费用。概算定额是在预算定额的综合和扩大的基础上编制，可以用来编制概算，进行设计方案经济比较，也可作为编制主要材料申请计划的依据。

（4）概算指标是以整座房屋或构筑物为单位编制的，包括人工、材料和机械台班定额等组成部分，而且列出了各结构部分的工程量和以每 100 m^2 建筑面积或每座构筑物体积为计量单位而规定的造价指标，是比概算定额更为综合的指标。概算指标是初步设计阶段编制概算的依据，是进行技术经济分析，考核建设成本的标准，是国家控制基本建设投资的主要依据。

3. 按编制单位和执行范围划分

按编制单位和执行范围，定额可分为全国统一定额、地方统一定额、企业定额和临时定额。

（1）全国统一定额是综合全国基本建设的生产技术、施工组织和生产劳动的情况下编制的，在全国范围内执行。

（2）地方统一定额是根据地方特点和统一定额水平编制的，只在规定的地区范围内使用。

（3）企业定额是由工程企业自己编制，在本企业内部执行的定额。针对现行的定额项目中的缺项和与国家定额规定条件相差较远的项目可编制企业定额，经主管部门批准后执行。

（4）临时定额是指统一定额和企业定额中未列入的项目，或在特殊施工条件下无法执行统一定额，由定额员和有经验的工人根据施工特点、工艺要求等直接估算的定额。制定后应报上级主管部门批准，在执行过程中及时总结。

五、定额的作用

1. 定额是编制计划的基础

建筑装饰工程需要编制各种计划来组织与指导生产，而计划编制中又需要各种定额来作为计算人力、物力、财力等资源需要量的依据。因此，定额是编制计划的重要基础。

2. 定额是确定工程造价的依据和评价设计方案经济合理性的尺度

工程造价是根据由设计规定的工程规模、工程数量及相应需要的劳动力、材料、机械设备消耗量及其他必须消耗的资金确定的。其中，劳动力、材料、机械设备的消耗量又是根据定额计算出来的，定额是确定工程造价的依据。同时，建设项目投资的大小又反映了各种不同设计方案技术水平的高低。因此，定额又是比较和评价设计方案经济合理性的尺度。

3. 定额是组织和管理施工的工具

建筑装饰企业要计算和平衡资源需要量、组织材料供应、调配劳动力、签发任务单、组织劳动竞赛、调动人的积极因素、考核工程消耗和劳动生产率、贯彻按劳分配工资制度、计算工人报酬等，都要利用定额。因此，从组织施工和管理生产的角度来说，企业定额又是建筑装饰企业组织和管理施工的工具。

4. 定额是总结先进生产方法的手段

定额是在平均先进的条件下，通过对生产流程的观察、分析、综合等过程制定的，它可以最严格地反映出生产技术和劳动组织的先进合理程度。因此，可以以定额方法为手段，对同一产品在同一操作条件下的不同的生产方法进行观察、分析和总结，从而得到一套比较完整的、优良的生产方法并作为生产中推广的范例。

第二节　工程造价与定额计价

一、工程造价概述

(一)工程造价的概念

工程造价是指进行一个工程项目的建造所需要花费的全部费用，即从工程项目确定建设意向直至建成、竣工验收为止的整个建设期间所支出的总费用。其是保证工程项目建造正常进行的必要资金，是建设项目投资中最主要的部分。工程造价主要由工程费用和工程其他费用组成。

1. 工程费用

工程费用包括建筑工程费用、安装工程费用和设备及工器具购置费用。

(1)建筑工程费用。建筑工程费用主要包括各类房屋建筑工程的供水、供暖、卫生、通风、燃气等设备费用及其装设、油饰工程的费用；列入工程预算的各种管道、电力、电信和电缆导线敷设工程的费用；设备基础、支柱、工作台、烟囱、水塔、水池等建筑工程以及各种炉窑的砌筑工程和金属结构工程的费用；为施工而进行的场地平整、地质勘探、原有建筑物和障碍物的拆除，以及工程完工后的场地清理、环境美化等工作的费用；矿井开凿、井圈延伸、露天矿剥离、修建铁路、公路、桥梁、水库及防洪等工程的费用等。

(2)安装工程费用。安装工程费用主要包括生产、动力、起重、运输、医疗、试验等各种需要安装的机械设备的装配费用；与设备相连的工作台、梯子、栏杆等设施的工程费用；附属于被安装设备的管线敷设工程费用；单台设备单机试运转、系统设备进行系统联动无负荷试运转工作的测试费用等。

(3)设备及工器具购置费用。设备及工器具购置费用是指建设项目设计范围内需要安装及不需要安装的设备、仪器、仪表等及其必要的备品备件购置费；为保证投产初期正常生产所必需的仪器仪表、工卡量具、模具、器具及生产家具等的购置费。在生产性建设项目中，设备及工器具费用可称为"积极投资"，它占项目投资费用比重的提高，标志着技术的进步和生产部门有机构成的提高。

2. 工程其他费用

工程其他费用是指未纳入以上工程费用的、由项目投资支付的、为保证工程建设顺利完成和交付使用后能够正常发挥效用而必须开支的费用。其包括建设单位管理费、土地使用费、研究试验费、勘察设计费、供配电贴费、生产准备费、引进技术和进口设备其他费、施工机构迁移费、联合试运转费、预备费、财务费用以及涉及固定资产投资的其他税费等。

(二) 工程造价的特点

工程造价具有动态性、大额性、兼容性、个别性和差异性、层次性等特点。

(1) 动态性。任何一项工程从决策到竣工交付使用，都有一个较长的建设时期，而且由于不可控因素的影响，在预计工期内，许多影响工程造价的动态因素，如工程变更、设备材料价格，工资标准以及费率、利率、汇率，都会发生变化。这种变化必然会影响到造价的变动。所以，工程造价在整个建设期中处于不确定状态，直至竣工决算后才能确定工程的实际造价。

(2) 大额性。能够发挥投资效用的任何一项工程，不仅实物形体庞大，而且造价高昂，动辄数百万元、数千万元、数亿元、十几亿元人民币，特大型工程项目的造价可达百亿元、千亿元人民币。工程造价的大额性使其关系到有关各方面的重大经济利益，同时也会对宏观经济产生重大影响。这就决定了工程造价的特殊地位，也说明了造价管理的重要意义。

(3) 兼容性。工程造价的兼容性首先表现在它具有两种含义，即工程造价既是指建设一项工程预期开支或实际开支的全部固定资产投资价格，也是指为建成一项工程，在土地市场、设备市场、技术劳务市场，以及承包市场等交易活动中预计或实际形成的建筑安装工程的价格和建设工程总价格。其次表现在工程造价构成因素的广泛性和复杂性。在工程造价中成本因素非常复杂。其中为获得建设工程用地支出的费用、项目可行性研究和规划设计费用、与政府一定时期政策(特别是产业政策和税收政策)相关的费用占有相当大的份额。最后，营利的构成也较为复杂，资金成本较大。

(4) 个别性和差异性。任何一项工程都有特定的用途、功能、规模。因此，对每一项工程的结构、造型、空间分割、设备配置和内外装饰都有具体的要求，因而，工程内容和实物形态都具有个别性、差异性。产品的个别性和差异性决定了工程造价的个别性和差异性。同时，每项工程所处地区、地段的各不相同，使这一特点得到了强化。

(5) 层次性。造价的层次性取决于工程的层次性。一个建设项目往往含有多个能够独立发挥设计效能的单项工程(车间、写字楼、住宅楼等)。一个单项工程又是由能够各自发挥专业效能的多个单位工程(土建工程、电气安装工程等)组成的。与此相适应，工程造价有三个层次：建设项目总造价、单项工程造价和单位工程造价。如果专业分工更细，单位工程(如土建工程)的组成部分——分部分项工程也可以成为造价对象，如大型土方工程、基础工程、装饰工程等，这样，工程造价的层次就增加分部工程造价和分项工程造价而成为五个层次。即使只从造价的计算和工程管理的角度看，工程造价的层次性也是非常突出的。

(三) 工程造价、建设项目投资费用和建筑产品价格之间的关系

一般可以这样理解，建设项目投资费用包含工程造价，工程造价包含建筑产品价格。由于建设项目投资费用主要是由建筑安装工程费用、设备及工器具购置费用以及工程建设其他费用所构成的，所以，通常就工程项目的建设及建设期而言，在狭义的角度上，人们

习惯上将投资费用与工程造价等同，将投资控制与工程造价控制等同。

建筑产品价格构成是建筑产品价格各组成要素的有机组合形式。在通常情况下，建筑产品价格构成与建设项目总投资中的建筑安装工程费用构成相同。后者是从投资耗费的角度进行表述；前者反映商品价值的内涵，是对后者在价格学角度的归纳。

（四）工程造价的作用

1. 工程造价是合理进行利益分配和调节产业结构的手段

工程造价的高低，关系到国民经济各部门和企业间的利益分配。在计划经济体制下，政府为了用有限的财政资金建成更多的工程项目，总是趋向于压低建设工程造价，使建设中的劳动消耗得不到完全补偿，价值不能得到完全实现。而未被实现的部分价值则被重新分配到各个投资部门，为项目投资者所占有。这种利益的再分配有利于各产业部门按照政府的投资导向加速发展，也有利于按宏观经济的要求调整产业结构。但是它也会严重损害建筑企业等的利益，从而使建筑业的发展长期处于落后状态，与整个国民经济的发展不相适应。在市场经济中，工程造价也无一例外地受供求状况的影响，并在围绕价值的波动中实现对建设规模、产业结构和利益分配的调节。在政府采用正确的宏观调控和价格政策导向后，工程造价在这方面的作用会充分发挥出来。

2. 工程造价是控制投资的依据

工程造价在控制投资方面的作用非常明显。工程造价通过多次预估，最终通过竣工决算确定下来。每一次预估的过程就是对造价的控制过程；而每一次估算都是对下一次估算严格的控制，具体来说，每一次估算都不能超过前一次估算的一定幅度。这种控制是在投资者财务能力的限度内为取得既定的投资效益所必需的。建设工程造价对投资的控制也表现在利用制定各类定额、标准和参数，对建设工程造价的计算依据进行控制。在市场经济利益风险机制的作用下，造价对投资的控制作用成为投资的内部约束机制。

3. 工程造价是评价投资效果的重要指标

工程造价是一个包含着多层次工程造价的体系，就一个工程项目来说，它既是建设项目的总造价，又包含单项工程的造价和单位工程的造价，同时，也包含单位生产能力的造价，或一个平方米建筑面积的造价等。所有这些，使工程造价自身形成了一个指标体系。其能够为评价投资效果提供多种评价指标，并能够形成新的价格信息，为今后类似项目的投资提供参照系。

4. 工程造价是项目决策的依据

建设工程投资大、生产和使用周期长等特点决定了项目决策的重要性。工程造价决定着项目的一次投资费用。投资者是否有足够的财务能力支付这笔费用，是否值得支付这项费用，是项目决策中要考虑的主要问题。财务问题是一个独立的投资主体必须首先解决的问题。如果建设工程的价格超过投资者的支付能力，就会迫使其放弃拟建的项目；如果项目投资的效果达不到预期目标，他也会自动放弃拟建的工程。因此，在项目决策阶段，建设工程造价就成为项目财务分析和经济评价的重要依据。

5. 工程造价是筹集建设资金的依据

投资体制的改革和市场经济的建立，要求项目的投资者必须有很强的筹资能力，以保证工程建设有充足的资金供应。工程造价基本上决定了建设资金的需要量，从而为筹集资金提供了比较准确的依据。当建设资金为金融机构的贷款时，金融机构在对项目的偿贷能力进行评估的基础上，也需要依据工程造价来确定给予投资者的贷款数额。

二、定额计价

1. 定额计价的概念

定额计价是以定额单价法确定工程造价，是我国采用的一种与计划经济相适应的工程造价管理制度。定额计价实际上是国家通过颁布统一的估算指标、概算指标，以及概算、预算和有关定额，来对建筑产品价格进行有计划的管理。国家以假定的建筑安装产品为对象，制定统一的预算和概算定额，计算出每一单元子项的费用后，再综合形成整个工程的价格。

2. 定额计价的性质

在不同经济发展时期，建筑产品有不同的价格形式、不同的定价主体、不同的价格形成机制，而一定的建筑产品价格形式产生、存在于一定的工程建设管理体制和一定的建筑产品交换方式之中。我国建筑产品价格市场化经历了"国家定价—国家指导价—国家调控价"三个阶段。定额计价是以概预算定额、各种费用定额为基础依据，按照规定的计算程序确定工程造价的特殊计价方法。因此，就价格形成而言，利用工程建设定额计算工程造价介于国家指导价和国家调控价之间。

第一阶段，国家定价阶段。在我国传统经济体制下，工程建设任务是由国家主管部门按计划分配的，建筑业不是一个独立的物质生产部门，建设单位、施工单位的财务收支实行统收统支，建筑产品实际上的价格仅仅是一个经济核算的工具而不是工程价值的货币反映。在这一阶段，建筑产品并不具有商品性质，所谓的"建筑产品价格"也是不存在的。

在这种工程建设管理体制下，建筑产品价格实际上是在建设过程的各个阶段利用国家或地区所颁布的各种定额进行投资费用的预估和计算，也可以说成是概预算加签证的形式。

第二阶段，国家指导价阶段。改革开放以后，传统的建筑产品价格形式已被逐步产生新的建筑产品价格形式所取代。这一阶段实施的是国家指导定价，出现了预算包干价格形式和工程招标投标价格形式。预算包干价格形式与概预算加签证形式相比，两者都属于国家计划价格形式，企业只能按照国家有关规定计算、执行工程价格。包干额是按照国家有关部门规定的包干系数、包干标准及计算方法计算的。但是预算包干价格对工程施工过程中费用的变动采取了一次包死的形式，对提高工程价格管理水平有一定作用。工程招标投标价格是在建筑产品招标投标交易过程中形成的工程价格，表现为标底价、投标报价、中标价、合同价、结算价等形式。这一阶段的工程招标投标价格属于国家指导性价格，是在最高限价范围内国家指导下的竞争性价格。在这种价格的形成过程中，国家和企业是价格的双重决策主体。

第三阶段，国家调控价阶段。国家调控的招标投标价格形式，是一种以市场形成价格为主的价格机制，它是在国家有关部门调控下，由工程承发包双方根据工程市场中建筑产品供求关系变化自主确定工程价格。其价格的形成可以不受国家工程造价管理部门的直接干预，而是根据市场的具体情况，由承发包双方协商形成。

3. 定额计价的依据

（1）经过批准和会审的全部施工图设计文件。在编制施工图预算或清单报价之前，施工图纸必须经过建设主管机关批准，同时还要经过图纸会审，并签署"图纸会审纪要"。审批和会审后的施工图纸及技术资料表明了工程的具体内容、各部分的做法、结构尺寸、技术特征等,它是计算工程量的主要依据。造价部门不仅要拥有全部施工图设计文件和"图纸会审纪要",还要拥有图纸所要求的全部标准图。

(2)经过批准的工程设计概算文件。设计单位编制的设计概算文件经过主管部门批准后,是国家控制工程投资最高限额和单位工程造价的主要依据。如果施工图预算所确定的投资总额超过设计概算,则应调整设计概算,并经原批准部门批准后,方可实施。施工企业编制的施工图预算或投标报价是由建设单位根据设计概算文件进行控制的。

(3)经过批准的项目管理实施规划或施工组织设计。项目管理实施规划或施工组织设计是确定单位工程的施工方法、施工进度计划、施工现场平面布置和主要技术措施等内容的文件;是对建筑安装工程规划、组织施工有关问题的设计说明。拟建工程项目管理实施规划或施工组织设计经有关部门批准后,就成为指导施工活动的重要技术经济文件,它所确定的施工方案和相应的技术组织措施就成为造价部门必须具备的依据之一;它也是计算分项工程量,选套预算单价和计取有关费用的重要依据。

(4)建筑工程消耗量定额或计价规范。国家和地方颁发的现行建筑工程消耗量定额及计价规范,都详细地规定了分项工程项目划分、分项工程内容、工程量计算规则和定额项目使用说明等内容。因此,它们是编制施工图预算和标底的主要依据。

(5)单位估价表或价目表。单位估价表或价目表是确定分项工程费用的重要文件,是编制建筑工程招标标底的主要依据,也是计取各项费用的基础和换算定额单价的主要依据。

(6)人工工资单价、材料价格、施工机械台班单价。这些资料是计算人工费、材料费和机械台班使用费的主要依据,是编制工程综合单价的基础,是计取各项目费用的重要依据,也是调整价差的依据。

(7)建筑工程费用定额。建筑工程费用定额规定了建筑安装工程费用中的管理费用、利润和税金的取费标准和取费方法。其是在建筑安装工程人工费、材料费和机械台班使用费计算完毕后,计算其他各种费用的主要依据。工程费用随地区不同取费标准不同,按照国家规定,各地区均制定了建筑工程费用定额,它规定了各项费用取费标准,这些标准是确定工程造价的基础。

(8)造价工作手册。造价工作手册是工程造价人员必备的参考书。其主要包括各种常用数据和计算公式、各种标准构件的工程量和材料量、金属材料规格和计量单位之间的换算,以及投资估算指标、概算指标、单位工程造价指标和工期定额等参考资料。其能为准确、快速地编制施工图预算和清单报价提供方便。

(9)工程承发包合同文件。施工企业和建设单位之间签订的工程承发包合同文件中的若干条款,如工程承包形式、材料设备供应方式、材料供应价格、工程款结算方式、费率系数或包干系数等,在编制施工图预算和清单报价时必须充分考虑,认真执行。

4. 定额计价的方法

建设工程造价编制的最基本内容包括工程量计算和工程计价两个,为统一口径,工程量的计算均按照统一的项目划分和工程量计算规则计算。工程量确定以后,就可以按照一定的方法确定出工程的成本及营利,最终就可以确定出工程预算造价(或投标报价)。

定额计价就是一个量与价结合的问题。概预算单位价格的形成过程,就是依据概预算定额所确定的消耗量乘以定额单价或市场价,经过不同层次的计算达到量与价的最优结合的过程。

5. 工程定额计价的发展与改革

定额计价方法从产生到完善的数十年中，对我国的工程造价管理发挥了巨大作用，为政府进行工程项目的投资控制提供了很好的工具。但是随着国内市场经济体制改革的深度和广度的不断增加，传统的定额计价方法受到了冲击。自 20 世纪 80 年代末开始，建设要素市场放开，各种建筑材料不再统购统销，人力、机械市场等也随之逐步放开，人工、材料、机械台班的价格随市场供求的变化而变化。定额中所提供的要素价格资料与市场实际价格不能保持一致，按照统一定额计算出的工程造价已经不能更好地实现投资控制的目的，从而引发了定额计价方法的改革。

工程定额计价方法改革的核心思想是"量价分离"，即由国务院住房城乡建设主管部门制定符合国家有关标准、规范并反映一定时期施工水平的人工、材料、机械等消耗量标准，实现了国家对消耗量标准的宏观管理；对人工、材料、机械的单价等，由工程造价管理机构依据市场价格的变化发布工程造价相关信息和指数，将过去完全由政府计划统一管理的定额计价改变为"控制量、指导价、竞争费"。但这一阶段的改革，主要围绕定额计价制度的一些具体操作的局部问题展开，对建筑产品是商品的认识还不够，工程造价依然停留在政府定价阶段，尚未实现"市场形成价格"这一工程造价管理体制改革的最终目标。

三、工程计价的基本程序

1. 工程概预算编制的基本程序

工程概预算的编制是国家通过颁布统一的计价定额或指标，对建筑产品价格进行计价的活动。如果用工料单价法进行概预算编制，则应按概算定额或预算定额规定的定额子目，逐项计算工程量，套用概预算定额单价(或单位估价表)确定直接费①，再按规定的取费标准确定间接费(包括企业管理费和规费)，再计算利润和税金，经汇总后即工程概预算价值。工程概预算编制的基本程序如图 2-1 所示。

工程概预算单位价格的形成过程，就是依据概预算定额所确定的消耗量乘以定额单价或市场价，经过不同层次的计算形成相应造价的过程。可以用公式进一步明确工程概预算编制的基本方法和程序。

(1) 每一计量单位建筑产品的基本构造要素(假定建筑产品)的工料单价＝人工费＋材料费＋施工机械使用费。其中：

$$人工费 = \sum(人工工日数量 \times 人工单价)$$

$$材料费 = \sum(材料消耗量 \times 材料单价) + 工程设备费$$

$$施工机具使用费 = \sum(机械台班消耗量 \times 机械台班单价) + \sum(仪器仪表台班消耗量 \times 仪器仪表台班单价)$$

(2) 单位工程直接费 $= \sum(假定建筑产品工程量 \times 工料单价)$

(3) 单位工程概预算造价＝单位工程直接费＋间接费＋利润＋税金

---

① 建标〔2013〕44 号文件对建筑安装工程费用从费用构成要素和工程造价形成两个方面进行了划分，但在我国目前的工程实践中，施工企业基于成本管理的需要，仍然习惯于按照直接成本和间接成本进行划分，为兼顾这一实际情况，本书中仍保留直接费和间接费这两种说法。其中直接费包括人工费、材料费和施工机具使用费，间接费包括企业管理费和规费。

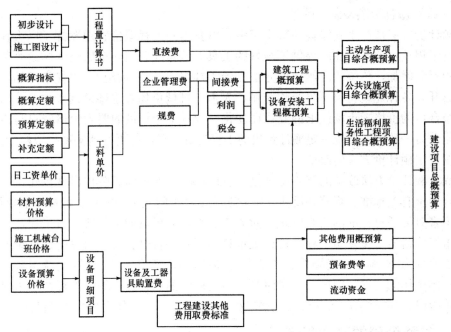

图 2-1 工料单价法下工程概预算编制程序示意图

(4) 单项工程概预算造价 = $\sum$ 单位工程概预算造价 + 设备、工器具购置费

(5) 全部工程概预算造价 = $\sum$ 单项工程的概预算造价 + 预备费 + 工程建设其他费用 + 建设期利息 + 流动资金

2. 工程量清单计价的基本程序

工程量清单计价的过程可以分为两个阶段，即工程量清单编制和工程量清单应用，如图 2-2 和图 2-3 所示。

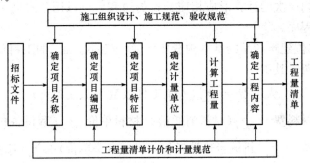

图 2-2 工程量清单编制程序

工程量清单计价的基本原理可以描述为：按照工程量清单计价规范规定，在各相应专业工程计量规范规定的工程量清单项目设置和工程量计算规则基础上，针对具体工程的施工图纸和施工组织设计计算出各个清单项目的工程量，根据规定的方法计算出综合单价，并汇总各清单合价得出工程总价。

(1) 分部分项工程费 = $\sum$ (分部分项工程量 × 相应分部分项综合单价)

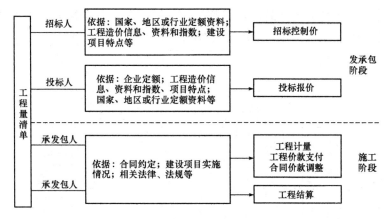

图 2-3　工程量清单应用程序

（2）措施项目费 = $\sum$ 各措施项目费

（3）其他项目费 = 暂列金额 + 暂估价 + 计日工 + 总承包服务费

（4）单位工程报价 = 分部分项工程费 + 措施项目费 + 其他项目费 + 规费 + 税金

（5）单项工程报价 = $\sum$ 单位工程报价

（6）建设项目总报价 = $\sum$ 单项工程报价

上式中，综合单价是指完成一个规定清单项目所需的人工费、材料费和工程设备费、施工机具使用费和企业管理费、利润，以及一定范围内的风险费用。风险费用是隐含于已标价工程量清单综合单价中，用于化解发承包双方在工程合同中约定内容和范围内的市场价格波动风险的费用。

工程量清单计价活动涵盖施工招标、合同管理，以及竣工交付全过程，主要包括编制招标工程量清单、招标控制价、投标报价，确定合同价，进行工程计量与价款支付、合同价款的调整、工程结算和工程计价纠纷处理等活动。

第三节　工程建设定额消耗量指标的确定

一、工作时间分类和工作时间消耗的确定

（一）工作时间分类

研究施工中的工作时间最主要的目的是确定施工的时间定额和产量定额。其前提是对工作时间按其消耗性质进行分类，以便研究工时消耗的数量及其特点。

工作时间是指工作班延续时间。例如，8 小时工作制的工作时间是 8 小时，午休时间不包括在内。对工作时间消耗的研究可以分为两个系统进行，即工人工作时间的消耗和工人所使用的机器工作时间消耗。

工人在工作班内消耗的工作时间，按其消耗的性质，基本可以分为两大类，即必需消耗的时间和损失时间。工人工作时间的分类如图2-4所示。

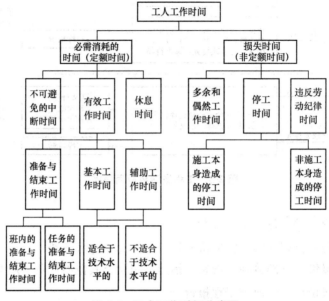

图 2-4　工人工作时间分类图

（1）必需消耗的时间。必需消耗的时间是指工人在正常施工条件下，为完成一定合格产品（工作任务）所消耗的时间。其是制定定额的主要依据，包括有效工作时间、休息时间和不可避免中断所消耗的时间。

1）有效工作时间。有效工作时间是指从生产效果来看，与产品生产直接有关的时间消耗。其中，包括基本工作时间、辅助工作时间、准备与结束工作时间的消耗。

①基本工作时间。基本工作时间是指工人在完成能生产一定产品的施工工艺的过程中所消耗的时间。通过这些工艺过程可以使材料改变外形，如钢筋煨弯等；可以改变材料的结构与性质，如混凝土制品的养护、干燥等；可以使预制构配件安装组合成型；也可以改变产品外部及表面的性质，如粉刷、油漆等。基本工作时间所包括的内容依工作性质各不相同。基本工作时间的长短和工作量大小成正比。

②辅助工作时间。辅助工作时间是指为保证基本工作能顺利完成所消耗的时间。在辅助工作时间里，不能使产品的形状、大小、性质或位置发生变化。辅助工作时间的结束，往往就是基本工作时间的开始。辅助工作一般是手工操作，如果在机手并动的情况下，辅助工作是在机械运转过程中进行的，为避免重复则不应再计辅助工作时间的消耗。辅助工作时间的长短与工作量大小有关。

③准备与结束工作时间。准备与结束工作时间是指执行任务前或任务完成后所消耗的工作时间。如工作地点、劳动工具和劳动对象的准备工作时间；工作结束后的整理工作时间等。准备和结束工作时间的长短与其所担负的工作量大小无关，但往往和工作内容有关。

准备与结束工作时间的消耗可以分为班内的准备与结束工作时间、任务的准备与结束工作时间。其中，任务的准备与结束工作时间是在一批任务的开始与结束时产生的，如熟悉图纸、准备相应的工具、事后清理场地等，通常不反映在每一个工作班里。

2)休息时间。休息时间是指工人在工作过程中为恢复体力所必需的短暂休息和生理需要的时间消耗。休息时间是为了保证工人精力充沛地进行工作。因此,在定额时间中必须进行计算。休息时间的长短和劳动条件、劳动强度有关,劳动越繁重紧张,劳动条件越差(如高温),休息时间越长。

3)不可避免中断所消耗的时间。不可避免中断所消耗的时间是指由于施工工艺特点引起的工作中断所必需的时间。与施工过程工艺特点有关的工作中断时间,应包括在定额时间内,但应尽量缩短此项时间消耗。

(2)损失时间。损失时间与产品生产无关,而与施工组织和技术上的缺点有关,是与工人在施工过程中的个人过失或某些偶然因素有关的时间消耗,损失时间中包括多余和偶然工作、停工时间、违背劳动纪律所引起的工时损失。

1)多余工作和偶然工作时间。多余工作是工人进行任务以外而又不能增加产品数量的工作。如重砌质量不合格的墙体。多余工作的工时损失,一般都是由于工程技术人员和工人的差错而引起的,因此,不应计入定额时间中。偶然工作也是工人在任务外进行的工作,但能够获得一定产品。如抹灰工不得不补上偶然遗留的墙洞等,由于偶然工作能获得一定产品,因此,拟定定额时要适当考虑它的影响。

2)停工时间。停工时间是指工作班内停止工作造成的工时损失。停工时间按其性质,可分为施工本身造成的停工时间和非施工本身造成的停工时间两种。施工本身造成的停工时间,是由于施工组织不善、材料供应不及时、工作面准备工作做得不好、工作地点组织不良等情况引起的停工时间。非施工本身造成的停工时间,是由于水源、电源中断引起的停工时间。

前一种情况在拟定定额时不应该计算;后一种情况在拟定定额时则应给予合理的考虑。

3)违背劳动纪律所引起的损失时间。违背劳动纪律所引起的损失时间是指工人在工作班开始和午休后的迟到、午饭前和工作班结束前的早退、擅自离开工作岗位、工作时间内聊天或办私事等造成的工时损失。由于个别工人违背劳动纪律而影响其他工人无法工作的时间损失也包括在内。

(二)工作时间消耗的确定

工作时间消耗的确定采用计时观察法计算。

计时观察法是研究工作时间消耗的一种技术测定方法。其以研究工时消耗为对象,以观察测时为手段,通过密集抽样和粗放抽样等技术进行直接的时间研究。计时观测法用于建筑施工中时以现场观察为主要技术手段,所以也称为现场观察法。计时观察法的种类很多,最主要的有测时法、写实记录法、工作日写实法三种。

(1)测时法。根据具体测试手段的不同,测时法又可以分为选择法和接续法。

1)选择法测时。选择法测时又称间隔法测时,测试时当被观察的某一循环工作的组成部分开始,观察者立即开动秒表,当该组成部分终止,立即停止秒表。然后把秒表上指示的延续时间记录到选择法测时记录表上,并把秒针拨回到零点。下一组成部分开始时,再开动秒表,如此依次观察,并依次记录延续时间。

2)接续法测时。接续法测时又称连续法测时。它比选择法测时准确、完善,但观察技术也较之复杂。其特点是在工作进行中和非循环组成部分出现之前一直不停止秒表,秒针走动过程中,观察者根据各组成部分之间的定时点,记录它的终止时间,再用定时点终止时间之间的差来表示各组成部分的延续时间。

(2)写实记录法。写实记录法是一种研究各种性质的工作时间消耗的方法。其包括基本工作时间、辅助工作时间、不可避免中断时间、准备与结束时间以及各种损失时间。采用这种方法,可以获得分析工作时间消耗和制定定额所必需的全部资料。这种测定方法比较简便,易于掌握,并能保证必需的精确度。因此,写实记录法在实际中得到了广泛应用。

写实记录法的观察对象,可以是一个工人,也可以是一个工人小组。当观察由一个人单独操作或产品数量可单独计算,则采用个人写实记录;如果观察工人小组的集体操作,而产品数量又无法单独计算,采用集体写实记录。

(3)工作日写实法。工作日写实法是一种研究整个工作班内的各种工时消耗的方法。它是在岗位生产劳动现场,对整个工作日内的各种活动及其时间消耗,按时间先后的顺序连续观察,如实记录,并进行整理、分析、统计和研究的时间测定方法,是最基本、最精细的时间研究方法。工作日写实法与测时法、写实记录法相比较,具有技术简便、费力不多、应用面广和资料全面的优点,在我国是一种采用较广的编制定额的方法。

二、人工消耗定额的确定

时间定额和产量定额是人工定额的两种表现形式。时间定额是指在一定的技术装备和劳动组织条件下,规定完成合格的单位产品所需消耗工作时间的数量标准,一般用工时或工日为计量单位。产量定额是指在一定的技术装备和劳动组织条件下,规定劳动者在单位时间(工日)内,应完成合格产品的数量标准。由于产品多种多样,产量定额的计量单位也就无法统一,一般有 m、m^2、m^3、kg、t、块、套、组、台等。时间定额与产量定额互为倒数。拟定出时间定额,也就可以计算出产量定额。

在全面分析各种影响因素的基础上,通过计时观察资料,可以获得定额的各种必需消耗时间。将这些时间进行归纳,有的是经过换算,有的是根据不同的工时规范附加,最后把各种定额时间加以综合和类比就可以得出整个工作过程的人工消耗的时间定额。

(一)确定工序作业时间

根据计时观察资料的分析和选择,可以获得各种产品的基本工作时间和辅助工作时间,将这两种时间统称为工序作业时间。其是产品主要的必需消耗的工作时间,是各种因素的集中反映,决定着整个产品的定额时间。

1. 拟定基本工作时间

基本工作时间在必需消耗的工作时间中占的比重最大。在确定基本工作时间时,必须细致、精确。基本工作时间消耗一般应根据计时观察资料来确定。其做法是,首先确定工作过程每一组成部分的工时消耗,然后综合出工作过程的工时消耗。如果组成部分的产品计量单位和工作过程的产品计量单位不符,就需先求出不同计量单位的换算系数,进行产品计量单位的换算,再相加,求得工作过程的工时消耗。

(1)当各组成部分计量单位与最终产品计量单位一致时,单位产品基本工作时间就是施工过程各个组成部分作业时间的总和。

(2)各组成部分计量单位与最终产品产量单位不一致时,各组成部分基本工作时间应分别乘以相应的换算系数。

2. 拟定辅助工作时间

辅助工作时间的确定方法与基本工作时间相同。如果在计时观察时不能取得足够的资料，也可采用工时规范或经验数据来确定。如具有现行的工时规范，可以直接利用工时规范中规定的辅助工作时间的百分比来计算。

(二)确定规范时间

规范时间包括工序作业时间以外的准备与结束工作时间、不可避免中断时间及休息时间。

1. 确定准备与结束工作时间

准备与结束工作时间是指执行任务前或任务完成后所消耗的工作时间。

2. 确定不可避免中断时间

在确定不可避免中断时间的定额时，必须注意由工艺特点所引起的不可避免中断才可列入工作过程的时间定额。

3. 拟定休息时间

休息时间应根据工作班作息制度、经验资料、计时观察资料，以及对工作的疲劳程度做全面分析来确定。同时，应考虑尽可能利用不可避免中断时间作为休息时间。

(三)拟定定额时间

确定的基本工作时间、辅助工作时间、准备与结束工作时间、不可避免中断时间与休息时间之和，就是劳动定额的时间定额。根据时间定额可计算出产量定额，二者互为倒数。

【例 2-1】 通过计时观察资料得知：人工挖二类土 1 m^3 的基本工作时间为 6 h，辅助工作时间占工序作业时间的 2%。准备与结束工作时间、不可避免中断时间、休息时间分别占工作日的 3%、2%、18%。问：该人工挖二类土的时间定额及产量定额是多少？

【解】 基本工作时间 $= 6 \text{ h} = 0.75 \text{ 工日}/\text{m}^3$

工序作业时间 = 基本工作时间 + 辅助工作时间
$= $ 基本工作时间$/(1-$辅助时间占比$)$
$= 0.75/(1-2\%)$
$= 0.765(\text{工日}/\text{m}^3)$

时间定额 $= 0.765/(1-3\%-2\%-18\%) = 0.994(\text{工日}/\text{m}^3)$

产量定额 $= 1/0.994 = 1.006(\text{m}^3/\text{工日})$

三、材料消耗定额的确定

(一)材料的分类

合理确定材料消耗定额，必须研究和区分材料在施工过程中的类别。

1. 按材料消耗的性质划分

按材料消耗的性质划分，施工中的材料可分为必需消耗的材料和损失的材料两类。必需消耗的材料是指在合理用料的条件下，生产合格产品所需消耗的材料。它包括：直接用于建筑和安装工程的材料；不可避免的施工废料；不可避免的材料损耗。

必需消耗的材料属于施工正常消耗，是确定材料消耗定额的基本数据。其包括直接用于建筑和安装工程的材料，编制材料净用量定额；不可避免的施工废料和材料损耗，编制材料损耗定额。

2. 按材料消耗与工程实体的关系划分

按材料消耗与工程实体的关系划分，施工中的材料可分为实体材料和非实体材料两类。

(1)实体材料。实体材料是指直接构成工程实体的材料。它包括工程直接性材料和辅助性材料。工程直接性材料主要是指一次性消耗、直接用于工程上构成建筑物或结构本体的材料，如钢筋混凝土柱中的钢筋、水泥、砂、碎石等；辅助性材料主要是指虽也是施工过程中所必需，却并不构成建筑物或结构本体的材料，如土石方爆破工程中所需的炸药、引信、雷管等。实体材料的主要材料用量大，辅助材料用量少。

(2)非实体材料。非实体材料是指在施工中必须使用但又不能构成工程实体的施工措施性材料。非实体材料主要是指周转性材料，如模板、脚手架等。

(二)确定实体材料消耗量的基本方法

确定实体材料的净用量定额和材料损耗定额的计算数据，是通过现场技术测定、实验室试验、现场统计和理论计算等方法获得的。

(1)现场技术测定法又称观测法，是根据对材料消耗过程的测定与观察，通过完成产品数量和材料消耗量的计算而确定各种材料消耗定额的一种方法。现场技术测定法主要适用于确定材料损耗量，因为该部分数值用统计法或其他方法较难得到。通过现场观察，还可以区别哪些属于可以避免的损耗，哪些属于难以避免的损耗，明确定额中不应列入可以避免的损耗。

(2)实验室试验法主要用于编制材料净用量定额。通过试验，能够对材料的结构、化学成分和物理性能以及按强度等级控制的混凝土、砂浆、沥青、油漆等配合比作出科学的结论，给编制材料消耗定额提供有技术根据的、比较精确的计算数据。其缺点在于无法估计到施工现场某些因素对材料消耗量的影响。

(3)现场统计法是以施工现场积累的分部分项工程使用材料数量、完成产品数量、完成工作原材料的剩余数量等统计资料为基础，经过整理分析，获得材料消耗的数据。这种方法由于不能分清楚材料消耗的性质，因而不能作为确定材料净用量定额和材料损耗定额的依据，只能作为编制定额的辅助性方法使用。

上述三种方法的选择必须符合国家有关标准规范，即材料的产品标准，计量要使用标准容器和称量设备，质量符合施工验收规范要求，以保证获得可靠的定额编制依据。

(4)理论计算法是运用一定的数学公式计算材料消耗定额。

四、机械台班消耗定额的确定

1. 确定机械1h纯工作正常生产率

机械纯工作时间是指机械的必需消耗时间。机械1h纯工作正常生产率，是在正常施工组织条件下，具有必需的知识和技能的技术工人操纵机械1h的生产率。

根据机械工作特点的不同，机械1h纯工作正常生产率的确定方法也有所不同。

工作时间内的产品数量和工作时间的消耗，要通过多次现场观察和机械说明书来取得数据。

2. 确定施工机械的正常利用系数

施工机械的正常利用系数是指机械在工作班内对工作时间的利用率。机械的利用系数和机械在工作台班内的工作状况有着密切的关系。因此,要确定机械的正常利用系数,首先要拟定机械工作台班的正常工作状况,保证合理利用工时。

3. 计算施工机械台班产量定额

计算施工机械台班产量定额是编制机械定额工作的最后一步。在确定机械工作正常条件、机械1 h纯工作正常生产率和机械正常利用系数之后,采用下列公式计算施工机械台班产量定额:

施工机械台班产量定额=机械1 h纯工作正常生产率×工作台班纯工作时间

或

施工机械台班产量定额=机械1 h纯工作正常生产率×工作台班延续时间×机械正常利用系数

$$施工机械时间定额 = \frac{1}{机械台班产量定额指标}$$

【例2-2】 某工程现场采用出料容量500 L的混凝土搅拌机,每一次循环中,装料、搅拌、卸料、中断需要的时间分别为1 min、3 min、1 min、1 min,机械正常利用系数为0.9,求该机械的台班产量定额。

【解】 该搅拌机一次循环的正常延续时间=1+3+1+1=6(min)=0.1 h

该搅拌机纯工作1 h循环次数=10次

该搅拌机纯工作1 h正常生产率=10×500=5 000(L)=5 m³

该搅拌机台班产量定额=5×8×0.9=36(m³/台班)

第四节 建筑安装工程人工、材料、机械台班单价

一、人工日工资单价的组成和确定方法

人工日工资单价是指施工企业平均技术熟练程度的生产工人,在每工作日(国家法定工作时间内)按规定从事施工作业应得的日工资总额。合理确定人工日工资单价是正确计算人工费和工程造价的前提和基础。

1. 人工日工资单价组成内容

人工日工资单价由计时工资或计件工资、奖金、津贴补贴以及特殊情况下支付的工资组成。

(1)计时工资或计件工资。计时工资或计件工资是指按计时工资标准和工作时间或对已做工作按计件单价支付给个人的劳动报酬。

(2)奖金。奖金是指对超额劳动和增收节支支付给个人的劳动报酬。如节约奖、劳动竞赛奖等。

(3)津贴补贴。津贴补贴是指为了补偿职工特殊或额外的劳动消耗和因其他原因支付给个人的津贴,以及为了保证职工工资水平不受物价影响而支付给个人的物价补贴。如流动施工津贴、特殊地区施工津贴、高温(寒)作业临时津贴、高空津贴等。

(4)特殊情况下支付的工资。特殊情况下支付的工资是指根据国家法律、法规和政策规

定,因病、工伤、产假、计划生育假、婚丧假、事假、探亲假、定期休假、停工学习、执行国家或社会义务等原因按计时工资标准或计时工资标准的一定比例支付的工资。

2. 人工日工资单价确定方法

(1)年平均每月法定工作日。由于人工日工资单价是每一个法定工作日的工资总额,因此需要对年平均每月法定工作日进行技术。其计算公式如下:

$$年平均每月法定工作日 = \frac{全年日历日 - 法定假日}{12}$$

式中,法定假日指双休日和法定假日。

(2)日工资单价的计算。确定了年平均每月法定工作日后,将上述工资总额进行分摊,即形成了人工日工资单价。其计算公式如下:

$$日工资单价 = \frac{生产工人平均月工资(计时、计价) + 平均月(奖金 + 津贴补贴 + 特殊情况下支付的工资)}{年平均每月法定工作日}$$

(3)日工资单价的管理。虽然施工企业投标报价时可以自主确定人工费,但由于人工日工资单价在我国具有一定的政策性,因此,工程造价管理机构确定日工资单价应根据工程项目的技术要求,通过市场调查并参考实物的工程量人工单价综合分析确定,发布的最低日工资单价不得低于工程所在地人力资源和社会保障部门所发布的最低工资标准的:普工1.3倍、一般技工2倍、高级技工3倍。

3. 影响人工日工资单价的因素

影响人工日工资单价的因素很多,归纳起来有以下几个方面:

(1)社会平均工资水平。建筑安装工人人工日工资单价必然和社会平均工资水平趋同。社会平均工资水平取决于经济发展水平,由于经济的增长,社会平均工资也会增长,从而影响人工日工资单价的提高。

(2)生活消费指数。生活消费指数的提高会影响人工日工资单价的提高,以减少生活水平的下降或维持原来的生活水平。生活消费指数的变动取决于物价的变动,尤其取决于生活消费品物价的变动。

(3)人工日工资单价的组成内容。住房和城乡建设部、财政部《关于印发〈建筑安装工程费用项目组成〉的通知》(建标〔2013〕44号)将职工福利费和劳动保护费从人工日工资单价中删除,这也必然影响人工日工资单价的变化。

(4)劳动力市场供需变化。劳动力市场如果需求大于供给,人工日工资单价就会提高;供给大于需求,市场竞争激烈,人工日工资单价就会下降。

(5)政府推行的社会保障和福利政策也会影响人工日工资单价的变动。

二、材料单价的组成和确定方法

在建筑工程中,材料费占总造价的60%~70%,在金属结构工程中所占比重还要大,是直接工程费的主要组成部分。因此,合理确定材料价格构成,正确计算材料单价,有利于合理确定和有效控制工程造价。

(一)材料单价的构成和分类

1. 材料单价的构成

材料单价是指材料(包括构件、成品及半成品等)从其来源地(或交货地点、供应者仓库提货地点)到达施工工地仓库(施工地点内存放材料的地点)后出库的综合平均价格。材料单价一般由材料原价(或供应价格)、材料运杂费、运输损耗费、采购及保管费组成。另外在计价时,材料费中还应包括单独列项计算的检验试验费。

$$材料费 = \sum (材料消耗量 \times 材料单价) + 检验试验费$$

2. 材料单价的分类

材料单价按适用范围划分,可分为地区材料单价和某项工程使用的材料单价。地区材料单价是按地区(城市或建设区域)编制,供该地区所有工程使用;某项工程(一般指大、中型重点工程)使用的材料单价,是以一个工程为编制对象,专供该工程项目使用。

地区材料单价与某项工程使用的材料单价的编制原理和方法是一致的,只是在材料来源地、运输数量权数等具体数据上有所不同。

(二)材料单价的确定方法

材料单价是由材料原价(或供应价格)、材料运杂费、运输损耗费、采购及保管费合计而成的。

1. 材料原价(或供应价格)

材料原价是指国内采购材料的出厂价格,以及国外采购材料抵达买方边境、港口或车站并交纳完各种手续费、税费后所形成的价格。在确定原价时,凡同一种材料因来源地、交货地、供货单位、生产厂家不同,而有几种价格(原价)时,根据不同来源地供货数量比例,采取加权平均的方法确定其综合原价。其计算公式如下:

$$加权平均原价 = \frac{K_1 C_1 + K_2 C_2 + \cdots + K_n C_n}{K_1 + K_2 + \cdots + K_n}$$

式中 $K_1, K_2, \cdots, K_3$——各不同供应地点的供应量或不同使用地点的需要量;
$C_1, C_2, \cdots, C_3$——各不同供应地点的原价。

若材料供货价格为含税价格,则材料原价应以购进货物适用的税率或征收率扣减增值税进项税额。

2. 材料运杂费

材料运杂费是指国内采购材料自来源地、国外采购材料自到岸港运至工地仓库或指定堆放地点发生的费用,含外埠中转运输过程中所发生的一切费用和过境过桥费用,包括调车和驳船费、装卸费、运输费及附加工作费等。同一品种的材料有若干个来源地,应采用加权平均的方法计算材料运杂费。其计算公式如下:

$$加权平均运杂费 = \frac{K_1 T_1 + K_2 T_2 + \cdots + K_n T_n}{K_1 + K_2 + \cdots + K_n}$$

式中 $K_1, K_2, \cdots, K_n$——各不同供应地点的供应量或不同使用地点的需要量;
$T_1, T_2, \cdots, T_n$——各不同运距的运费。

3. 运输损耗费

在材料的运输中应考虑一定的场外运输损耗费用,这在运输装卸过程中是不可避免的。运输损耗的计算公式如下:

$$运输损耗 = (材料原价 + 运杂费) \times 相应材料损耗率$$

4. 采购及保管费

采购及保管费是指组织材料采购、检验、供应和保管过程中发生的费用,包含采购费、仓储费、工地管理费和仓储损耗费。

采购及保管费一般按照材料到库价格以费率取定,计算公式如下:

采购及保管费＝材料运到工地仓库价格×采购及保管费费率(%)

或　　采购及保管费＝(材料原价＋运杂费＋运输损耗费)×采购及保管费费率(%)

综上所述,材料单价的一般计算公式为

材料单价＝{(供应价格＋运杂费)×[1＋运输损耗率(%)]}×[1＋采购及保管费费率(%)]

由于我国幅员广阔,建筑材料产地与使用地点的距离各地差异很大,建筑材料采购、保管、运输方式也不尽相同,因此,材料单价原则上按地区范围编制。

(三)影响材料单价变动的因素

(1)市场供需变化。材料原价是材料单价中最基本的组成,市场供大于求,价格就会下降;反之,价格就会上升,从而会影响材料单价的涨落。

(2)材料生产成本的变动直接影响材料单价的波动。

(3)流通环节的多少和材料供应体制也会影响材料单价。

(4)运输距离和运输方法的改变会影响材料运输费用的增减,从而会影响材料单价。

(5)国际市场行情会对进口材料单价产生影响。

三、施工机械台班单价的组成和确定方法

施工机械使用费是根据施工中耗用的机械台班数量和机械台班单价确定的。施工机械台班耗用量按有关定额规定计算;施工机械台班单价是指一台施工机械,在正常运转条件下一个工作台班中所发生的全部费用,每台班按8小时工作制计算。正确制定施工机械台班单价是合理确定和控制工程造价的重要方面。

(一)施工机械台班单价的组成

根据2015年中华人民共和国住房和城乡建设部发布的《建设工程施工机械台班费用编制规则》,施工机械台班单价由七项费用组成,包括折旧费、检修费、维护费、安拆费及场外运费、人工费、燃料动力费和其他费。

(1)折旧费。折旧费是指施工机械在规定的耐用总台班内,陆续收回其原值的费用。

(2)检修费。检修费是指施工机械在规定的耐用总台班内,按规定的检修间隔进行必要的检修,以恢复其正常功能所需的费用。

(3)维护费。维护费是指施工机械在规定的耐用总台班内,按规定的维护间隔进行各级维护和临时故障排除所需的费用。保障机械正常运转所需替换设备与随机配备工具附具的摊销费用、机械运转及日常维护所需润滑与擦拭的材料费用及机械停滞期间的维护费用等。

(4)安拆费及场外运费。安拆费是指施工机械在现场进行安装与拆卸所需的人工、材料、机械和试运转费用,以及机械辅助设施的折旧、搭设、拆除等费用。场外运费是指施工机械整体或分体自停放地点运至施工现场或由一施工地点运至另一施工地点的运输、装卸、辅助材料等费用。

(5)人工费。人工费是指机上司机(司炉)和其他操作人员的人工费。

(6)燃料动力费。燃料动力费是指施工机械在运转作业中所耗用的燃料及水、电等费用。

(7)其他费。其他费是指施工机械按照国家规定应缴纳的车船税、保险费及检测费等。

(二)施工机械台班单价的确定方法

施工机械台班单价应按下式计算：

台班单价＝折旧费＋检修费＋维护费＋安拆费及场外运费＋人工费＋燃料动力费＋其他费

1. 折旧费

折旧费应按下式计算：

$$折旧费 = \frac{预算价格 \times (1 - 残值率)}{耐用总台班}$$

2. 检修费

检修费应按下式计算：

$$检修费 = \frac{一次检修费 \times 检修次数}{耐用总台班}$$

3. 维护费

维护费应按下式计算：

$$维护费 = \frac{\sum(各级维护一次费用 \times 各级维护次数) + 临时故障排除费}{耐用总台班} + 替换设备和工具附具台班摊销费$$

4. 安拆费及场外运费

安拆费及场外运费根据施工机械不同可分为不需计算、计入台班单价和单独计算三种类型。

(1)不需计算。

1)不需安拆的施工机械，不计算一次安拆费。

2)不需相关机械辅助运输的自行移动机械，不计算场外运费。

3)固定在车间的施工机械，不计算安拆费及场外运费。

(2)计入台班单价。安拆简单、移动需要起重及运输机械的轻型施工机械，其安拆费及场外运费计入台班单价。

(3)单独计算。

1)安拆复杂、移动需要起重及运输机械的重型施工机械，其安拆费及场外运费可单独计算。

2)利用辅助设施移动的施工机械，其辅助设施(包括轨道与枕木等)的折旧、搭设和拆除等费用可单独计算。

安拆费及场外运费应按下式计算：

$$安拆费及场外运费 = \frac{一次安拆费及场外运费 \times 年平均安拆次数}{年工作台班}$$

5. 人工费

人工费应按下式计算：

$$人工费 = 人工消耗量 \times \left(1 + \frac{年制度工作日 - 年工作台班}{年工作台班}\right) \times 人工单价$$

6. 燃料动力费

燃料动力费应按下式计算：

$$燃料动力费 = \sum (燃料动力消耗量 \times 燃料动力单价)$$

7. 其他费

其他费应按下式计算：

$$其他费 = \frac{年车船税 + 年保险费 + 年检测费}{年工作台班}$$

四、施工仪器仪表台班单价的组成和确定方法

(一)施工仪器仪表台班单价的组成

根据《建设工程施工仪器仪表台班费用编制规则》的规定，施工仪器仪表划分为七个类别，即自动化仪表及系统、电工仪器仪表、光学仪器、分析仪表、试验机、电子和通信测量仪器仪表、专用仪器仪表。

施工仪器仪表台班单价由折旧费、维护费、校验费、动力费四项费用组成。施工仪器仪表台班单价中的费用组成不包括检测软件的相关费用。

(二)施工仪器仪表台班单价的确定方法

1. 折旧费

施工仪器仪表台班折旧费是指施工仪器仪表在耐用总台班内，陆续收回其原值的费用。其计算公式如下：

$$台班折旧费 = \frac{施工仪器仪表原值 \times (1 - 残值率)}{耐用总台班}$$

2. 维护费

施工仪器仪表台班维护费是指施工仪器仪表各级维护、临时故障排除所需的费用及为保证仪器仪表正常使用所需备件(备品)的维护费用。其计算公式如下：

$$台班维护费 = \frac{年维护费}{年工作台班}$$

年维护费指施工仪器仪表在一个年度内发生的维护费用，年维护费应按相关技术指标，结合市场价格综合取定。

3. 校验费

施工仪器仪表台班校验费是指按国家与地方政府规定的标定与检验的费用。其计算公式如下：

$$台班校验费 = \frac{年校验费}{年工作台班}$$

年校验费是指施工仪器仪表在一个年度内发生的校验费用。年校验费应按相关技术指标取定。

4. 动力费

施工仪器仪表台班动力费是指施工仪器仪表在施工过程中所耗用的电费。其计算公式如下：

$$台班动力费 = 台班耗电量 \times 电价$$

(1)台班耗电量应根据施工仪器仪表不同类别，按相关技术指标综合取定。
(2)电价应执行编制期工程造价管理机构发布的信息价格。

第五节 预算定额

一、预算定额的概念及作用

(一)预算定额的概念

预算定额是在正常的施工条件下,完成一定计量单位的分项工程和结构构件所需消耗的人工、材料、机械台班数量及相应费用标准。

(二)装饰工程预算在工程中的作用

装饰工程预算是对装饰工程造价进行正规管理、降低装饰工程成本、提高经济效益的一个重要监控手段,它对保证施工企业的合理收益和确保装饰投资的合理开支起着很重要的作用。因此,装饰装修工程预算在工程中所起的作用可以归纳为以下几点:

(1)装饰工程预算是确定装饰工程造价的重要文件。装饰工程预算的编制,是根据装饰工程设计图纸和有关预算定额正规文件进行认真计算后,经有关单位审批确认的具有一定法律效力的文件,它所计算的总造价包括了工程施工中的所有费用,是被有关各方共同认可的工程造价,如没有特殊情况,均应遵照执行。它同装饰工程的设计图纸和有关批文一起,构成一个建设项目或单位(项)工程的工程执行文件。

(2)装饰工程预算是选择和评价装饰工程设计方案的标准。由于各类建筑装饰工程的设计标准、构造形式、工艺要求和材料类别等的不同,都会如实地反映到建筑装饰工程预算上,因此,可以通过建筑装饰工程预算定额中的各项指标,对不同的设计方案进行分析比较和反复认证,从中选择艺术上美观、功能上适用、经济上合理的设计方案。

(3)装饰工程预算是控制工程投资和办理工程款项的主要依据。经过审批的装饰工程预算是资金投入的准则,也是办理工程拨款、贷款、预支和结算的依据,如果没有这项依据,执行单位有权拒绝办理任何工程款项。

(4)装饰工程预算是签订工程承包合同、确定招标控制价和投标报价的基础。建筑装饰工程预算一般都包含了整个工程的施工内容,具体的实施要求都以合同条款形式加以明确以备核查;而对招标投标工程的招标控制价和报价,也是在装饰工程预算的基础上,依具体情况进行适当调整而加以确定的。

因此,没有一个完整的预算书,就很难具体订立合同的实施条款和招标投标工程的招标控制价。

(5)装饰工程预算是做好工程进展阶段的备工备料和计划安排的主要依据。建设单位对工程费用的筹备计划、施工单位对工程的用工安排和材料准备计划等,都是以预算所提供的数据为依据进行安排的。

因此,编制预算的正确与否,将直接影响到准备工作安排的质量。

(6)装饰工程预算是加强施工企业经济核算的依据。有了建筑装饰工程预算,可以进行工、料核算，对比实际消耗量，进行经济活动分析，加强企业管理。

二、预算定额的编制原则、编制依据、编制程序及要求

1. 预算定额的编制原则

为保证预算定额的质量，充分发挥预算定额的作用，实际使用简便，在编制工作中应遵循以下原则：

(1)按社会平均水平确定预算定额的原则。预算定额是确定和控制建筑安装工程造价的主要依据。因此，它必须遵照价值规律的客观要求，即按生产过程中所消耗的社会必要劳动时间确定定额水平。预算定额的平均水平，是在正常的施工条件下，合理的施工组织和工艺条件、平均劳动熟练程度和劳动强度下，完成单位分项工程基本构造要素所需要的劳动时间。

(2)简明适用的原则。简明适用的原则，一是指在编制预算定额时，对于那些主要的、常用的、价值量大的项目，分项工程划分宜细；次要的、不常用的、价值量相对较小的项目，分项工程划分则可以粗一些；二是指预算定额要项目齐全，要注意补充那些因采用新技术、新结构、新材料而出现的新的定额项目。如果项目不全，缺项多，就会使计价工作缺少充足而可靠的依据。三是要求合理确定预算定额的计算单位，简化工程量的计算，尽可能地避免同一种材料用不同的计量单位和一量多用，尽量减少定额附注和换算系数。

2. 预算定额的编制依据

(1)现行劳动定额和施工定额。预算定额是在现行劳动定额和施工定额的基础上编制的。预算定额中人工、材料、机械台班消耗水平，需要根据劳动定额或施工定额取定；预算定额的计量单位的选择，也要以施工定额为参考，从而保证两者的协调性和可比性，减轻预算定额的编制工作量，缩短编制时间。

(2)现行设计规范、施工及验收规范，质量评定标准和安全操作规程。

(3)具有代表性的典型工程施工图及有关标准图。对这些图纸进行仔细分析研究，并计算出工程数量，作为编制定额时选择施工方法、确定定额含量的依据。

(4)新技术、新结构、新材料和先进的施工方法等。这类资料是调整定额水平和增加新的定额项目所必需的依据。

(5)有关科学试验、技术测定和统计、经验资料。这类资料是确定定额水平的重要依据。

(6)现行的预算定额、材料预算价格及有关文件规定等。其包括过去定额编制过程中积累的基础资料，也是编制预算定额的依据和参考。

3. 预算定额的编制程序及要求

预算定额的编制大致可以分为准备工作、收集资料、编制定额、报批和修改定稿五个阶段。各阶段工作相互交叉，可能有些工作还会多次反复。其主要工作如下：

(1)确定编制细则。确定编制细则主要包括：统一编制表格及编制方法；统一计算口径、计量单位和小数点位数的要求；有关统一性规定包括名称统一，用字统一，专业用语统一，符号代码统一，简化字要规范，文字要简练明确。

预算定额与施工定额计量单位往往不同。施工定额的计量单位一般按照工序或施工过程确定；而预算定额的计量单位主要是根据分部分项工程和结构构件的形体特征及其变化

确定。由于工作内容综合，故预算定额的计量单位也具有综合的性质。工程量计算规则的规定应确切反映定额项目所包含的工作内容。预算定额的计量单位关系到预算工作的繁简和准确性。因此，要正确地确定各分部分项工程的计量单位，一般依据建筑结构构件形状的特点确定。

(2)确定定额的项目划分和工程量计算规则。计算工程数量，是为了通过计算出典型设计图纸所包括的施工过程的工程量，以便在编制预算定额时，有可能利用施工定额的人工、材料和机械台班消耗指标确定预算定额所含工序的消耗量。

(3)定额人工、材料、机械台班耗用量的计算、复核和测算。

三、预算定额消耗量的编制方法

确定预算定额人工、材料、机械台班消耗指标时，必须先按施工定额的分项逐项计算出消耗指标，再按预算定额的项目加以综合。但是，这种综合不是简单的合并和相加，而需要在综合过程中增加两种定额之间的适当的水平差。预算定额的水平，首先取决于这些消耗量的合理确定。

人工、材料和机械台班消耗量指标，应根据定额编制原则和要求，采用理论与实际相结合、图纸计算与施工现场测算相结合、编制人员与现场工作人员相结合等方法进行计算和确定，使定额既符合政策要求，又与客观情况一致，便于贯彻执行。

1. 预算定额中人工工日消耗量的计算

人工的工日数可以有两种确定方法。一种是以劳动定额为基础确定；另一种是以现场观察测定资料为基础计算，其主要用于遇到劳动定额缺项时，采用现场工作日写实等测时方法测定和计算定额的人工耗用量。

预算定额中人工工日消耗量是指在正常施工条件下，生产单位合格产品所必需消耗的人工工日数量，是由分项工程所综合的各个工序劳动定额包括的基本用工和其他用工两部分组成的。

(1)基本用工。基本用工是指完成一定计量单位的分项工程或结构构件的各项工作过程的施工任务所必需消耗的技术工种用工。基本用工按技术工种相应劳动定额工时定额计算，以不同工种列出定额工日。基本用工包括以下几项：

1)完成定额计量单位的主要用工。它按综合取定的工程量和相应劳动定额进行计算。计算公式如下：

$$基本用工 = \sum (综合取定的工程量 \times 劳动定额)$$

例如，工程实际中的砖基础，有1砖厚、11/2砖厚、2砖厚等之分，用工各不相同，在预算定额中由于不区分厚度，需要按照统计的比例，加权平均得出综合的人工消耗。

2)按劳动定额规定应增(减)计算的用工量。如在砖墙项目中，分项工程的工作内容包括附墙烟囱孔、垃圾道、壁橱等零星组合部分的内容，其人工消耗量相应增加附加人工消耗。由于预算定额是在施工定额子目的基础上综合扩大的，包括的工作内容较多，施工的工效视具体部位而不一样，所以，需要另外增加人工消耗，而这种人工消耗也可以列入基本用工内。

(2)其他用工。其他用工是辅助基本用工消耗的工日，包括超运距用工、辅助用工和人工幅度差用工。

1) 超运距用工。超运距是指劳动定额中已包括的材料、半成品的场内水平搬运距离与预算定额所考虑的现场材料、半成品堆放地点到操作地点的水平运输距离之差。其计算公式如下：

$$超运距＝预算定额取定运距－劳动定额已包括的运距$$

$$超运距用工＝\sum（超运距材料数量×时间定额）$$

当实际工程现场运距超过预算定额取定运距时，可另行计算现场二次搬运费。

2) 辅助用工。辅助用工是指技术工种劳动定额内不包括，而在预算定额内又必须考虑的用工。如机械土方工程配合用工、材料加工（筛砂、洗石、淋化石膏）、电焊点火用工等。其计算公式如下：

$$辅助用工＝\sum（材料加工数量×相应的加工劳动定额）$$

3) 人工幅度差用工。人工幅度差用工即预算定额与劳动定额的差额，主要是指在劳动定额中未包括而在正常施工情况下不可避免但又很难准确计量的用工和各种工时损失。其内容包括以下几项：

①各工种间的工序搭接及交叉作业相互配合或影响所发生的停歇用工；

②施工机械在单位工程之间转移及临时水电线路移动所造成的停工；

③质量检查和隐蔽工程验收工作的影响；

④班组操作地点转移用工；

⑤工序交接时对前一道工序不可避免的修整用工；

⑥施工中不可避免的其他零星用工。

人工幅度差计算公式如下：

$$人工幅度差＝（基本用工＋辅助用工＋超运距用工）×人工幅度差系数$$

人工幅度差系数一般为10％～15％。在预算定额中，人工幅度差的用工量列入其他用工量中。

2. 预算定额中材料消耗量的计算

材料消耗量的计算方法主要有以下几项：

(1) 凡有标准规格的材料，按规范要求计算定额计量单位的耗用量，如砖、防水卷材、块料面层等。

(2) 凡设计图纸标注尺寸及下料要求的，按设计图纸尺寸计算材料净用量，如门窗制作用材料、方料、板料等。

(3) 换算法。各种胶结、涂料等材料的配合比用料，可以根据要求条件换算，得出材料用量。

(4) 测定法。测定法包括实验室试验法和现场观察法，各种强度等级的混凝土及砌筑砂浆配合比的耗用原材料数量的计算，须按照规范要求试配，经过试压合格并经过必要的调整后得出水泥、砂子、石子、水的用量。对新材料、新结构又不能用其他方法计算定额消耗用量时，须用现场测定方法来确定，根据不同条件可以采用写实记录法和观察法，得出定额的消耗量。

材料损耗量是指在正常条件下不可避免的材料损耗，如现场内材料运输及施工操作过程中的损耗等。其关系式如下：

$$损耗率 = 损耗量/净用量 \times 100\%$$
$$损耗量 = 净用量 \times 损耗率(\%)$$
$$消耗量 = 净用量 + 损耗量$$

或
$$消耗量 = 净用量 \times [1 + 损耗率(\%)]$$

3. 预算定额中机械台班消耗量的计算

预算定额中的机械台班消耗量是指在正常施工条件下，生产单位合格产品（分部分项工程或结构构件）必须消耗的某种型号施工机械的台班数量。

(1) 根据施工定额确定机械台班消耗量。根据施工定额确定机械台班消耗量是指用施工定额中机械台班产量加机械幅度差计算预算定额的机械台班消耗量。

机械台班幅度差是指在施工定额中所规定的范围内没有包括，而在实际施工中又不可避免产生的影响机械或使机械停歇的时间。其内容包括以下几项：

1) 施工机械转移工作面及配套机械相互影响损失的时间。
2) 在正常施工条件下，机械在施工中不可避免的工序间歇。
3) 工程开工或收尾时工作量不饱满所损失的时间。
4) 检查工程质量影响机械操作的时间。
5) 临时停机、停电影响机械操作的时间。
6) 机械维修引起的停歇时间。

大型机械幅度差系数为：土方机械 25%，打桩机械 33%，吊装机械 30%。砂浆、混凝土搅拌机由于按小组配用，以小组产量计算机械台班产量，不另增加机械幅度差。其他分部工程中如钢筋加工、木材、水磨石等各项专用机械的幅度差为 10%。

综上所述，预算定额中机械台班消耗量按下式计算：

预算定额中机械台班消耗量 = 施工定额机械台班消耗量 × (1 + 机械幅度差系数)

(2) 以现场测定资料为基础确定机械台班消耗量。以现场测定资料为基础确定机械台班消耗量是指如遇到施工定额缺项者，则需要依据单位时间完成的产量测定。

四、房屋建筑与装饰工程消耗量定额简介

2015 年 3 月 4 日中华人民共和国住房和城乡建设部以建标〔2015〕34 号文件发布了关于印发《房屋建筑与装饰工程消耗量定额》《通用安装工程消耗量定额》《市政工程消耗量定额》《建设工程施工机械台班费用编制规则》《建设工程施工仪器仪表台班费用编制规则》的通知。以上定额及规则自 2015 年 9 月 1 日起施行。

《房屋建筑与装饰工程消耗量定额》(TY 01—31—2015)(以下简称"本定额")包括：土石方工程，地基处理与基坑支护工程，桩基础工程，砌筑工程，混凝土及钢筋混凝土工程，金属结构工程，木结构工程，门窗工程，屋面及防水工程，保温、隔热、防腐工程，楼地面装饰工程，墙、柱面装饰与隔断、幕墙工程，天棚工程，油漆、涂料、裱糊工程，其他装饰工程，拆除工程，措施项目共十七章。

本定额是完成规定计量单位分部分项工程、措施项目所需的人工、材料、施工机械台班的消耗量标准，是各地区、部门工程造价管理机构编制建设工程定额确定消耗量、编制国有投资工程投资估算、设计概算、最高投标限价(标底)的依据。

本定额适用于工业与民用建筑的新建、扩建和改建房屋建筑与装饰工程。设计室外地

(路)面、室外给水排水等工程的项目,按《市政工程消耗量定额》(ZYA1—31—2015)的相应项目执行。

本定额由目录、总说明、各分章内容和附录等组成。

(1)定额总说明。定额总说明概述房屋建筑与装饰工程消耗量定额的编制目的、指导思想、编制原则、编制依据、定额的适用范围和作用,以及有关问题的说明和使用方法。

(2)各分章内容。各分章内容又包括分章说明、工程量计算规则和定额项目表三个部分。

1)分章说明。分章说明是指本定额的重要内容。它介绍了分部工程定额中包括的主要分项工程和使用定额的一些基本规定,并阐述了该分部工程中各项工程的工程量计算规则和方法。

2)工程量计算规则。工程量计算规则是指定额编制极其重要的前提与基础,必须认真学习、细心体会、逐步掌握、熟练运用。

3)定额项目表。定额项目表是指消耗量定额的核心内容,表 2-1 为橡塑面层消耗量定额项目表的示例。

表 2-1 橡塑面层(编码:011103)

工作内容:清理基层、弹线、刮腻子、涂刷粘结剂、贴面层、收口、净面。　　　　计量单位:100 m²

定额编号				11—45	11—46	11—47	11—48
项目				橡胶板	橡胶卷材	塑料板	塑料卷材
名称			单位	消耗量			
人工	合计工日		工日	14.480	11.760	17.016	12.160
	其中	普工	工日	2.896	2.352	3.403	2.432
		一般技工	工日	5.068	4.116	5.956	4.256
		高级技工	工日	6.516	5.292	7.657	5.472
材料	橡胶板 δ3		m²	105.000	—	—	—
	再生橡胶卷材		m²	—	110.000	—	—
	塑料板		m²	—	—	105.000	—
	塑料地板卷材 δ1.5		m²	—	—	—	110.000
	氯丁橡胶粘接剂		kg	54.460	45.000	45.000	45.000
	羧甲基纤维素		kg	0.340	0.340	0.340	0.340
	聚醋酸乙烯乳液		kg	1.700	1.700	1.700	1.700
	成品腻子粉		kg	17.314	17.314	17.314	17.314
	水砂纸		张	6.000	5.999	5.999	5.940
	棉纱头		kg	2.000	2.000	2.000	2.000

(3)附录。本定额附录为模板一次使用量表。

五、预算定额基价编制

预算定额基价就是预算定额分项工程或结构构件的单价,包括人工费、材料费和施工机具使用费,也称工料单价。

预算定额基价一般是通过编制单位估价表、地区单位估价表及设备安装价目表所确定的单价，用于编制施工图预算。

预算定额基价的编制方法，简单地说就是工、料、机的消耗量和工、料、机单价的结合过程。其中，人工费是由预算定额中每一分项工程用工数，乘以地区人工工日单价计算得出；材料费是由预算定额中每一分项工程的各种材料消耗量，乘以地区相应材料预算价格之和得出；机具费是由预算定额中每一分项工程的各种机械台班消耗量，乘以地区相应施工机械台班预算价格之和，以及仪器仪表使用费汇总后算出。上述单价均为不含增值税进项税额价格。

$$分项工程预算定额基价 = 人工费 + 材料费 + 机具使用费$$

$$人工费 = \sum(现行预算定额中人工工日用量 \times 人工日工资单价)$$

$$材料费 = \sum(现行预算定额中各种材料耗用量 \times 材料单价)$$

$$机械使用费 = \sum(现行预算定额中机械台班用量 \times 机械台班单价)$$

预算定额基价是根据现行定额和当地的价格水平编制的，具有相对的稳定性。为了适应市场价格的变动，在编制预算时，必须根据工程造价管理部门发布的调价文件，对固定的工程预算单价进行修正。修正后的工程单价乘以根据图纸计算出来的工程量，就可以获得符合实际市场情况的工程的直接工程费。

六、预算定额消耗量换算的方法

1. 工程量的换算

工程量的换算是根据预算定额中规定的内容，将在施工图中计算得来的工程量乘以定额规定的调整系数进行换算。

2. 人工机械系数的调整

由于施工图纸设计的工程项目内容，与定额规定的工程项目内容不尽相同，在定额规定的范围内人工、机械的费用可以进行调整。

3. 定额基价的换算

由于定额的预算材料价，是采用编制时当地的市场价格（定额材料价），定额发行后一般要执行很多年，由此在运用时就必须对材料价格进行调整，称作材料调差或材料差价的调整。定额基价的换算有以下两种类型：

(1)套价后进行材料的分析，把主要材料的市场价和定额材料价进行冲减得到一定数量的差值，合并到直接费中再进行取费计算。

(2)套用定额时，在要套用的定额的编号下找到需换算的主要材料，查出它的定额材料价和定额含量。

4. 材料规格的换算

由于设计施工图的主要材料规格与定额规定的主要材料规格不一定相同，规格的变化就引起用量的变化，也就引起了定额价的变化，这时候就必须进行调整。

$$差价 = (相同品牌的)图纸规格的主材费 - (相同品牌的)定额规格的主材费$$

$$图纸规格的主材费 = 实际消耗量(含损耗) \times 市场单价$$

$$定额规格的主材费 = 定额消耗量 \times 定额材料价$$

$$换算后定额基价 = 换算前定额基价 \pm 差价$$

第六节 概算定额、概算指标与投资估算指标

一、概算指标

1. 概算指标的概念

概算指标是在概算定额的基础上综合、扩大，介于概算定额和投资估算指标之间的一种定额。其是以每 100 m² 建筑面积或 1 000 m³ 建筑体积为计算单位，构筑物以座为计算单位，规定所需人工、材料、机械消耗和资金数量的定额指标。

2. 概算指标的作用

概算指标和概算定额、预算定额一样，都是与各个设计阶段相适应的多次估价的产物。其主要用于初步设计阶段。其作用如下：

(1)概算指标是编制初步设计概算，确定工程概算造价的依据。

(2)概算指标是设计单位进行设计方案的技术经济分析，衡量设计水平，考核投资效果的标准。

(3)概算指标是建设单位编制基本建设计划、申请投资拨款和主要材料计划的依据。

(4)概算指标是编制投资估算指标的依据。

3. 概算指标的编制原则

(1)按平均水平确定概算指标的原则。在我国社会主义市场经济条件下，概算指标作为确定工程造价的依据，同样必须遵照价值规律的客观要求，在编制时必须按社会必要劳动时间，贯彻平均水平的编制原则。只有这样才能使概算指标合理确定和控制工程造价的作用得到充分发挥。

(2)概算指标的内容与表现形式要贯彻简明适用的原则。为适应市场经济的客观要求，概算指标的项目划分应根据用途的不同，确定其项目的综合范围。遵循粗而不漏、适应面广的原则，体现综合扩大的性质。概算指标从形式到内容应该简明易懂，要便于在采用时根据工程的具体情况进行必要的调整换算，能在较大范围内满足不同用途的需要。

(3)概算指标的编制依据必须具有代表性。概算指标所依据的工程设计资料，应是有代表性的，技术上是先进的，经济上是合理的。

4. 概算指标的编制依据

(1)现行的标准设计，各类工程的典型设计和有代表性的标准设计图纸；

(2)国家颁发的建筑标准、设计规范、施工质量验收规范和有关技术规定；

(3)现行预算定额、概算定额、补充定额和有关的费用定额；

(4)地区工资标准、材料预算价格和机械台班预算价格；

(5)国家颁发的工程造价指标和地区的造价指标；

(6)典型工程的概算、预算、结算和决算资料；

(7)国家和地区现行的基本建设政策、法令和规章等。

5. 概算指标的编制步骤

编制概算指标,一般分为以下三个阶段:

(1)准备工作阶段。准备工作阶段主要是收集图纸资料,拟定编制项目,起草编制方案、编制细则和制定计算方法,并对一些技术性、方向性的问题进行学习和讨论。

(2)编制工作阶段。编制工作阶段是优选图纸,根据选出的图纸和现行预算定额计算工程量,编制预算书求出单位面积或体积的预算造价,确定人工、主要材料和机械的消耗指标,填写概算指标表格。

(3)复核送审阶段。将人工、主要材料和机械消耗指标算出后,需要进行审核,以防发生错误。并对同类性质和结构的指标水平进行比较,必要时加以调整,然后定稿送主管部门审批后颁发执行。

6. 概算指标的内容

概算指标是比概算定额综合性更强的一种指标,其内容主要包括以下几个部分:

(1)总说明。总说明主要从总体上说明概算指标的作用、编制依据、适用范围和使用方法等。

(2)示意图。示意图是说明工程的结构形式,工业项目还表示出吊车及起重能力等。

(3)结构特征。结构特征主要对工程的结构形式、层高、层数和建筑面积等做进一步说明。

(4)经济指标。经济指标说明该项目每 100 m^2、每座或每 10 m 的造价指标及其中土建、水暖和电气等单位工程的相应造价。

(5)构造内容及工程量指标。构造内容及工程量指标说明该工程项目的构造内容和相应计量单位的工程量指标及其人工、材料消耗指标。

7. 概算指标的表现形式

概算指标的表现形式有两种,分别是综合概算指标和单项概算指标。

(1)综合概算指标。综合概算指标是指按建筑类型而制定的概算指标。综合概算指标的概括性较大,其准确性和针对性不够精确,会有一定幅度的偏差。

(2)单项概算指标。单项概算指标是为某一建筑物或构筑物而编制的概算指标。单项概算指标的针对性较强,编制出的概算比较准确。

二、概算定额

1. 概算定额的概念

概算定额是在装饰工程预算定额基础上,根据有代表性的装饰工程、通用图集和标准图集等资料进行综合扩大而成的一种定额,用以确定一定计量单位的扩大装饰分部分项工程的人工、材料、机械的消耗数量指标和价格。

2. 概算定额的作用

(1)概算定额是在扩大初步设计阶段编制概算、技术设计阶段编制修正概算的主要依据。

(2)概算定额是编制建筑安装工程主要材料申请计划的基础。

(3)概算定额是进行设计方案技术经济比较和选择的依据。

(4)概算定额是编制概算指标的计算基础。

(5)概算定额是确定基本建设项目投资额、编制基本建设计划、实行基本建设大包干、控制基本建设投资和施工图预算造价的依据。

因此,正确合理地编制概算定额对提高设计概算的质量、加强基本建设经济管理、合理使用建设资金、降低建设成本、充分发挥投资效果等都具有重要的作用。

3. 概算定额与预算定额的区别

装饰工程预算定额的每一个项目编号是以分部分项工程来划分的,而概算定额是将预算定额中一些施工顺序相衔接、相关性较大的分部分项工程综合成一个分部工程项目,是经过"综合""扩大""合并"而成的,因而概算定额使用更大的定额单位来表示。

概算定额无论在工程量计算方面,还是在编制概算书方面,都比预算简化了计算程序,省时省事。当然,精确性相对降低了一些。

在正常情况下,概算定额与预算定额的水平基本一致。但它们之间应保留一个必要、合理的幅度差,以便用概算定额编制的概算,能控制用预算定额编制的施工图预算。

4. 概算定额编制的原则

为了提高设计概算质量,加强基本建设经济管理,合理使用国家建设资金,降低建设成本,充分发挥投资效果,在编制概算定额时必须遵循以下原则:

(1)使概算定额适应设计、计划、统计和拨款的要求,更好地为基本建设服务。

(2)概算定额水平的确定,应与预算定额的水平基本一致。必须能反映正常条件下大多数企业的设计、生产施工管理水平。

(3)概算定额的编制深度,要适应设计深度的要求;项目划分,应坚持简化、准确和适用的原则,以主体结构分项为主,合并其他相关部分,进行适当综合扩大;概算定额项目计量单位的确定,与预算定额要尽量一致;应考虑统筹法及应用电子计算机编制的要求,以简化工程量和概算的计算编制。

(4)为了稳定概算定额水平,统一考核尺度和简化计算工程量,编制概算定额时,原则上不留活口,对于设计和施工变化多而影响工程量多、价差大的,应根据有关资料进行测算,综合取定常用数值,对于其中还包括确定不了的个性数值,可适当留些活口。

5. 概算定额的编制依据

(1)现行国家建筑装饰工程施工质量验收规范、技术安全操作规程和有关装饰标准图。

(2)"本定额"及各省、自治区、直辖市现行装饰预算定额或单位估价表。

(3)现行有关设计资料(各种现行设计标准规范,各种装饰通用标准图集,构件、产品的定型图集,其他有代表性的设计图纸)。

(4)现行的人工工资标准、材料预算价格、机械台班预算价格、其他有关设备及构配件等价格资料。

(5)新材料、新技术、新工艺和先进经验资料等。

6. 概算定额的内容

(1)概算定额一般由目录、总说明、分部工程说明、定额项目表和有关附录或附件等组成。

(2)总说明中主要阐明编制依据、适用范围、定额的作用及有关统一规定等。

(3)分部工程说明中主要阐明有关工程量计算规则及各分部工程的有关规定。

(4)概算定额表中分节定额的表头部分列有本节定额的工作内容及计算单位,表格中列有定额项目的人工、材料和机械台班消耗量指标,以及按地区预算价格计算的定额基价。至于概算定额表的形式,各地区有所不同。

7. 概算定额的编制步骤与方法

概算定额的编制步骤一般可分为三个阶段,即准备阶段、编制概算定额初稿阶段和审查定稿阶段。

(1)在编制概算定额准备阶段,应确定编制定额的机构和人员组成,进行调查研究了解现行概算定额执行情况和存在的问题,明确编制目的并制订概算定额的编制方案和划分概算定额的项目。

(2)在编制概算定额初稿阶段,应根据所制订的编制方案和定额项目,在收集资料、整理分析各种测算资料的基础上,根据选定有代表性的工程图纸计算出工程量,套用预算定额中的人工、材料和机具台班消耗量,再用加权平均得出概算项目的人工、材料、机具的消耗指标,并计算出概算项目的基价。

(3)在审查定稿阶段,要对概算定额和预算水平进行测算,以保证两者在水平上的一致性。如与预算定额水平不一致或幅度差不合理,则需对概算定额做必要的修改,经定稿批准后颁发执行。

8. 概算定额的应用步骤

利用概算定额编制单位建筑工程概算的方法,与利用预算定额编制单位建筑工程施工图预算的方法基本相同。概算书所用表式与预算书表式基本相同。利用概算定额编制概算的具体步骤如下:

(1)列出单位工程中分项工程的名称或扩大分项工程项目名称并计算其工程量。按照概算定额分部分项工程顺序,列出各分项工程的名称。工程量计算应按概算定额中规定的工程量计算规则进行,并将所得到的各分项工程量按概算定额编号顺序,填入工程概算表内。

(2)确定各分部分项工程项目的概算定额单价。计算完工程量后,查概算定额的相应项目,逐项套用相应定额单价、人工和材料消耗指标。然后分别将其填入工程概算表和工料分析表中。

(3)计算各分部分项工程的直接费用和总直接费用。将已算出的各分部分项工程项目的工程量及在概算定额中已查出的相应定额单价和单位人工、材料消耗指标分别相乘,即可得到各分项工程的直接费和人工、材料消耗量。汇总各分项工程的直接费和人工、材料消耗量,即可得到该单位工程的直接费和人工、材料的总消耗量。

(4)计算间接费用、利润和税金。根据直接费、各项施工取费标准,分别计算间接费、利润和税金等费用。

(5)计算单位工程概算造价。

$$单位工程概算造价=直接费+间接费+利润+税金$$

三、投资估算指标

(一)投资估算指标的概念及作用

1. 投资估算指标的概念

投资估算指标用于编制投资估算,往往以独立的单项工程或完整的工程项目为计算对象,其主要作用是为项目决策和投资控制提供依据。投资估算指标比其他各种计价定额具有更大的综合性和概括性。

建设项目投资估算指标有两种：一种是工程总投资或总造价指标；另一种是以生产能力或其他计量单位为计算单位的综合投资指标。单项工程投资估算指标一般以生产能力等为计算单位，包括建筑安装工程费、设备及工器具购置费以及应计入单项工程投资的其他费用。

单位工程投资估算指标一般以 m^2、m^3、座等为单位。

投资估算指标应列出工程内容、结构特征等资料，以便应用时依据实际情况进行必要的调整。

2. 投资估算指标的作用

(1)投资估算指标在编制项目建议书和可行性研究报告阶段是正确编制投资估算，合理确定项目投资额，进行正确的项目投资决策的重要基础。

(2)投资估算指标是投资决策阶段计算建设项目主要材料需用量的基础。

(3)投资估算指标是编制固定资产长远规划投资额的参考依据。

(4)投资估算指标在项目实施阶段是限额设计和控制工程造价的依据。

(二)投资估算指标的内容

投资估算指标是确定和控制建设项目全过程各项投资支出的技术经济指标，其范围涉及建设前期、建设实施期和竣工验收交付使用期等各个阶段的费用支出，内容因行业不同而各异，一般可分为建设项目综合指标、单项工程指标和单位工程指标三个层次。

1. 建设项目综合指标

建设项目综合指标是指按规定应列入建设项目总投资的从立项筹建开始至竣工验收交付使用的全部投资额，包括单项工程投资、工程建设其他费用和预备费等。

建设项目综合指标一般以项目的综合生产能力单位投资表示，如元/t、元/kW，或以使用功能表示，如(医院床位)元/床。

2. 单项工程指标

单项工程指标是指按规定应列入能独立发挥生产能力或使用效益的单项工程内的全部投资额，包括建筑工程费、安装工程费、设备及工器具购置费和工程建设其他费用。其组成如图 2-5 所示。

3. 单位工程指标

单位工程指标按规定应列入能独立设计、施工的工程项目的费用，即建筑安装工程费用。单位工程指标一般以如下方式表示：例如，房屋区别于不同结构形式，以"元/m^2"表示；道路区别于不同结构层、面层，以"元/m^2"表示；水塔区别于不同结构层、容积，以"元/座"表示；管道区别于不同材质、管径，以"元/m"表示。

(三)投资估算指标的编制

1. 投资估算指标的编制原则

(1)项目确定的原则。投资估算指标的确定，应当考虑以后若干年编制项目建议书和可行性研究投资估算的需要。

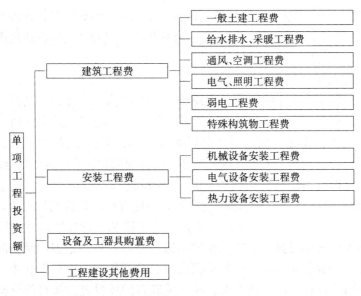

图 2-5 单项工程投资估算指标

（2）坚持能分能合、有粗有细、细算粗编的原则。投资估算指标既是国家进行项目投资控制与指导的一项重要经济指标，又是编制投资估算的重要依据。因此，要求它能分能合、有粗有细、细算粗编，既要能反映一个建设项目全部投资及其构成，又要有组成建设项目投资的各个单项工程投资及具体分解指标，以使指标具有较强的实用性，扩大投资估算的覆盖面。

（3）投资估算指标的编制内容要具有更大的综合性、概括性和全面性。投资估算指标的编制不仅要反映不同行业、不同项目和不同工程的特点，而且还要反映项目建设和投产期间的静态、动态投资额，因此，要有比一般定额更大的综合性、概括性和全面性。

（4）坚持技术上先进可行、经济上合理的原则。投资估算的编制内容和典型工程的选取，必须符合国家的产业发展方向和技术经济政策。对建设项目的建设标准、工艺标准、建筑标准、占地标准、劳动定员标准等的确定，尽可能做到立足国情、立足发展、立足工程实际，坚持技术上先进、可行和经济上低耗、合理，力争以较少的投入取得最大的效益。

（5）坚持与项目建议书和可行性研究报告的编制深度相适应。投资估算指标的分类、项目划分、项目内容、表现形式等，要结合各专业实际，并且要与项目建议书和可行性研究报告的编制深度相适应。

2. 投资估算指标的编制依据

（1）依照不同的产品方案、工艺流程和生产规模，确定建设项目主要生产、辅助生产、公用设施以及生活福利设施等单项工程的内容、规模、数量以及结构形式，经过分类、筛选、整理，选择具有代表性、符合技术发展方向、数量足够的已经建成或正在建设的，并具有重复使用可能的设计图纸及其工程量清单、设备清单、主要材料用量表和预算、决算资料。

（2）国家和主管部门制定颁发的建设项目用地定额、建设项目工期定额、单位工程施工工期定额及生产定员标准等。

(3)编制年度现行全国统一、地区统一的各类工程概、预算定额,各种费用标准。

(4)所在地区编制年度的各类工资标准、材料预算价格和各类工程造价指数。

(5)设备价格,包括原价和设备运杂费。

3. 投资估算指标的编制步骤

投资估算的编制是一项系统工程,它渗透的方面相当广,如产品规模、方案、工艺流程、设备选型、工程设计和技术经济等。因此,编制一开始就必须成立由专业人员和专家及相关领导参加的编制小组,制定一个包括编制原则、编制内容、指标的层次项目划分、表现形式、计量单位、计算、平衡、审查程序等内容的编制方案,具体指导编制工作。

投资估算指标编制工作一般可分为以下三个阶段进行:

(1)收集整理资料阶段。收集整理已建成或正在建设的,符合现行技术政策和技术发展方向、有可能重复采用的,有代表性的工程设计施工图和设计标准以及相应的竣工决算或施工图预算资料等。这些资料是编制工作的基础,资料收集得越多,反映的问题越多,编制工作中问题考虑得越全面,就越有利于提高投资估算指标的实用性和覆盖面。同时,对调查收集到的资料要选择占投资比重大、相互关联多的项目进行认真的分析整理,由于已建成或正在建设的工程的设计意图、建设时间和地点、资料的基础等不同,相互之间的差异很大,需要去粗取精、去伪存真地加以整理,才能重复利用。将整理后的数据资料按项目划分栏目加以归类,按照编制年度的现行定额、费用标准和价格,调整成编制年度的造价水平及相互比例。

(2)平衡调整阶段。由于调查收集的资料来源不同,虽然经过一定的分析整理,但难免会由于设计方案、建设条件和建设时间上的差异带来的某些影响,使数据失准或漏项等,因而必须对有关资料进行综合平衡调整。

(3)测算审查阶段。测算是将新编的指标和选定工程的概预算,在同一价格条件下进行比较,检验其"量差"的偏离程度是否在允许偏差的范围之内,如偏差过大,则要查找原因,进行修正,以保证指标的准确、实用。测算同时也是对指标编制质量进行的一次系统检查,应由专人进行,以保持测算口径的统一,在此基础上组织有关专业人员予以全面审查定稿。

第七节 施工定额

一、施工定额的概念及作用

施工定额是直接用于施工管理中的定额。它是以同一性质的施工过程或工序为测定对象,确定工人在正常施工条件下,为完成单位合格产品所需人工、机械、材料消耗的数量标准,企业定额一般称为施工定额。施工定额由人工定额、材料定额和机械台班定额组成,是最基本的定额。

施工定额主要用于企业内部施工管理,概括起来有以下几个方面的作用:

(1)施工定额是企业计划管理工作的基础,是编制施工组织设计,施工作业计划,人工、材料和机械使用计划的依据。

(2)施工定额是编制单位工程施工预算,进行施工预算和施工图预算对比,加强企业成本管理和经济核算的依据。

(3)施工定额是施工队向工人班组签发施工任务书和限额领料单的依据。

(4)施工定额是计算劳动报酬与奖励,贯彻按劳分配,推行经济责任制的依据,如实行内部经济包干,则签订包干合同。

(5)施工定额是开展社会主义劳动竞赛,制定评比条件的依据。

(6)施工定额是编制预算定额和企业补充定额的基础。

编制和执行好施工定额并充分发挥其作用,对促进施工企业内施工管理水平的提高,加强经济核算,提高劳动生产率,降低工程成本,提高经济效益,具有十分重要的意义。

二、人工定额

(一)人工定额的概念、作用和表现形式

1. 人工定额的概念

人工定额又称劳动定额,是在正常的施工(生产)条件下、在一定的生产技术和生产组织条件下、在平均先进水平的基础上制定的。它表明每个建筑装饰工人生产单位合格产品所必须消耗的劳动时间,或在单位时间内所生产的合格产品的数量。

2. 人工定额的作用

人工定额的作用主要表现在组织生产和按劳分配两个方面。一般情况下,两者是相辅相成的,即生产决定分配,分配促进生产。当前对企业基层推行的各种形式的经济责任制的分配形式,无一不是以人工定额作为核算基础的。具体来说,人工定额的作用主要表现在以下几个方面:

(1)人工定额是编制施工作业计划的依据。编制施工作业计划必须以人工定额作为依据,才能准确地确定劳动消耗并合理地确定工期,不仅在编制计划时要依据人工定额,在实施计划时,也要按照人工定额合理地平衡调配和使用劳动力,以保证计划的实现。

通过施工任务书把施工作业计划和人工定额下达给生产班组作为施工(生产)指令,组织工人达到和超过人工定额水平,完成施工任务书下达的工程量。这样就可以把施工作业计划和人工定额通过施工任务书这个中间环节与工人紧密联系起来,使计划落实到工人群众身上,从而使企业完成和超额完成计划有了切实可靠的保证。

(2)人工定额是贯彻按劳分配原则的重要依据。按劳分配原则是社会主义社会的一项基本原则。贯彻这个原则必须以平均先进的人工定额为衡量尺度,按照工人生产产品的数量和质量来进行分配。工人完成人工定额的水平决定了他们实际收入和超额劳动报酬的多少,只有多劳才能多得。这样就可把企业完成施工(生产)计划、提高经济效益与个人物质利益直接结合起来。

(3)人工定额是开展社会主义劳动竞赛的必要条件。社会主义劳动竞赛,是调动广大职工建设社会主义积极性的有效措施。人工定额在竞赛中起着检查、考核和衡量的作用。一般来说,完成人工定额的水平越高,对社会主义建设事业的贡献也就越大。以人工定额为标准,就可以衡量出工人贡献的大小、工效的高低,使不同单位、不同工种工人之间有了可比性,便于鼓励先进,帮助后进,带动一般,从而提高劳动生产率,加快建设速度。

(4)人工定额是企业经济核算的重要基础。为了考核、计算和分析工人在生产中的劳动消耗和劳动成果，就要以人工定额为依据进行劳动核算。人工定额完成情况、单位工程用工、人工成本(或单位工程的工资含量)是企业经济核算的重要内容。只有用人工定额严格、精确地计算和分析比较施工(生产)中的消耗和成果，对劳动消耗进行监督和控制，不断降低单位成品的工时消耗，努力节约人力，才能降低产品成本中的人工费和分摊到产品成本中的管理费。

3. 人工定额的形式

人工定额按照用途不同，可以分为时间定额和产量定额两种形式。

(1)时间定额就是某种专业(工种)、某种技术等级的工人小组或个人，在合理的劳动组织、合理的使用材料、合理的施工机械配合条件下，生产某一单位合格产品所必需的工作时间，包括准备与结束时间、基本生产时间、辅助生产时间、不可避免的中断时间以及工人必要的休息时间。

时间定额以工日为单位，每一工日按 8 h 计算。其计算公式如下：

$$单位产品时间定额(工日)=1/每工产量$$

或

$$单位产品时间定额(工日)=小组成员工日数总和/台班产量$$

(2)产量定额就是在合理的劳动组织、合理的使用材料、合理的机械配合条件下，某种专业(工种)、某种技术等级的工人小组或个人，在单位工日中所完成的合格产品的数量。

产量定额根据时间定额计算，其计算公式如下：

$$每工产量=1/单位产品时间定额(工日)$$

或

$$台班产量=小组成员工日数的总和/单位产品时间定额(工日)$$

产量定额的计量单位，通常以自然单位或物理单位来表示，如台、套、个、m、m^2、m^3 等。

产量定额的高低与时间定额成反比，两者互为倒数。生产某一单位合格产品所消耗的工时越少，则在单位时间内的产品产量就越高；反之就越低。

$$时间定额 \times 产量定额=1$$
$$或时间定额=1/产量定额$$
$$产量定额=1/时间定额$$

所以在两种定额中，无论知道哪一种定额，都可以很容易地计算出另一种定额。

时间定额和产量定额是同一个人工定额量的不同表示方法，但有各自不同的用处。时间定额便于综合，便于计算总工日数，便于核算工资，所以人工定额一般均采用时间定额的形式。产量定额便于施工班组分配任务，便于编制施工作业计划。

(二)人工定额的编制

1. 分析基础资料，拟定编制方案

(1)影响工时消耗因素的确定。

1)技术因素。其包括完成产品的类别，材料、构配件的种类和型号等级，机械和机具的种类、型号和尺寸，产品质量等。

2)组织因素。其包括操作方法和施工的管理与组织，工作地点的组织，人员组成和分工，工资与奖励制度，原材料和构配件的质量及供应的组织，气候条件等。

(2)计时观察资料的整理。对每次计时观察的资料进行整理之后，要对整个施工过程的观察资料进行系统的分析研究和整理。

整理观察资料大多采用平均修正法。平均修正法是一种在对测时数列进行修正的基础上，求出平均值的方法。修正测时数列，就是剔除或修正那些偏高、偏低的可疑数值。目的是保证分析结果不受那些偶然性因素的影响。

当测时数列受到产品数量的影响时，采用加权平均值则比较适当。因为采用加权平均值可在计算单位产品工时消耗时，考虑到每次观察中产品数量变化的影响，从而获得可靠的数值。

(3)日常积累资料的整理和分析。日常积累的资料主要有四类，第一类是现行定额的执行情况及存在问题的资料；第二类是企业和现场补充定额资料，如因现行定额漏项而编制的补充定额资料，因解决采用新技术、新结构、新材料和新机械而产生的定额缺项所编制的补充定额资料；第三类是已采用的新工艺和新操作方法的资料；第四类是现行的施工技术规范、操作规程、安全规程和质量标准等。

(4)拟定定额的编制方案。

1)提出对拟编定额的定额水平总的设想。

2)拟定定额分章、分节、分项的目录。

3)选择产品和人工、材料、机械的计量单位。

4)设计定额表格的形式和内容。

2．确定正常的施工条件

(1)拟定工作地点的组织。工作地点是工人施工活动场所。拟定工作地点的组织时，要特别注意使人在操作时不受妨碍，所使用的工具和材料应按使用顺序放置于工人最便于取用的地方，以减少疲劳和提高工作效率，工作地点应保持清洁和秩序井然。

(2)拟定工作组成。拟定工作组成就是将工作过程按照劳动分工划分为若干工序，以达到合理安排技术工人的目的。工作组成可以采用两种基本方法：一种是把工作过程中较简单的工序，划分给技术熟练程度较低的工人去完成；另一种是分出若干个技术程度较低的工人，去帮助技术程度较高的工人工作。采用后一种方法就是把个人完成的工作过程变成小组完成的工作过程。

(3)拟定施工人员编制。拟定施工人员编制即确定小组人数、技术工人的配备，以及劳动的分工和协作。原则是使每个工人都能充分发挥作用，均衡地担负工作。

3．确定人工定额消耗量的方法

时间定额是在拟定基本工作时间、辅助工作时间、不可避免中断时间、准备与结束的工作时间，以及休息时间的基础上制定的。

(1)拟定基本工作时间。基本工作时间在必须消耗的工作时间中占的比重最大。在确定基本工作时间时，必须细致、精确。基本工作时间消耗一般应根据计时观察资料来确定。其做法是，首先确定工作过程每一组成部分的工时消耗，然后再综合出工作过程的工时消耗。如果组成部分的产品计量单位和工作过程的产品计量单位不符，就需先求出不同计量单位的换算系数，进行产品计量单位的换算，然后再相加，求得工作过程的工时消耗。

(2)拟定辅助工作时间和准备与结束工作时间。辅助工作和准备与结束工作时间的确定方法与基本工作时间相同，但是如果这两项工作时间在整个工作班工作时间消耗中所占比重不超过5%～6%，可归纳为一项，以工作过程的计量单位表示，确定出工作过程的工时消耗。

(3)拟定不可避免的中断时间。在确定不可避免中断时间定额时,必须注意由工艺特点所引起的不可避免中断才可列入工作过程的时间定额。

不可避免中断时间需要根据测时资料通过整理分析获得,也可以根据经验数据或工时规范,以占工作日的百分比表示此项工时消耗的时间定额。

(4)拟定休息时间。休息时间应根据工作班作息制度、经验资料、计时观察资料,以及对工作的疲劳程度做全面分析来确定。同时,应考虑尽可能利用不可避免中断时间作为休息时间。

(5)拟定定额时间。确定的基本工作时间、辅助工作时间、准备与结束工作时间、不可避免中断时间和休息时间之和,就是人工定额的时间定额。根据时间定额可计算出产量定额,时间定额和产量定额互成倒数。

利用工时规范,可以计算人工定额的时间定额,计算公式为

$$作业时间=基本工作时间+辅助工作时间$$

$$规范时间=准备与结束工作时间+不可避免的中断时间+休息时间工作$$

$$工序作业时间=基本工作时间+辅助工作时间=基本工作时间/(1-辅助工作时间\%)$$

$$定额时间=作业时间/(1-规范时间\%)$$

三、机械台班使用定额

(一)机械台班使用定额的概念和表现形式

1. 机械台班使用定额的概念

在建筑装饰工程施工中,有些工程产品或工作是由工人来完成的,有些是由机械来完成的,有些则是由人工和机械配合共同完成的。由机械或人机配合来完成的产品或工作中,就包含一个机械工作时间。

机械台班使用定额或称机械台班消耗定额,是指在正常施工条件下,合理地组织人工和使用机械,完成单位合格产品或某项工作所必需的机械工作时间,包括准备与结束时间、基本工作时间、辅助工作时间、不可避免的中断时间以及使用机械的工人生理需要与休息时间。

2. 机械台班使用定额的表现形式

机械台班使用定额按其表现形式的不同,可分为时间定额和产量定额。

(1)机械时间定额是指在合理劳动组织与合理使用机械条件下,完成单位合格产品所必需的工作时间,包括有效工作时间(正常负荷下的工作时间和降低负荷下的工作时间)、不可避免的中断时间、不可避免的无负荷工作时间。机械时间定额以"台班"表示,即一台机械工做一个作业班时间。一个作业班时间为 8 h。

$$单位产品机械时间定额(台班)=1/台班产量$$

由于机械必须由工人小组配合,所以完成单位合格产品的时间定额,同时列出人工时间定额,即

$$单位产品人工时间定额(工日)=小组成员总人数/台班产量$$

(2)机械产量定额是指在合理劳动组织与合理使用机械条件下,机械在每个台班时间内应完成合格产品的数量:

$$机械台班产量定额=1/机械时间定额(台班)$$

机械时间定额和机械产量定额互为倒数关系。

复式表示法有如下形式：

人工时间定额/机械台班产量 或 人工时间定额/机械台班产量台班车次

(二)机械台班使用定额的编制

1. 拟定正常的施工条件

拟定机械工作正常条件，主要是拟定工作地点的合理组织和合理的工人编制。

工作地点的合理组织，就是对施工地点机械和材料的放置位置、工人从事操作的场所做出科学合理的平面布置和空间安排。它要求施工机械和操纵机械的工人在最小范围内移动，但又不阻碍机械运转和工人操作；应使机械的开关和操纵装置尽可能集中地装置在操纵工人的近旁，以节省工作时间和减轻劳动强度；应最大限度地发挥机械的效能，减少工人的手工操作。

拟定合理的工人编制，就是根据施工机械的性能和设计能力以及工人的专业分工和劳动工效，合理确定操纵机械的工人和直接参加机械化施工过程的工人的编制人数。

拟定合理的工人编制，应要求保持机械的正常生产率和工人正常的劳动工效。

2. 确定机械 1 h 纯工作正常生产率

确定机械正常生产率时，必须首先确定机械纯工作 1 h 的正常生产率。

机械纯工作时间，就是指机械的必需消耗时间。机械 1 h 纯工作正常生产率，就是在正常施工组织条件下，具有必需的知识和技能的技术工人操纵机械 1 h 的生产率。

根据机械工作特点的不同，机械 1 h 纯工作正常生产率的确定方法也有所不同。对于循环动作机械，确定机械纯工作 1 h 正常生产率的计算公式为

机械一次循环的正常延续时间 = $\sum_{时间}$(循环各组成部分/正常延续时间) − 交叠时间

机械纯工作 1 h 循环次数 = 60×60(s)/一次循环的正常延续时间

机械纯工作 1 h 正常生产率 = 机械纯工作 1 h 正常循环次数 × 一次循环生产的产品数量

从公式中可以看到，计算循环机械纯工作 1 h 正常生产率的步骤是：根据现场观察资料和机械说明书确定各循环组成部分的延续时间；将各循环组成部分的延续时间相加，减去各组成部分之间的交叠时间，求出循环过程的正常延续时间；计算机械纯工作 1 h 的正常循环次数；计算循环机械纯工作 1 h 的正常生产率。

对于连续动作机械，确定机械纯工作 1 h 正常生产率要根据机械的类型和结构特征，以及工作过程的特点来进行，计算公式为

连续动作机械纯工作 1 h 正常生产率 = 工作时间内生产的产品数量/工作时间(h)

工作时间内的产品数量和工作时间的消耗，要通过多次现场观察和机械说明书来取得数据。

对于同一机械进行不同的工作过程，如挖掘机所挖土壤的类别不同，碎石机所破碎的石块硬度和粒径不同，均需分别确定其纯工作 1 h 的正常生产率。

3. 确定施工机械的正常利用系数

施工机械的正常利用系数，是指机械在工作班内对工作时间的利用率。机械的利用系数和机械在工作班内的工作状况有着密切的关系。所以，要确定机械的正常利用系数，首先要拟定机械工作班的正常工作状况，保证合理利用工时。

确定机械正常利用系数，要计算工作班正常状况下准备与结束工作，机械启动、机械维护等工作所必需消耗的时间，以及机械有效工作的开始与结束时间，从而进一步计算出机械在工作班内的纯工作时间和机械正常利用系数。机械正常利用系数的计算公式为

$$机械正常利用系数=机械在一个工作班内纯工作时间/一个工作班延续时间(8\,h)$$

4. 计算施工机械台班产量定额

计算施工机械台班产量定额是编制机械定额工作的最后一步。在确定了机械工作正常条件、机械1 h纯工作正常生产率和机械正常利用系数之后，采用下列公式计算施工机械的产量定额：

$$施工机械台班产量定额=机械1\,h纯工作正常生产率\times 工作班纯工作时间$$

或$$施工机械台班产量定额=机械1\,h纯工作正常生产率\times 工作班延续时间\times 机械正常利用系数$$

$$施工机械时间定额=1/机械台班产量定额指标$$

四、材料消耗定额

(一)材料消耗定额概述

1. 材料消耗定额的概念

材料消耗定额是指在正常的施工(生产)条件下，在节约和合理使用材料的情况下，生产单位合格产品所必须消耗的一定品种、规格的材料、半成品、配件等的数量标准。

材料消耗定额是编制材料需要量计划、运输计划、供应计划，计算仓库面积，签发限额领料单和经济核算的根据。制定合理的材料消耗定额是组织材料的正常供应、保证生产顺利进行，以及合理利用资源，减少积压、浪费的必要前提。

2. 施工中材料消耗的组成

施工中材料的消耗，可分为必须消耗的材料和损失的材料两类。

必须消耗的材料，是指在合理用料的条件下，生产合格产品所需消耗的材料。它包括直接用于建筑和安装工程的材料、不可避免的施工废料、不可避免的材料损耗。

必须消耗的材料属于施工正常消耗，是确定材料消耗定额的基本数据。其中，直接用于建筑和安装工程的材料，编制材料净用量定额；不可避免的施工废料和材料损耗，编制材料损耗定额。

材料各种类型的损耗量之和称为材料损耗量，除去损耗量之后净用于工程实体上的数量称为材料净用量，材料净用量与材料损耗量之和称为材料总消耗量，损耗量与总消耗量之比称为材料损耗率，它们的关系用公式表示为

$$损耗率=损耗量/总消耗量\times 100\%$$

$$损耗量=总消耗量-净用量$$

$$净用量=总消耗量-损耗量$$

$$总消耗量=净用量/1-损耗率$$

$$或总消耗量=净用量+损耗量$$

为了计算简便，通常将损耗量与净用量之比作为损耗率，即

$$损耗率=损耗量/净用量\times 100\%$$

$$总消耗量=净用量\times (1+损耗率)$$

(二)材料消耗定额的制定方法

材料消耗定额必须在充分研究材料消耗规律的基础上制定。科学的材料消耗定额应当是材料消耗规律的正确反映。材料消耗定额是通过施工生产过程中对材料消耗进行观测、试验以及根据技术资料的统计与计算等方法制定的。

1. 观测法

观测法也称现场测定法，是在合理使用材料的条件下，在施工现场按一定程序对完成合格产品的材料耗用量进行测定，通过分析、整理，最后得出一定施工过程单位产品的材料消耗定额。现场测定法主要用于编制材料损耗定额，也可以提供编制材料净用量定额的数据。其优点是能通过现场观察、测定，取得产品产量和材料消耗的情况，为编制材料定额提供技术根据。

观测法的首要任务是选择典型的工程项目，其施工技术、组织及产品质量，均应符合技术规范的要求；材料的品种、型号、质量也应符合设计要求；产品检验合格，操作工人能合理使用材料和保证产品质量。在观测前要充分做好准备工作，如选用标准的运输工具和衡量工具，采取减少材料损耗措施等。观测的结果是要取得材料消耗数量和产品数量的数据资料。

观测法是在现场实际施工中进行的。观测法的优点是真实可靠，能发现一些问题，也能消除一部分消耗材料的不合理浪费因素。但是，用这种方法制定材料消耗定额，由于受到一定的生产技术条件和观测人员的水平等限制，仍然不能把所消耗材料的不合理因素都揭露出来。同时，也有可能把生产和管理工作中的某些与消耗材料有关的缺点保存下来。

对观测取得的数据资料要进行分析研究，区分哪些是合理的，哪些是不合理的，哪些是不可避免的，以制定出在一般情况下都可以达到的材料消耗定额。

2. 试验法

试验法是指在材料试验室中进行试验和测定材料消耗的数据。例如，以各种原材料为变量因素，求得不同强度等级混凝土的配合比，从而计算出每立方米混凝土的各种材料耗用量。

试验法主要用于编制材料净用量定额。通过试验，能够对材料的结构、化学成分和物理性能以及按强度等级控制的混凝土、砂浆配比得出科学的结论，为编制材料消耗定额提供有技术根据的、比较精确的计算数据。

但是，试验法不能取得在施工现场实际条件下，由于各种客观因素对材料耗用量影响的实际数据，这是该法的不足之处。

试验室试验必须符合国家有关标准规范，计量要使用标准容器和称量设备，质量要符合施工与验收规范要求，以保证获得可靠的定额编制依据。

3. 统计法

统计法是指通过对现场进料、用料的大量统计资料进行分析计算，获得材料消耗的数据。这种方法由于不能分清材料消耗的性质，因而不能作为确定材料净用量定额和材料损耗定额的精确依据。对积累的各分部分项工程结算的产品所耗用材料的统计分析，是根据各分部分项工程拨付材料数量、剩余材料数量及总共完成的产品数量来进行的。

采用统计法，必须要保证统计和测算的耗用材料和相应产品一致。在施工现场中的某些材料，往往难以区分用在各个不同部位上的准确数量，因此要有意识地加以区分，才能得到有效的统计数据。用统计法制定材料消耗定额一般采取以下两种方法：

(1)经验估算法。经验估算法是指以有关人员的经验或以往同类产品的材料实耗统计资料为依据,在研究分析并考虑有关影响因素的基础上制定材料消耗定额的方法。

(2)统计法。统计法是对某一确定的单位工程拨付一定的材料,待工程完工后,根据已完成的产品数量和领退材料的数量,进行统计和计算的一种方法。这种方法的优点是不需要专门人员测定和实验。由统计得到的定额数据有一定的参考价值,但其准确程度较差,应对其分析研究后才能采用。

4. 理论计算法

理论计算法是指根据施工图,运用一定的数学公式,直接计算材料耗用量。计算法只能计算出单位产品的材料净用量,材料的损耗量仍要在现场通过实测取得。采用这种方法必须对工程结构、图纸要求、材料特性和规格、施工及验收规范、施工方法等先进行了解和研究。计算法适用于计算不易产生损耗且容易确定废料的材料,如木材、钢材、砖瓦、预制构件等。因为这些材料根据施工图纸和技术资料从理论上都可以计算出来,不可避免的损耗也有一定的规律可循。

理论计算法是材料消耗定额制定方法中比较先进的方法。但是,用这种方法制定材料消耗定额,要求制定者必须掌握一定的技术资料和各方面的知识,并且有较丰富的现场施工经验。

(三)周转性材料消耗量的计算

在编制材料消耗定额时,某些工序定额、单项定额和综合定额中涉及周转材料的确定和计算。如人工定额中的架子工程、模板工程等。

周转性材料在施工过程中不属于通常的一次性消耗材料,而是可多次周转使用,经过修理、补充才逐渐消耗尽的材料。如模板、钢板桩、脚手架等,实际上它也是作为一种施工工具和措施。在编制材料消耗定额时,应按多次使用、分次摊销的办法确定。

周转性材料消耗的定额量是指每使用一次摊销的数量,其计算必须考虑一次使用量、周转使用量、回收价值和摊销量之间的关系。

本章小结

定额在现代化经济和社会生活中无处不在,同时,随着生产力的发展也不断变化,对社会经济生活中复杂多样的事物进行起着计划、调节、组织、预测、控制和咨询作用。本章主要依据工程定额按编制程序和用途分类,分别介绍了预算定额、概算指标、概算定额、投资估算指标、施工定额的概念与作用、编制依据、编制原则以及编制步骤与方法。

思考与练习

一、多项选择题

1. 下列有关概算指标的作用,描述正确的有(　　)。

   A. 概算指标是编制初步设计概算,确定工程概算造价的依据

B. 概算指标是设计单位进行设计方案的技术经济分析，衡量设计水平，考核投资效果的标准
C. 概算指标是建设单位编制基本建设计划，申请投资拨款和编制主要材料计划的依据
D. 概算指标是编制预算定额的依据
2. 有关概算定额与预算定额的区别，描述正确的有(　　)。
A. 预算定额的每一个项目编号是以分部分项工程来划分的，而概算定额是将预算定额中一些施工顺序相衔接、相关性较大的分部分项工程综合成一个分部工程项目
B. 概算定额不论在工程量计算方面，还是在编制概算书方面，都比预算简化了计算程序，省时省事
C. 概算定额与预算定额之间应保留一个必要、合理的幅度差，以便用预算定额编制的施工图预算，能控制用概算定额编制的概算
D. 以上都对
3. 用统计法制定材料消耗定额一般采取(　　)方法。
A. 经验估算法　　　B. 观测法　　　C. 统计法　　　D. 试验法

二、简答题

1. 什么是定额？定额的特点及作用是什么？
2. 建筑装饰工程定额的分类有哪些？
3. 什么是概算定额与概算指标，它们各自有什么作用？
4. 什么是预算定额？预算定额的作用是什么？
5. 简述《房屋建筑与装饰工程消耗量定额》(TY 01—31—2015)的组成内容。
6. 什么是施工定额？施工定额的作用是什么？

第三章 建设工程项目费用

知识目标

1. 了解我国现行工程造价的构成，熟悉建筑安装工程费用的划分方法。
2. 掌握建筑装饰工程费用的组成及计算方法。
3. 掌握建筑装饰工程费用的取费程序。

能力目标

具备对建设工程项目费用计算的能力。

我国现行工程造价的构成主要划分为设备及工、器具购置费用，建筑安装工程费用，工程建设其他费用，预备费，建设期贷款利息，固定资产投资方向调节税等几项。具体构成内容如图 3-1 所示。

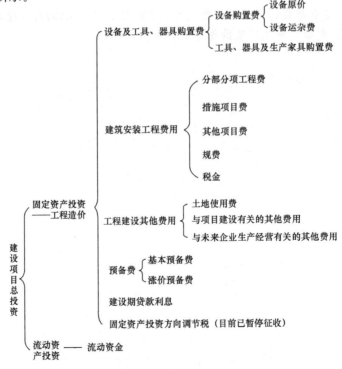

图 3-1　我国现行工程造价的构成

第一节　设备、工器具及生产家具购置费

一、设备购置费

设备购置费是指达到固定资产标准，为建设工程项目购置或自制的各种国产或进口设备及工器具的费用。其由设备原价和设备运杂费构成。

$$设备购置费＝设备原价＋设备运杂费$$

上式中，设备原价是指国产设备或进口设备的原价；设备运杂费是指除设备原价外的关于设备采购、运输、途中包装及仓库保管等方面支出费用的总和。

二、工具、器具及生产家具购置费

工具、器具及生产家具购置费，是指新建或扩建项目初步设计规定的，保证初期正常生产必须购置的没有达到固定资产标准的设备、仪器、工卡模具、器具、生产家具和备品备件等的购置费用。一般以设备购置费为计算基数，按照部门或行业规定的工具、器具及生产家具费率计算。其计算公式为

$$工具、器具及生产家具购置费＝设备购置费×定额费率$$

第二节　建筑安装工程费用

一、按照费用构成要素划分

建筑安装工程费按照费用构成要素划分，由人工费、材料（包含工程设备，下同）费、施工机具使用费、企业管理费、利润、规费和税金组成（图3-2）。其中，人工费、材料费、施工机具使用费、企业管理费和利润包含在分部分项工程费、措施项目费、其他项目费中。

建筑安装工程费用项目组成

1. 人工费

（1）人工费组成。人工费是指按工资总额构成规定，支付给从事建筑安装工程施工的生产工人和附属生产单位工人的各项费用。内容包括：

1）计时工资或计件工资：指按计时工资标准和工作时间或对已做工作按计件单价支付给个人的劳动报酬。

2）奖金：指对超额劳动和增收节支支付给个人的劳动报酬。如节约奖、劳动竞赛奖等。

3）津贴、补贴：指为了补偿职工特殊或额外的劳动消耗和因其他特殊原因支付给个人的津贴，以及为了保证职工工资水平不受物价影响而支付给个人的物价补贴。如流动施工津贴、特殊地区施工津贴、高温（寒）作业临时津贴、高空津贴等。

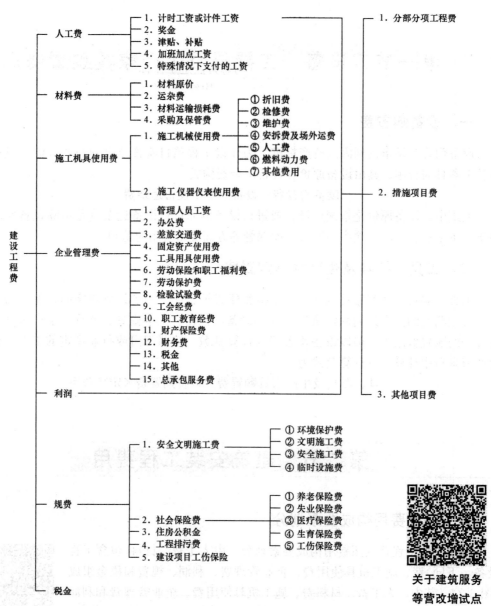

图 3-2 建筑安装工程费用项目组成（按费用构成要素划分）

4）加班加点工资：指按规定支付的在法定节假日工作的加班工资和在法定日工作时间外延时工作的加点工资。

5）特殊情况下支付的工资：指根据国家法律、法规和政策规定，因病、工伤、产假、计划生育假、婚丧假、事假、探亲假、定期休假、停工学习、执行国家或社会义务等原因按计时工资标准或计时工资标准的一定比例支付的工资。

(2) 人工费计算。

1）人工费计算方法一：适用于施工企业投标报价时自主确定人工费，也是工程造价管理机构编制计价定额确定定额人工单价或发布人工成本信息的参考依据，计算公式如下：

$$人工费 = \sum (工日消耗量 \times 日工资单价)$$

$$日工资单价 = \frac{生产工人平均月工资(计时计件) + 平均月(奖金+津贴补贴+特殊情况下支付的工资)}{年平均每月法定工作日}$$

2) 人工费计算方法二：适用于工程造价管理机构编制计价定额时确定定额人工费，是施工企业投标报价的参考依据，计算公式如下：

$$人工费 = \sum (工程工日消耗量 \times 日工资单价)$$

日工资单价是指施工企业平均技术熟练程度的生产工人在每工作日（国家法定工作时间内）按规定从事施工作业应得的日工资总额。

工程造价管理机构确定日工资单价应通过市场调查，根据工程项目的技术要求，参考实物工程量人工单价综合分析确定，最低日工资单价不得低于工程所在地人力资源和社会保障部门所发布的最低工资标准的：1.3倍（普工）、2倍（一般技工）、3倍（高级技工）。

工程计价定额不可只列一个综合工日单价，应根据工程项目技术要求和工种差别适当划分多种日人工单价，确保各分部工程人工费的合理构成。

2. 材料费

(1) 材料费组成。材料费是指施工过程中耗费的原材料、辅助材料、构配件、零件、半成品或成品、工程设备的费用。其内容包括：

1) 材料原价：指材料、工程设备的出厂价格或商家供应价格。

2) 运杂费：指材料、工程设备自来源地运至工地仓库或指定堆放地点所发生的全部费用。

3) 运输损耗费：指材料在运输装卸过程中不可避免的损耗。

4) 采购及保管费：指为组织采购、供应和保管材料、工程设备的过程中所需要的各项费用。其中包括采购费、仓储费、工地保管费、仓储损耗。

工程设备是指构成或计划构成永久工程一部分的机电设备、金属结构设备、仪器装置及其他类似的设备和装置。

(2) 材料费计算。

1) 材料费。其计算公式为

$$材料费 = \sum (材料消耗量 \times 材料单价)$$

$$材料单价 = [(材料原价+运杂费) \times (1+运输损耗率)] \times (1+采购保管费费率)$$

当一般纳税人采用一般计税方法时，材料单价中的材料原价、运杂费等均应扣除增值税进项税额。

2) 工程设备费。其计算公式为

$$工程设备费 = \sum (工程设备量 \times 工程设备单价)$$

$$工程设备单价 = (设备原价+运杂费) \times (1+采购保管费费率)$$

3. 施工机具使用费

(1) 施工机具使用费组成。施工机具使用费是指施工作业所发生的施工机械、仪器仪表使用费或其租赁费。

1) 施工机械使用费：以施工机械台班耗用量乘以施工机械台班单价表示。施工机械台班单价应由下列七项费用组成：

①折旧费：指施工机械在规定的使用年限内，陆续收回其原值的费用。

②大修理费：指施工机械按规定的大修理间隔台班进行必要的大修理，以恢复其正常功能所需的费用。

③经常修理费：指施工机械除大修理以外的各级保养和临时故障排除所需的费用。包括为保障机械正常运转所需替换设备与随机配备工具附具的摊销和维护费用，机械运转中日常保养所需润滑与擦拭的材料费用及机械停滞期间的维护和保养费用等。

④安拆费及场外运费：安拆费指施工机械（大型机械除外）在现场进行安装与拆卸所需的人工、材料、机械和试运转费用以及机械辅助设施的折旧、搭设、拆除等费用；场外运费指施工机械整体或分体自停放地点运至施工现场或由一施工地点运至另一施工地点的运输、装卸、辅助材料及架线等费用。

⑤人工费：指机上司机（司炉）和其他操作人员的人工费。

⑥燃料动力费：指施工机械在运转作业中所消耗的各种燃料及水、电等。

⑦税费：指施工机械按照国家规定应缴纳的车船使用税、保险费及年检费等。

2)仪器仪表使用费：指工程施工所需使用的仪器仪表的摊销及维修费用。

(2)施工机具使用费计算。

1)施工机械使用费。其计算公式为

$$施工机械使用费 = \sum（施工机械台班消耗量 \times 机械台班单价）$$

$$机械台班单价 = 台班折旧费 + 台班大修费 + 台班经常修理费 + 台班安拆费及场外运费 + 台班人工费 + 台班燃料动力费 + 台班车船税费$$

注：工程造价管理机构在确定计价定额中的施工机械使用费时，应根据《建筑施工机械台班费用计算规则》，并结合市场调查编制施工机械台班单价。施工企业可以参考工程造价管理机构发布的台班单价，自主确定施工机械使用费的报价，如租赁施工机械，公式为

$$施工机械使用费 = \sum（施工机械台班消耗量 \times 机械台班租赁单价）$$

2)仪器仪表使用费。其计算公式为

$$仪器仪表使用费 = 工程使用的仪器仪表摊销费 + 维修费$$

当一般纳税人采用一般计税方法时，施工机械台班单价和仪器仪表台班单价中的相关子项均需扣除增值税进项税额。

4. **企业管理费**

(1)企业管理费组成。企业管理费是指建筑安装企业组织施工生产和经营管理所需的费用。内容包括：

1)管理人员工资：指按规定支付给管理人员的计时工资、奖金、津贴补贴、加班加点工资及特殊情况下支付的工资等。

2)办公费：指企业管理办公用的文具、纸张、账表、印刷、邮电、书报、办公软件、现场监控、会议、水电、烧水和集体取暖降温（包括现场临时宿舍取暖降温）等费用。当一般纳税人采用一般计税方法时，办公费中增值税进项税额的抵扣原则：以购进货物适用的相应税额扣减，其中，购进自来水、暖气冷气、图书、报纸、杂志等适用的税率为11%。接受邮政和基础电信服务等适用的税率为11%，接受增值电信服务等适用的税率为6%，其他一般为17%。

3）差旅交通费：指职工因公出差、调动工作的差旅费、住勤补助费，市内交通费和误餐补助费，职工探亲路费，劳动力招募费，职工退休、退职一次性路费，工伤人员就医路费，工地转移费以及管理部门使用的交通工具的油料、燃料等费用。

4）固定资产使用费：指管理和试验部门及附属生产单位使用的属于固定资产的房屋、设备、仪器等的折旧、大修、维修或租赁费。当一般纳税人采用一般计税方法时，固定资产使用费中增值税进项税额的抵扣原则：2016年5月1日后以直接购买、接受捐赠、接受投资入股、自建以及抵债等各种形式取得并在会计制度上按固定资产核算的不动产或者2016年5月1日后取得的不动产在建工程，其进项税额应自取得之日起分两年扣减，第一年抵扣比例为60%，第二年抵扣比例为40%。设备、仪器的折旧、大修、维修或租赁费以购进货物、接受修理修配劳务或租赁有形动产服务适用的税率扣减，均为17%。

5）工具用具使用费：指企业施工生产和管理使用的不属于固定资产的工具、器具、家具、交通工具和检验、试验、测绘、消防用具等的购置、维修和摊销费。当一般纳税人采用一般计税方法时，工具用具使用费中增值税进项税额的抵扣原则：以购进货物或接受修理修配劳务适用的税率扣减，均为17%。

6）劳动保险和职工福利费：指由企业支付的职工退职金，按规定支付给离休干部的经费，集体福利费，夏季防暑降温、冬季取暖补贴，上下班交通补贴等。

7）劳动保护费：指企业按规定发放的劳动保护用品的支出。如工作服、手套、防暑降温饮料以及在有碍身体健康的环境中施工的保健费用等。

8）检验试验费：指施工企业按照有关标准规定，对建筑以及材料、构件和建筑安装物进行一般鉴定、检查所发生的费用，包括自设试验室进行试验所耗用的材料等费用。不包括新结构、新材料的试验费，对构件做破坏性试验及其他特殊要求检验试验的费用和建设单位委托检测机构进行检测的费用；对此类检测发生的费用，由建设单位在工程建设其他费用中列支。但对施工企业提供的具有合格证明的材料进行检测不合格的，该检测费用由施工企业支付。当一般纳税人采用一般计税方法时，检验试验费中的增值税进项税额现代服务业以适用的税率6%扣减。

9）工会经费：指企业按《工会法》规定的全部职工工资总额比例计提的工会经费。

10）职工教育经费：指按职工工资总额的规定比例计提，企业为职工进行专业技术和职业技能培训，专业技术人员继续教育、职工职业技能鉴定、职业资格认定以及根据需要对职工进行各类文化教育所发生的费用。

11）财产保险费：指施工管理用财产、车辆等的保险费用。

12）财务费：指企业为施工生产筹集资金或提供预付款担保、履约担保、职工工资支付担保等所发生的各种费用。

13）税金：指企业按规定缴纳的房产税、非生产性车船使用税、土地使用税、印花税、城市维护建设税、教育费附加、地方教育附加等各项税费。

注：营改增方案实施后，城市维护建设税、教育费附加、地方教育附加的计算基数均为应纳增值税额（即销项税额－进项税额），但由于在工程造价的前期预测时，无法明确可抵扣的进项税额的具体数额，造成此三项附加税无法计算。因此，根据关于印发《增值税会计处理规定》的通知（财会[2016]22号）等均作为"税金及附加"，在管理费中核算。

14）其他：包括技术转让费、技术开发费、投标费、业务招待费、绿化费、广告费、公证费、法律顾问费、审计费、咨询费、保险费等。

(2)企业管理费费率。

1)以分部分项工程费为计算基础。其计算公式为

$$企业管理费费率=\frac{生产工人年平均管理费}{年有效施工天数\times人工单价}\times人工费占分部分项工程费比例$$

2)以人工费和机械费合计为计算基础。其计算公式为

$$企业管理费费率=\frac{生产工人年平均管理费}{年有效施工天数\times(人工单价+每一工日机械使用费)}\times100\%$$

3)以人工费为计算基础。其计算公式为

$$企业管理费费率=\frac{生产工人年平均管理费}{年有效施工天数\times人工单价}\times100\%$$

注：上述公式适用于施工企业投标报价时自主确定管理费，是工程造价管理机构编制计价定额确定企业管理费的参考依据。

工程造价管理机构在确定计价定额中企业管理费时，应以定额人工费或(定额人工费+定额机械费)作为计算基数，其费率根据历年工程造价积累的资料，辅以调查数据确定，列入分部分项工程和措施项目中。

5. 利润

利润是指施工企业完成所承包工程获得的盈利。施工企业根据企业自身需求并结合建筑市场实际自主确定，列入报价中。

工程造价管理机构在确定计价定额中利润时，应以定额人工费或(定额人工费+定额机械费)作为计算基数，其费率根据历年工程造价积累的资料，并结合建筑市场实际确定，以单位(单项)工程测算，利润在税前建筑安装工程费的比重可按不低于5%且不高于7%的费率计算。利润应列入分部分项工程和措施项目中。

6. 规费

(1)规费组成。规费是指按国家法律、法规规定，由省级政府和省级有关权力部门规定必须缴纳或计取的费用。其中包括：

1)社会保险费。

①养老保险费：指企业按照规定标准为职工缴纳的基本养老保险费。

②失业保险费：指企业按照规定标准为职工缴纳的失业保险费。

③医疗保险费：指企业按照规定标准为职工缴纳的基本医疗保险费。

④生育保险费：指企业按照规定标准为职工缴纳的生育保险费。

⑤工伤保险费：指企业按照规定标准为职工缴纳的工伤保险费。

2)住房公积金：指企业按规定标准为职工缴纳的住房公积金。

3)工程排污费：指按规定缴纳的施工现场工程排污费。

其他应列而未列入的规费，按实际发生计取。

(2)规费计算。

1)社会保险费和住房公积金。社会保险费和住房公积金应以定额人工费为计算基础，根据工程所在地省、自治区、直辖市或行业建设主管部门规定费率计算。

$$社会保险费和住房公积金=\sum(工程定额人工费\times社会保险费和住房公积金费率)$$

式中，社会保险费和住房公积金费率可以每万元发承包价的生产工人人工费和管理人员工

资含量与工程所在地规定的缴纳标准综合分析取定。

2)工程排污费。工程排污费等其他应列而未列入的规费,应按工程所在地环境保护等部门规定的标准缴纳,按实际计取列入。

7. 税金

建筑安装工程费用中的税金是指按照国家税法规定的应计入建筑安装工程造价内的增值税额,按税前造价乘以增值税税率确定。

(1)采用一般计税方法时增值税的计算。

当采用一般计税方法时,建筑业增值税税率为11%。计算公式为:

$$增值税=税前造价\times 11\%$$

税前造价为人工费、材料费、施工机具使用费、企业管理费、利润和规费之和,各费用项目均以不包含增值税可抵扣进项税额的价格计算。

(2)采用简易计税方法时增值税的计算。

1)简易计税的适用范围。根据《营业税改征增值税试点实施办法》以及《营业税改征增值税试点有关事项的规定》的规定,简易计税方法主要适用于以下几种情况:

①小规模纳税人发生应税行为适用简易计税方法计税。小规模纳税人通常是指纳税人提供建筑服务的年应征增值税销售额未超过500万元,并且会计核算不健全,不能按规定报送有关税务资料的增值税纳税人。年应税销售额超过500万元,但不经常发生应税行为的单位也可选择按照小规模纳税人计税。

营业税改征增值税试点实施办法

②一般纳税人以清包工方式提供的建筑服务,可以选择适用简易计税方法计税。以清包工方式提供建筑服务,是指施工方不采购建筑工程所需的材料或只采购辅助材料,并收取人工费、管理费或者其他费用的建筑服务。

③一般纳税人为甲供工程提供的建筑服务,就可以选择适用简易计税方法计税。甲供工程是指全部或部分设备、材料、动力由工程发包方自行采购的建筑工程。

营业税改征增值税试点有关事项的规定

④一般纳税人为建筑工程老项目提供的建筑服务,可以选择适用简易计税方法计税。建筑工程老项目:《建筑工程施工许可证》注明的合同开工日期在2016年4月30日前的建筑工程项目;未取得《建筑工程施工许可证》的,建筑工程承包合同注明的开工日期在2016年4月30日前的建筑工程项目。

2)简易计税的计算方法。当采用简易计税方法时,建筑业增值税税率为3%。计算公式为:

$$增值税=税前造价\times 3\%$$

税前造价为人工费、材料费、施工机具使用费、企业管理费、利润和规费之和,各费用项目均以包含增值税进项税额的含税价格计算。

二、按照工程造价形成划分

建筑安装工程费按照工程造价形成由分部分项工程费、措施项目费、其他项目费、规费、税金组成，分部分项工程费、措施项目费、其他项目费包含人工费、材料费、施工机具使用费、企业管理费和利润(图3-3)。

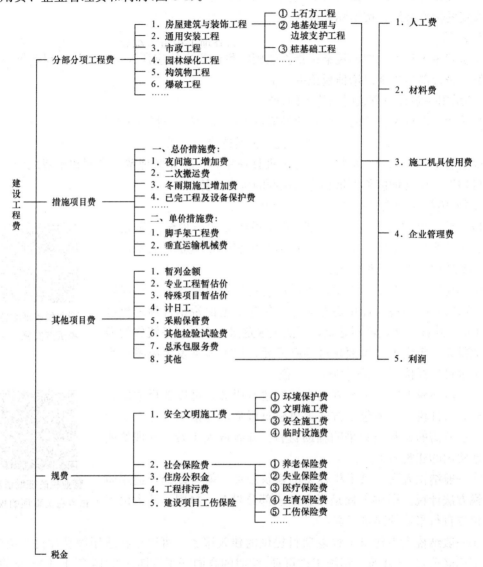

图3-3 建筑安装工程费用项目组成表(按造价形成划分)

1. 分部分项工程费

(1)分部分项工程费组成。分部分项工程费是指各专业工程的分部分项工程应予列支的各项费用。

1)专业工程：指按现行国家计量规范划分的房屋建筑与装饰工程、仿古建筑工程、通用安装工程、市政工程、园林绿化工程、矿山工程、构筑物工程、城市轨道交通工程、爆破工程等各类工程。

2)分部分项工程：指按现行国家计量规范对各专业工程划分的项目。如通用安装工程划分的机械设备安装工程，热力设备安装工程，静置设备与工艺结构制作安装工程，电气设备安装工程，建筑智能化工程，自动化控制仪表安装工程，通风空调工程，工业管道工程、消防工程，给排水、采暖、燃气工程，通信设备及线路工程，刷油、防腐蚀、绝热工程等。

(2)分部分项工程费计算。其计算公式为

$$分部分项工程费 = \sum (分部分项工程量 \times 综合单价)$$

式中，综合单价包括人工费、材料费、施工机具使用费、企业管理费和利润以及一定范围的风险费用(下同)。

2. 措施项目费

(1)措施项目费组成。措施项目费是指为完成建设工程施工，发生于该工程施工前和施工过程中的技术、生活、安全、环境保护等方面的费用。其内容包括：

1)安全文明施工费。

①环境保护费：指施工现场为达到环保部门要求所需要的各项费用。

②文明施工费：指施工现场文明施工所需要的各项费用。

③安全施工费：指施工现场安全施工所需要的各项费用。

④临时设施费：指施工企业为进行建设工程施工所必须搭设的生活和生产用的临时建筑物、构筑物和其他临时设施费用。其中包括临时设施的搭设、维修、拆除、清理费或摊销费等。

2)夜间施工增加费：指因夜间施工所发生的夜班补助费、夜间施工降效、夜间施工照明设备摊销及照明用电等费用。

3)二次搬运费：指因施工场地条件限制而发生的材料、构配件、半成品等一次运输不能到达堆放地点，必须进行二次或多次搬运所发生的费用。

4)冬雨期施工增加费：指在冬期或雨期施工需增加的临时设施、防滑、排除雨雪，人工及施工机械效率降低等费用。

5)已完工程及设备保护费：指竣工验收前，对已完工程及设备采取的必要保护措施所发生的费用。

6)工程定位复测费：指工程施工过程中进行全部施工测量放线和复测工作的费用。

7)特殊地区施工增加费：指工程在沙漠或其边缘地区、高海拔、高寒、原始森林等特殊地区施工增加的费用。

8)大型机械设备进出场及安拆费：指机械整体或分体自停放场地运至施工现场或由一个施工地点运至另一个施工地点，所发生的机械进出场运输及转移费用及机械在施工现场进行安装、拆卸所需的人工费、材料费、机械费、试运转费和安装所需的辅助设施的费用。

9)脚手架工程费：指施工需要的各种脚手架搭、拆、运输费用以及脚手架购置费的摊销(或租赁)费用。

措施项目及其包含的内容详见各类专业工程的现行国家或行业计量规范。

(2)措施项目费计算。

1)国家计量规范规定应予计量的措施项目，其计算公式为

$$措施项目费 = \sum (措施项目工程量 \times 综合单价)$$

2)国家计量规范规定不宜计量的措施项目计算方法如下：

①安全文明施工费。其计算公式为

安全文明施工费＝计算基数×安全文明施工费费率

计算基数应为定额基价(定额分部分项工程费＋定额中可以计量的措施项目费)、定额人工费或(定额人工费＋定额机械费)，其费率由工程造价管理机构根据各专业工程的特点综合确定。

②夜间施工增加费。其计算公式为

夜间施工增加费＝计算基数×夜间施工增加费费率

③二次搬运费。其计算公式为

二次搬运费＝计算基数×二次搬运费费率

④冬雨期施工增加费。其计算公式为

冬雨期施工增加费＝计算基数×冬雨期施工增加费费率

⑤已完工程及设备保护费。其计算公式为

已完工程及设备保护费＝计算基数×已完工程及设备保护费费率

上述②～⑤项措施项目的计费基数应为定额人工费或(定额人工费＋定额机械费)，其费率由工程造价管理机构根据各专业工程特点和调查资料综合分析后确定。

3. **其他项目费**

(1)其他项目费组成。

1)暂列金额：指建设单位在工程量清单中暂定并包括在工程合同价款中的一笔款项。用于施工合同签订时尚未确定或者不可预见的所需材料、工程设备、服务的采购，施工中可能发生的工程变更、合同约定调整因素出现时的工程价款调整以及发生的索赔、现场签证确认等的费用。

2)计日工：指在施工过程中，施工企业完成建设单位提出的施工图纸以外的零星项目或工作所需的费用。

3)总承包服务费：指总承包人为配合、协调建设单位进行的专业工程发包，对建设单位自行采购的材料、工程设备等进行保管以及施工现场管理、竣工资料汇总整理等服务所需的费用。

(2)其他项目费计算。

1)暂列金额由建设单位根据工程特点，按有关计价规定估算，施工过程中由建设单位掌握使用。扣除合同价款调整后如有余额，归建设单位。

2)计日工由建设单位和施工企业按施工过程中的签证计价。

3)总承包服务费由建设单位在招标控制价中根据总包服务范围和有关计价规定编制，施工企业投标时自主报价，施工过程中按签约合同价执行。

4. **规费和税金**

规费是政府和有关权力部门根据国家法律、法规规定施工企业必须缴纳的费用。税金是国家按照税法预先规定的标准，强制地、无偿地要求纳税人缴纳的费用。二者都是工程造价的组成部分，但是其费用内容和计取标准都不是发承包人能自主确定的，更不是由市场竞争决定的。主要包括如下内容：

(1)社会保险费。《中华人民共和国社会保险法》第二条规定："国家建立基本养老保险、基本医疗保险、工伤保险、失业保险、生育保险等社会保险制度，保障公民在年老、疾病、工伤、失业、生育等情况下依法从国家和社会获得物质帮助的权利。"

1）养老保险费。《中华人民共和国社会保险法》第十条规定："职工应当参加基本养老保险，由用人单位和职工共同缴纳基本养老保险费。"

国务院《关于建立统一的企业职工基本养老保险制度的决定》（国发〔1997〕26号）第三条规定：企业缴纳基本养老保险费（以下简称企业缴费）的比例，一般不得超过企业工资总额的20%（包括划入个人账户的部分），具体比例由省、自治区、直辖市人民政府确定。

2）医疗保险费。《中华人民共和国社会保险法》第二十三条规定："职工应当参加职工医疗保险，由用人单位和职工按照国家规定共同缴纳基本医疗保险费。"

国务院《关于建立城镇职工基本医疗保险制度的决定》（国发〔1998〕44号）第二条规定：基本医疗保险费由用人单位和职工个人共同缴纳。用人单位缴费应控制在职工工资总额的6%左右，职工一般为本人工资收入的2%。随着经济发展，用人单位和职工缴费率可作相应调整。

3）失业保险费。《中华人民共和国社会保险法》第四十四条规定："职工应当参加失业保险，由用人单位和职工按照国家规定共同缴纳失业保险费。"

《失业保险条例》（国务院令第258号）第六条规定："城镇企业事业单位按照本单位工资总额的百分之二缴纳失业保险费。城镇企业事业单位职工按照本人工资的百分之一缴纳失业保险费。城镇企业事业单位招用的农民合同制工人本人不缴纳失业保险费。"

4）工伤保险费。《中华人民共和国社会保险法》第三十三条规定："职工应当参加工伤保险，由用人单位缴纳工伤保险费，职工不缴纳工伤保险费。"

《中华人民共和国建筑法》第四十八条规定："建筑施工企业应当依法为职工参加工伤保险缴纳工伤保险费。鼓励企业为从事危险作业的职工办理意外伤害保险，支付保险费。"

《工伤保险条例》（国务院令第586号）第十条规定："用人单位应按时缴纳工伤保险费。职工个人不缴纳工伤保险费。"

5）生育保险费。《中华人民共和国社会保险法》第五十三条规定："职工应当参加生育保险，由用人单位按照国家规定缴纳生育保险费，职工不缴纳生育保险费。"

（2）住房公积金。《住房公积金管理条例》（国务院令第710号）第十八条规定："职工和单位住房公积金的缴存比例均不得低于职工上一年度月平均工资的5%；有条件的城市，可以适当提高缴存比例。具体缴存比例由住房委员会拟订，经本级人民政府审核后，报省、自治区、直辖市人民政府批准。"

（3）工程排污费。《中华人民共和国水污染防治法》第二十条规定：直接或者间接向水体排放工业废水和医疗污水以及其他按照规定应当取得排污许可证方可排放的废水、污水的企业事业单位和其他生产经营者，应当取得排污许可证；城镇污水集中处理设施的运营单位，也应当取得排污许可证。排污许可证应当明确排放水污染物的种类、浓度、总量和排放去向等要求。排污许可的具体办法由国务院规定。禁止企业事业单位和其他生产经营者无排污许可证或者违反排污许可证的规定向水体排放前款规定的废水、污水。

由上述法律、行政法规以及国务院文件可见，规费是由国家或省级、行业建设行政主管部门依据国家有关法律、法规以及省级政府或省级有关权力部门的规定确定。因此，在工程造价计价时，规费和税金应按国家或省级、行业建设主管部门的有关规定计算，并不得作为竞争性费用。

第三节 工程建设其他费用

工程建设其他费用是指从工程筹建到工程竣工验收交付使用止的整个建设期间,除建筑安装工程费用和设备、工器具购置费外的,为保证工程建设顺利完成和交付使用后能够正常发挥效用而发生的一些费用。

工程建设其他费用,按其内容大体可分为三类。第一类是土地使用费,由于工程项目固定于一定地点与地面相连接,必须占用一定量的土地,也就必然要发生为获得建设用地而支付的费用;第二类是与项目建设有关的费用;第三类是与未来企业生产和经营活动有关的费用。

一、土地使用费

任何一个建设项目都固定于一定地点与地面相连接,必须占用一定量的土地,也就必然要发生为获得建设用地而支付的费用,这就是土地使用费。它是指通过划拨方式取得土地使用权而支付的土地征用及迁移补偿费,或者通过土地使用权出让方式取得土地使用权而支付的土地使用权出让金。

1. 土地征用及迁移补偿费

土地征用及迁移补偿费,是指建设项目通过划拨方式取得无限期的土地使用权,依照《中华人民共和国土地管理法》等规定所支付的费用。其总和一般不得超过被征土地年产值的 20 倍,土地年产值则按该地被征用前 3 年的平均产量和国家规定的价格计算。其内容包括以下几项:

(1)土地补偿费。征用耕地(包括菜地)的补偿标准,按政府规定,为该耕地年产值的若干倍,具体补偿标准由省、自治区、直辖市人民政府在此范围内制定。征用园地、鱼塘、藕塘、苇塘、宅基地、林地、牧场、草原等的补偿标准,由省、自治区、直辖市人民政府制定。征收无收益的土地,不予补偿。

(2)青苗补偿费和被征用土地上的房屋、水井、树木等附着物补偿费。这些补偿费的标准由省、自治区、直辖市人民政府制定。征用城市郊区的菜地时,还应按照有关规定向国家缴纳新菜地开发建设基金。

(3)安置补助费。征用耕地、菜地的,每个农业人口的安置补助费为该地每亩年产值的 2~3 倍,每亩耕地的安置补助费最高不得超过其年产值的 10 倍。

(4)缴纳的耕地占用税或城镇土地使用税、土地登记费及征地管理费等。县市土地管理机关从征地费中提取土地管理费的比率,要按征地工作量大小,视不同情况,在 1‰~4‰ 幅度内提取。

(5)征地动迁费。其包括征用土地上的房屋及附属构筑物、城市公共设施等拆除、迁建补偿费、搬迁运输费,企业单位因搬迁造成的减产、停工损失补贴费、拆迁管理费等。

(6)水利水电工程水库淹没处理补偿费。其包括农村移民安置迁建费,城市迁建补偿费,库区工矿企业、交通、电力、通信、广播、管网、水利等的恢复、迁建补偿费,库底清理费,防护工程费,环境影响补偿费用等。

2. 取得国有土地使用费

取得国有土地使用费包括:土地使用权出让金、城市建设配套费、拆迁补偿与临时安置补助费等。

(1)土地使用权出让金。指建设工程通过土地使用权出让方式,取得有限期的土地使用权,依照《中华人民共和国城镇国有土地使用权出让和转让暂行条例》规定,支付的土地使用权出让金。

1)明确国家是城市土地的唯一所有者,并分层次、有偿、有限期地出让、转让城市土地。第一层次是城市政府将国有土地使用权出让给用地者,该层次由城市政府垄断经营。出让对象可以是有法人资格的企事业单位,也可以是外商。第二层次及以下层次的转让则发生在使用者之间。

2)城市土地的出让和转让可采用协议、招标、公开拍卖等方式。

①协议方式是由用地单位申请,经市政府批准同意后双方洽谈具体地块及地价。该方式适用于市政工程、公益事业用地以及需要减免地价的机关、部队用地和需要重点扶持、优先发展的产业用地。

②招标方式是在规定的期限内,由用地单位以书面形式投标,市政府根据投标报价、所提供的规划方案以及企业信誉综合考虑,择优而取。该方式适用于一般工程建设用地。

③公开拍卖是指在指定的地点和时间,由申请用地者叫价应价,价高者得。

这些方式由市场竞争决定,适用于盈利高的行业用地。

3)在有偿出让和转让土地时,政府对地价不做统一规定,但应坚持以下原则:

①地价对目前的投资环境不产生大的影响。

②地价与当地的社会经济承受能力相适应。

③地价要考虑已投入的土地开发费用、土地市场供求关系、土地用途和使用年限。

4)关于政府有偿出让土地使用权的年限,各地可根据时间、区位等各种条件作不同的规定,一般可为30~99年。按照地面附属建筑物的折旧年限来看,以50年为宜。

5)土地有偿出让和转让,土地使用者和所有者要签约,明确使用者对土地享有的权利和对土地所有者应承担的义务。

①有偿出让和转让使用权,要向土地受让者征收契税。

②转让土地如有增值,要向转让者征收土地增值税。

③在土地转让期间,国家要区别不同地段、不同用途向土地使用者收取土地占用费。

(2)城市建设配套费。城市建设配套费是指因进行城市公共设施的建设而分摊的费用。

(3)拆迁补偿与临时安置补助费。此项费用由两部分构成,即拆迁补偿费和临时安置补助费或搬迁补助费。拆迁补偿费是指拆迁人对被拆迁人,按照有关规定予以补偿所需的费用。拆迁补偿的形式可分为产权调换和货币补偿两种形式。

产权调换的面积按照所拆迁房屋的建筑面积计算;货币补偿的金额按照被拆迁人或者房屋承租人支付搬迁补助费。在过渡期内,被拆迁人或者房屋承租人自行安排住处的,拆迁人应当支付临时安置补助费。

二、与项目建设有关的其他费用

根据项目的不同,与项目建设有关的其他费用的构成也不尽相同,一般包括以下各项。在进行工程估算及概算中可根据实际情况进行计算。

1. 建设单位管理费

建设单位管理费是指建设项目从立项、筹建、建设、联合试运转、竣工验收、交付使用及后评估等全过程管理所需的费用。其内容包括以下几项:

(1)建设单位开办费。建设单位开办费是指新建项目为保证筹建和建设工作正常进行所需办公设备、生活家具、用具、交通工具等购置费用。

(2)建设单位经费。其包括工作人员的基本工资、工资性补贴、职工福利费、劳动保护费、劳动保险费、办公费、差旅交通费、工会经费、职工教育经费、固定资产使用费、工具用具使用费、技术图书资料费、生产人员招募费、工程招标费、合同契约公证费、工程质量监督检测费、工程咨询费、法律顾问费、审计费、业务招待费、排污费、竣工交付使用清理及竣工验收费、后评估等费用。不包括应计入设备、材料预算价格的建设单位采购及保管设备材料所需的费用。

建设单位管理费按照单项工程费用之和(包括设备工、器具购置费和建筑安装工程费用)乘以建设单位管理费率计算。

建设单位管理费率按照建设项目的不同性质、不同规模确定。有的建设项目按照建设工期和规定的金额计算建设单位管理费。

2. 勘察设计费

勘察设计费是指为本建设项目提供项目建议书、可行性研究报告及设计文件等所需费用。其内容包括以下几项:

(1)编制项目建议书、可行性研究报告及投资估算、工程咨询、评价以及为编制上述文件所进行勘察、设计、研究试验等所需费用。

(2)委托勘察、设计单位进行初步设计、施工图设计及概预算编制等所需费用。

(3)在规定范围内由建设单位自行完成的勘察、设计工作所需费用。

在勘察设计费中,项目建议书、可行性研究报告按国家颁布的收费标准计算,设计费按国家颁布的工程设计收费标准计算;勘察费一般民用建筑 6 层以下的按 $3\sim5$ 元/m^2 计算,高层建筑按 $8\sim10$ 元/m^2 计算,工业建筑按 $10\sim12$ 元/m^2 计算。

3. 研究试验费

研究试验费是指为建设项目提供和验证设计参数、数据、资料等所进行的必要的试验费用以及设计规定在施工中必须进行试验、验证所需费用。其中包括自行或委托其他部门研究试验所需人工费、材料费、试验设备及仪器使用费等。这项费用按照设计单位根据本工程项目的需要提出的研究试验内容和要求计算。

4. 建设单位临时设施费

建设单位临时设施费是指建设期间建设单位所需临时设施的搭设、维修、摊销费用或租赁费用。

临时设施包括临时宿舍、文化福利及公用事业房屋与构筑物、仓库、办公室、加工厂以及规定范围内的道路、水、电、管线等临时设施和小型临时设施。

5. 工程监理费

工程监理费是指建设单位委托工程监理单位对工程实施监理工作所需费用。

根据国家发展改革委、原建设部《建设工程监理与相关服务收费管理规定》发改价格〔2007〕670号等文件规定，选择下列方法之一计算：

(1)一般情况应按工程建设监理收费标准计算，即按所监理工程概算或预算的百分比计算。

(2)对于单工种或临时性项目，可根据参与监理的年度平均人数按3.5万～5万元/(人·年)计算。

建设工程监理与
相关服务收费管理规定

6. 工程保险费

工程保险费是指建设项目在建设期间根据需要实施工程保险所需的费用。其包括以各种建筑工程及其施工过程中的物料、机器设备为保险标的的建筑工程一切险，以安装工程中的各种机器、机械设备为保险标的的安装工程一切险，以及机器损坏保险等。根据不同的工程类别，分别以其建筑、安装工程费乘以建筑、安装工程保险费率计算。民用建筑(住宅楼、综合性大楼、商场、旅馆、医院、学校)占建筑工程费的2‰～4‰；其他建筑(工业厂房、仓库、道路、码头、水坝、隧道、桥梁、管道等)占建筑工程费的3‰～6‰；安装工程(农业、工业、机械、电子、电气、纺织、矿山、石油、化学及钢铁工业、钢结构桥梁)占建筑工程费的3‰～6‰。

7. 引进技术和进口设备其他费用

引进技术及进口设备其他费用，包括出国人员费用、国外工程技术人员来华费用、技术引进费、分期或延期付款利息、担保费以及进口设备检验鉴定费。

(1)出国人员费用。出国人员费用是指为引进技术和进口设备派出人员在国外培训和进行设计联络，设备检验等的差旅费、制装费、生活费等。这项费用根据设计规定的出国培训和工作的人数、时间及派往国家，按财政部、外交部规定的临时出国人员费用开支标准及中国民用航空公司现行国际航线票价等进行计算，其中使用外汇部分应计算银行财务费用。

(2)国外工程技术人员来华费用。国外工程技术人员来华费用是指安装进口设备，引进国外技术等聘用外国工程技术人员进行技术指导工作所发生的费用。其包括技术服务费、外国技术人员的在华工资、生活补贴、差旅费、医药费、住宿费、交通费、宴请费、参观游览等招待费用。这项费用按每人每月费用指标计算。

(3)技术引进费。技术引进费是指为引进国外先进技术而支付的费用。其包括专利费、专有技术费(技术保密费)、国外设计及技术资料费、计算机软件费等。这项费用根据合同或协议的价格计算。

(4)分期或延期付款利息。分期或延期付款利息是指利用出口信贷引进技术或进口设备采取分期或延期付款的办法所支付的利息。

(5)担保费。担保费是指国内金融机构为买方出具保函的担保费。这项费用按有关金融机构规定的担保费率计算(一般可按承保金额的5‰计算)。

(6)进口设备检验鉴定费用。进口设备检验鉴定费用是指进口设备按规定付给商品检验部门的进口设备检验鉴定费。这项费用按进口设备货价的3‰～5‰计算。

8. 工程承包费

工程承包费是指具有总承包条件的工程公司，对工程建设项目从开始建设至竣工投产全过程的总承包所需的管理费用。具体内容包括组织勘察设计、设备材料采购、非标设备设计制造与销售、施工招标、发包、工程预决算、项目管理、施工质量监督、隐蔽工程检查、验收和试车直至竣工投产的各种管理费用。该费用按国家主管部门或省、自治区、直辖市协调规定的工程总承包费取费标准计算。如无规定时，一般工业建设项目为投资估算的6%～8%，民用建筑（包括住宅建设）和市政项目为4%～6%。不实行工程承包的项目不计算本项费用。

三、与未来企业生产经营有关的其他费用

1. 联合试运转费

联合试运转是指新建企业或改建、扩建企业在工程竣工验收前，按照设计的生产工艺流程和质量标准对整个企业进行联合试运转所发生的费用支出与联合试运转期间的收入部分的差额部分。联合试运转费用一般根据不同性质的项目按需进行试运转的工艺设备购置费的百分比计算。

2. 生产准备费

生产准备费是指新建企业或新增生产能力的企业，为保证竣工交付使用进行必要的生产准备所发生的费用。费用内容包括以下几项：

（1）生产人员培训费，包括自行培训、委托其他单位培训的人员的工资、工资性补贴、职工福利费、差旅交通费、学习资料费、学习费、劳动保护费等。

（2）生产单位提前进厂参加施工、设备安装、调试等以及熟悉工艺流程及设备性能等人员的工资、工资性补贴、职工福利费、差旅交通费、劳动保护费等。

生产准备费一般根据需要培训和提前进厂人员的人数及培训时间，按生产准备费指标进行估算。

应该指出，生产准备费在实际执行中是一笔在时间上、人数上、培训深度上很难划分的、活口很大的支出，尤其要严格掌握。

3. 办公和生活家具购置费

办公和生活家具购置费是指为保证新建、改建、扩建项目初期正常生产、使用和管理所必须购置的办公和生活家具、用具的费用。改建、扩建项目所需的办公和生活用具购置费，应低于新建项目。其范围包括办公室、会议室、资料档案室、阅览室、文娱室、食堂、浴室、理发室、单身宿舍和设计规定必须建设的托儿所、卫生所、招待所、中小学校等家具用具购置费。这项费用按照设计定员人数乘以综合指标计算，一般为600～800元/人。

第四节 预备费和建设期贷款利息

一、预备费

按我国现行规定，预备费包括基本预备费和涨价预备费。

1. 基本预备费

基本预备费是指在初步设计及概算内难以预料的工程费用，费用内容包括以下几项：

(1)在批准的初步设计范围内，技术设计、施工图设计及施工过程中所增加的工程费用；设计变更、局部地基处理等增加的费用。

(2)一般自然灾害造成的损失和预防自然灾害所采取的措施费用。实行工程保险的工程项目费用应适当降低。

(3)竣工验收时，为鉴定工程质量对隐蔽工程进行必要的挖掘和修复费用。

基本预备费是按设备及工具、器具购置费，建筑安装工程费用和工程建设其他费用三者之和为计取基础，乘以基本预备费费率进行计算。

基本预备费=(设备及工具、器具购置费+建筑安装工程费用+工程建设其他费用)×
基本预备费费率

基本预备费率的取值应执行国家及部门的有关规定。

2. 涨价预备费

涨价预备费是指建设项目在建设期间内由于价格等变化引起工程造价变化的预测预留费用。费用内容包括：人工、设备、材料、施工机械的价差费，建筑安装工程费及工程建设其他费用调整，利率、汇率调整等增加的费用。

涨价预备费的测算方法，一般根据国家规定的投资综合价格指数，按估算年份价格水平的投资额为基数，采用复利方法计算。计算公式为

$$PF = \sum_{t=1}^{n} I_t [(1+f)^t - 1]$$

式中　PF——涨价预备费；

　　　n——建设期年份数；

　　　I_t——建设期中第 t 年的投资计划额，包括设备及工器具购置费、建筑安装工程费、工程建设其他费用及基本预备费；

　　　f——年均投资价格上涨率。

二、建设期贷款利息

为了筹措建设项目资金所发生的各项费用，包括工程建设期间投资贷款利息、企业债券发行费、国外借款手续费和承诺费、汇兑净损失及调整外汇手续费、金融机构手续费以及为筹措建设资金发生的其他财务费用等，统称为财务费。其中，最主要的是在工程项目建设期投资贷款而产生的利息。

建设期投资贷款利息是指建设项目使用银行或其他金融机构的贷款，在建设期应归还的借款的利息。建设项目筹建期间借款的利息，按规定可以计入购建资产的价值或开办费。贷款机构在贷出款项时，一般都是按复利考虑的。作为投资者来说，在项目建设期间，投资项目一般没有还本付息的资金来源，即使按要求还款，其资金也可能是通过再申请借款来支付。当项目建设期长于一年时，为简化计算，可假定借款发生当年均在年中支用，按半年计息，年初欠款按全年计息，这样，建设期投资贷款的利息可按下式计算：

$$q_j = \left(P_{j-1} + \frac{1}{2}A_j\right) \cdot i$$

式中 q_j——建设期第 j 年应计利息；

P_{j-1}——建设期第 $(j-1)$ 年末贷款累计金额与利息累计金额之和；

A_j——建设期第 j 年贷款金额；

i——年利率。

本章小结

本章主要介绍了基本建设费用的构成和建筑工程费用的组成与计算。基本建设费用由建筑安装工程费用、设备及工具、器具购置费用、工程建设其他费用以及预备费等构成。在学习基本建设费用的组成时，应重点掌握建筑安装工程费用的组成与计算。

思考与练习

一、是非题

1. 建设期投资贷款利息是指建设项目使用银行或其他金融机构的贷款，在建设期应归还的借款的利息。（　　）
2. 施工企业可以参考工程造价管理机构发布的台班单价，但不可自主确定施工机械使用费的报价。（　　）
3. 工具、器具及生产家具购置费一般以设备购置费为计算基数，按照部门或行业规定的工具、器具及生产家具费率计算。（　　）
4. 涨价预备费的测算方法，一般根据国家规定的投资综合价格指数，按估算年份价格水平的投资额为基数，采用年利方法计算。（　　）

二、多项选择题

1. 特殊情况下支付的工资：是指根据国家法律、法规和政策规定，因（　　）等原因按计时工资标准或计时工资标准的一定比例支付的工资。
   A. 节假日　　　　B. 工伤　　　　C. 婚丧假　　　　D. 产假
2. 税费是指施工机械按照国家规定应缴纳的（　　）等。
   A. 过路费　　　　B. 车船使用税　　C. 保险费　　　　D. 年检费
3. 基本预备费是按（　　）之和为计取基础，乘以基本预备费率进行计算。
   A. 设备及工、器具购置费　　　　　B. 工程建设其他费用
   C. 建筑安装工程费用　　　　　　　D. 铺底流动资金

三、简答题

1. 建筑安装工程费用项目组成有哪几种划分方式？其项目组成有何不同？
2. 人工费、材料费、施工机具使用费各项费用包括哪些内容？
3. 措施项目费是如何定义的？包括哪些内容？
4. 工程建设其他费用是如何定义的？包括哪些内容？

第四章 建筑装饰工程工程量清单及其计价

知识目标

了解工程量计价的意义与计价过程,熟悉工程量清单计价与传统定额预算计价的差别,掌握工程量清单及清单计价的编制。

能力目标

1. 初步具备编制工程量清单的能力。
2. 能进行工程量清单投标报价的计算。

第一节 建筑装饰工程量清单概述

我国工程造价计价依据包括概、预算定额,预算价格,费用定额以及有关计价办法、规定等,是在 20 世纪 50 年代初期,为适应当时的基本建设管理体制而建立起来并在长期的工程实践中日趋完善的,对合理确定和有效控制工程造价曾起到了积极作用。随着我国建筑市场的快速发展,招标投标制、合同制的逐步推行,以及加入世界贸易组织与国际接轨等要求,经原建设部批准颁布,我国于 2003 年 2 月 17 日开始实施《建设工程工程量清单计价规范》(GB 50500—2003),时过 10 年,住房和城乡建设部发布了《建设工程工程量清单计价规范》(GB 50500—2013)(以下简称《13 计价规范》),该规范是在《建设工程工程量清单计价规范》(GB 50500—2008)(以下简称《08 计价规范》)基础上,以原建设部发布的工程基础定额、消耗量定额、预算定额以及各省、自治区、直辖市或行业建设主管部门发布的工程计价定额为参考,以工程计价相关的国家或行业的技术标准、规范、规程为依据,收集近年来新的施工技术、工艺和新材料的项目资料,经过整理,在全国广泛征求意见后编制而成。

《13 计价规范》适用于建设工程发承包及实施阶段的招标工程量清单、招标控制价、投标报价的编制,工程合同价款的约定,竣工结算的办理以及施工过程中的工程计量、合同价款支付、施工索赔与现场签证、合同价款调整和合同价款争议的解决等计价活动。

《13计价规范》规定："建设工程发承包及实施阶段的工程造价应由分部分项工程费、措施项目费、其他项目费、规费和税金组成。"这说明了无论采用什么计价方式，建设工程发承包及实施阶段的工程造价均由这五部分组成，这五部分也称为建筑安装工程费。

一、工程量清单计价的意义

1. 装饰工程量清单是装饰工程造价确定的依据

（1）装饰工程量清单是编制招标控制价的依据。实行工程量清单计价的建设工程，其招标控制价的编制应根据《13计价规范》的有关要求、施工现场的实际情况、合理的施工方法等进行编制。

建设工程工程量
清单计价规范

（2）工程量清单是确定投标报价的依据。投标报价应根据招标文件中的工程量清单和有关要求、施工现场实际情况及拟定的施工方案或施工组织设计，依据企业定额和市场价格信息，或参照建设行政主管部门发布的社会平均消耗量定额进行编制。

（3）工程量清单是评标、定标的依据。工程量清单是招标、投标的重要组成部分和依据，因此，它也是评标委员会在对标书的评审中参考的重要依据。

（4）工程量清单是甲、乙双方确定工程合同价款的依据。

2. 装饰工程量清单是装饰工程造价控制的依据

（1）装饰工程量清单是计算装饰工程变更价款和追加合同价款的依据。在工程施工中，因设计变更或追加工程影响工程造价时，合同双方应根据工程量清单和合同其他约定调整合同价格。

（2）装饰工程量清单是支付装饰工程进度款和竣工结算的依据。在施工过程中，发包人应按照合同约定和施工进度支付工程款，依据已完项目工程量和相应单价计算工程进度款。工程竣工验收通过后，承包人应依据工程量清单的约定及其他资料办理竣工结算。

（3）装饰工程量清单是装饰工程索赔的依据。在合同的履行过程中，对于并非自己的过错，而是由对方过错造成的实际损失，合同一方可向对方提出经济补偿和（或）工期顺延的要求，即"索赔"。工程量清单是合同文件的组成部分，因此，它是索赔的重要依据之一。

二、工程量清单计价的过程

就我国目前的实际情况而言，工程量清单计价作为一种市场价格的形成机制，其作用主要在工程招标投标阶段。因此，工程量清单计价的操作过程可以从招标、投标和评标三个阶段来阐述。

1. 招标阶段

招标单位在工程方案、初步设计或部分施工图设计完成后，即可委托招标控制价编制单位（或招标代理单位）按照统一的工程量计算规则，再以单位工程为对象，计算并列出各分部分项工程的工程量清单，作为招标文件的组成部分发放给各投标单位。其工程量清单的粗细程度、准确程度取决于工程的设计深度及编制人员的技术水平和经验等。在分部分项工程量清单中，项目编码、项目名称、项目特征、计量单位和工程量等项目，由招标单位根据全国统一的工程量清单项目设置规则和计量规则填写。单价与合价由投标人根据自己的施工组织设计以及招标单位对工程的质量要求等因素综合评定后填写。

2. 投标阶段

投标单位接到招标文件后，首先，要对招标文件进行仔细的分析研究，对图纸进行透彻的理解。其次，要对招标文件中所列的工程量清单进行审核，审核中，要视招标单位是否允许对工程量清单所列的工程量误差进行调整来确定审核办法。如果允许调整，就要详细审核工程量清单所列的各工程项目的工程量，发现有较大误差的，应通过招标单位答疑会提出调整意见，取得招标单位同意后进行调整；如果不允许调整工程量，则不需要对工程量进行详细的审核，只对主要项目或工程量大的项目进行审核，发现这些项目有较大误差时，可以通过综合单价计价法来调整。综合单价法的优点是当工程量发生变更时，易于查对，能够反映承包商的技术能力和工程管理能力。

3. 评标阶段

在评标时可以对投标单位的最终总报价以及分项工程的综合单价的合理性进行评分。由于采用了工程量清单计价方法，所有投标单位都站在同一起跑线上，因而竞争更为公平合理，有利于实现优胜劣汰，而且在评标时应坚持倾向于合理低标价中标的原则。当然，在评标时仍然可以采用综合计分的方法，不仅考虑报价因素，而且还对投标单位的施工组织设计、企业业绩或信誉等按一定的权重分值分别进行计分，按总评分的高低确定中标单位；或者采用两阶段评标的办法，即先对投标单位的技术方案进行评价，在技术方案可行的前提下，再以投标单位的报价作为评标定标的唯一因素，这样既可以保证工程建设质量，又有利于为业主选择一个合理的、报价较低的单位中标。

三、工程量清单计价与传统定额预算计价的差别

1. 编制工程量的单位不同

传统定额预算计价法是：建设工程的工程量分别由招标单位和投标单位分别按图计算。工程量清单计价法是：工程量由招标单位统一计算或委托有工程造价咨询资质单位统一计算，"工程量清单"是招标文件的重要组成部分，各投标单位根据招标人提供的"工程量清单"，根据自身的技术装备、施工经验、企业成本、企业定额、管理水平自主填写报单价。

2. 编制工程量清单时间不同

传统的定额预算计价法是在发出招标文件后编制（招标与投标人同时编制或投标人编制在前，招标人编制在后）。工程量清单报价法必须在发出招标文件前编制。

3. 表现形式不同

采用传统的定额预算计价法一般是总价形式。工程量清单报价法采用综合单价形式，综合单价包括人工费、材料费、机械使用费、管理费、利润，并考虑风险因素。工程量清单报价具有直观、单价相对固定的特点，工程量发生变化时，单价一般不做调整。

4. 编制依据不同

传统的定额预算计价法依据图纸；人工、材料、机械台班消耗量依据住房城乡建设主管部门颁发的预算定额；人工、材料、机械台班单价依据工程造价管理部门发布的价格信息进行计算。工程量清单报价法，根据建设部第107号令《建筑工程施工发包与承包计价管理办法》规定，招标控制价的编制根据招标文件中的工程量清单和有关要求、施工现场情况、合理的施工方法以及按住房城乡建设主管部门制定的有关工程造价计价办法编制。企业的投标报价则根据企业定额和市场价格信息，或参照住房城乡建设主管部门发布的社会平均消耗量定额编制。

5. 费用组成不同

传统预算定额计价法的工程造价由人工费、材料费、施工机具使用费、企业管理费、利润、规费和税金组成。工程量清单计价法工程造价由分部分项工程费、措施项目费、其他项目费、规费、税金组成。包括完成每项工程包含的全部工程内容的费用；完成每项工程内容所需的费用（规费、税金除外）；工程量清单中没有体现的，施工中又必须发生的工程内容所需费用；由风险因素而增加的费用。

6. 评标所用的方法不同

传统预算定额计价法投标一般采用百分制评分法。采用工程量清单计价法投标，一般采用合理低报价中标法，既要对总价进行评分，还要对综合单价进行分析评分。

7. 项目编码不同

采用传统的预算定额计价法的项目编码，全国各省市采用不同的定额子目。采用工程量清单计价全国实行统一编码，项目编码采用12位阿拉伯数字表示。1~9位为统一编码，其中，1、2位为附录顺序码，3、4位为专业工程顺序码，5、6位为分部工程顺序码。7~9位为分项工程项目名称顺序码，10~12位为清单项目名称顺序码。前9位码不能变动，后3位码由清单编制人根据项目设置的清单项目编制。

8. 合同价调整方式不同

传统的定额预算计价法合同价调整方式有：变更签证、定额解释、政策性调整。工程量清单计价法合同价调整方式主要是索赔。工程量清单的综合单价一般通过招标中报价的形式体现，一旦中标，报价作为签订施工合同的依据相对固定下来，工程结算按承包商实际完成工程量乘以清单中相应的单价计算，减少了调整活口。采用传统的预算定额经常有定额解释及定额规定，结算中又有政策性文件调整，工程量清单计价单价不能随意调整。

9. 工程量计算时间前置

工程量清单，在招标前由招标人编制；也可能业主为了缩短建设周期，通常在初步设计完成后就开始施工招标，在不影响施工进度的前提下陆续发放施工图纸，因此，承包商据以报价的工程量清单中各项工作内容下的工程量一般为概算工程量。

10. 投标计算口径达到了统一

因为各投标单位都根据统一的工程量清单报价，达到了投标计算口径统一，不再是传统预算定额招标，各投标单位各自计算工程量，各投标单位计算的工程量均不一致。

11. 索赔事件增加

因承包商对工程量清单单价包含的工作内容一目了然，故凡建设方不按清单内容施工的，任意要求修改清单的，都会增加施工索赔的因素。

第二节　装饰工程工程量清单编制

工程量清单是表示建设工程的分部分项工程项目、措施项目、其他项目的名称和相应数量以及规费、税金项目等内容的明细清单。由招标人按照《房屋建筑与装饰工程工程量计算规范》(GB 50854—2013)附录中的编码、项目名称、计量单位和工程量计算规则进行编制。

招标工程量清单应由招标人负责编制,若招标人不具有编制工程量清单的能力,则可根据《工程造价咨询企业管理办法》(建设部第 149 号令)的规定,委托具有工程造价咨询资质的工程造价咨询人编制。

招标工程量清单必须作为招标文件的组成部分,其准确性(数量不算错)和完整性(不缺项漏项)应由招标人负责。招标人应将工程量清单连同招标文件一起发(售)给投标人。投标人依据工程量清单进行投标报价时,对工程量清单不负有核实的义务,更不具有修改和调整的权力。如招标人委托工程造价咨询人编制工程量清单,其责任仍由招标人负责。

一、分部分项工程量清单编制

分部分项工程是分部工程与分项工程的总称。分部工程是单位工程的组成部分,是按结构部位及施工特点或施工任务将单位工程划分为若干分部工程。如房屋建筑与装饰工程分为土石方工程,桩基工程,砌筑工程,混凝土及钢筋混凝土工程,门窗工程,楼地面装饰工程,天棚工程,油漆、涂料、裱糊工程等分部工程。分项工程是分部工程的组成部分,是按不同施工方法、材料、工序等将分部工程分为若干个分项或项目的工程。如天棚工程分为天棚抹灰、天棚吊顶、采光天棚、天棚其他装饰等分项工程。

分部分项工程项目清单必须载明项目编码、项目名称、项目特征、计量单位和工程量,这五个要件在分部分项工程项目清单的组成中缺一不可。分部分项工程项目清单必须根据各专业工程计量规范规定的项目编码、项目名称、项目特征、计量单位和工程量计算规则进行编制。其格式见表4-1,在分部分项工程量清单的编制过程中,由招标人负责前六项内容填列,金额部分在编制招标控制价或投标报价时填列。

表 4-1 分部分项工程和单价措施项目清单与计价表

工程名称:　　　　　　　　　　　　标段:　　　　　　　　　　　　第　页共　页

序号	项目编码	项目名称	项目特征	计量单位	工程量	金额/元		
						综合单价	合价	其中 暂估价
				合　　计				

1. 项目编码的确定

项目编码是指分项工程和措施项目工程量清单项目名称的阿拉伯数字标志的顺序码。工程量清单项目编码应采用12位阿拉伯数字表示,1~9位应按《房屋建筑与装饰工程工程量计算规范》(GB 50854—2013)附录规定设置,10~12位应根据拟建工程的工程量清单项目名称设置,同一招标工程的项目编码不得有重码。各位数字的含义如下:

(1)第1、2位专业工程代码。房屋建筑与装饰工程为01,仿古建筑为02,通用安装工程为03,市政工程为04,园林绿化工程为05,矿山工程为06,构筑物工程为07,城市轨道交通工程为08,爆破工程为09。

(2)第3、4位专业工程附录分类顺序码。在《房屋建筑与装饰工程工程量计算规范》(GB 50854—2013)附录中,房屋建筑与装饰工程共分为17部分,其各自专业工程附录分类顺序码分别为:附录A土石方工程,附录分类顺序码01;附录B地基处理与边坡支护工程,附录分类顺序码02;附录C桩基工程,附录分类顺序码03;附录D砌筑工程,附录分类顺序码04;附录E混凝土及钢筋混凝土工程,附录分类顺序码05;附录F金属结构工程,附录分类顺序码06;附录G木结构工程,附录分类顺序码07;附录H门窗工程,附录分类顺序码08;附录J屋面及防水工程,附录分类顺序码09;附录K保温、隔热、防腐工程,附录分类顺序码10;附录L楼地面装饰工程,附录分类顺序码11;附录M墙、柱面装饰与隔断、幕墙工程,附录分类顺序码12;附录N天棚工程,附录分类顺序码13;附录P油漆、涂料、裱糊工程,附录分类顺序码14;附录Q其他装饰工程,附录分类顺序码15;附录R拆除工程,附录分类顺序码16;附录S措施项目,附录分类顺序码17。

(3)第5、6位分部工程顺序码。以房屋建筑与装饰工程中的天棚工程为例,在《房屋建筑与装饰工程工程量计算规范》(GB 50854—2013)附录N中,天棚工程共分为4节,其各自分部工程顺序码分别为:N.1天棚抹灰,分部工程顺序码01;N.2天棚吊顶,分部工程顺序码02;N.3采光天棚,分部工程顺序码03;N.4天棚其他装饰,分部工程顺序码04。

(4)第7~9位分项工程项目名称顺序码。以天棚工程中天棚吊顶为例,在《房屋建筑与装饰工程工程量计算规范》(GB 50854—2013)附录N中,天棚吊顶共分为6项,其各自分项工程项目名称顺序码分别为:吊顶天棚001,格栅吊顶002,吊筒吊顶003,藤条造型悬挂吊顶004,织物软雕吊顶005,装饰网架吊顶006。

(5)第10~12位清单项目名称顺序码。以天棚工程中吊筒吊顶为例,按《房屋建筑与装饰工程工程量计算规范》(GB 50854—2013)的有关规定,吊筒吊顶需描述的清单项目特征包括:吊筒形状、规格;吊筒材料种类;防护材料种类。清单编制人在对吊筒吊顶进行编码时,即可在全国统一9位编码011302003的基础上,根据不同的吊筒形状、规格,吊筒材料种类,防护材料种类等因素,对10~12位编码自行设置,编制出清单项目名称顺序码001、002、003、004、…

2. 项目名称的确定

分部分项工程清单的项目名称应按《房屋建筑与装饰工程工程量计算规范》(GB 50854—2013)附录的项目名称结合拟建工程的实际确定。

3. 项目特征描述

项目特征是表征构成分部分项工程项目、措施项目自身价值的本质特征,是对体现分部分项工程量清单、措施项目清单值的特有属性和本质特征的描述。分部分项工程清单的项目特征应按《房屋建筑与装饰工程工程量计算规范》(GB 50854—2013)附录中规定的项目特征，结合拟建工程项目的实际特征予以描述。

(1)项目特征描述的作用：

1)项目特征是区分清单项目的依据。工程量清单项目特征是用来表述分部分项工程量清单项目的实质内容，用于区分计价规范中同一清单条目下各个具体的清单项目。没有项目特征的准确描述，对于相同或相似的清单项目名称，就无从区分。

2)项目特征是确定综合单价的前提。由于工程量清单项目的特征决定了工程实体的实质内容，必然直接决定了工程实体的自身价值。因此，工程量清单项目特征描述得准确与否，直接关系到工程量清单项目综合单价的准确确定。

3)项目特征是履行合同义务的基础。实行工程量清单计价时，工程量清单及其综合单价是施工合同的组成部分，因此，如果工程量清单项目特征的描述不清甚至漏项、错误，导致在施工过程中更改，就会发生分歧，甚至引起纠纷。

(2)项目特征描述的要求：为达到规范、简洁、准确、全面描述项目特征的要求，在描述工程量清单项目特征时应注意以下几点：

1)涉及正确计量的内容必须描述。如010802002彩板门，当以"樘"为单位计量时，项目特征需要描述门洞口尺寸；当以"m^2"为单位计量时，则门洞口尺寸描述的意义不大，可不描述。

2)涉及材质要求的内容必须描述。如油漆的品种，是调和漆还是硝基清漆等；管材的材质，是碳钢管还是塑钢管、不锈钢管等；混凝土构件混凝土的种类，是清水混凝土还是彩色混凝土，是预拌(商品)混凝土还是现场搅拌混凝土。

3)对计量计价没有实质影响的内容可以不描述；应由投标人根据施工方案确定的可以不描述；应由投标人根据当地材料和施工要求确定的可以不描述；应由施工措施解决的可以不描述。

4)对采用标准图集或施工图纸能够全部或部分满足项目特征描述要求的，项目特征描述可直接采用详见××图集或××图号的方式。

5)对注明由投标人根据施工现场实际自行考虑决定报价的，项目特征可不描述。

4. 计量单位的确定

分部分项工程量清单的计量单位应按《房屋建筑与装饰工程工程量计算规范》(GB 50854—2013)附录中规定的计量单位确定。规范中的计量单位均为基本单位，与定额中所采用的基本单位扩大一定的倍数不同。如质量以"t"或"kg"为单位，长度以"m"为单位，面积以"m^2"为单位，体积以"m^3"为单位，自然计量的以"个、件、套、组、樘"为单位。当计量单位有两个或两个以上时，应根据所编工程量清单项目的特征要求，选择最适宜表现该项目特征并方便计量的单位。例如，门窗工程有"樘"和"m^2"两个计量单位，实际工作中，就应该选择最适宜、最方便计量的单位来表示。

不同的计量单位汇总后的有效位数也不同，根据《房屋建筑与装饰工程工程量计算规范》(GB 50854—2013)规定，工程计量时每一项目汇总的有效位数应遵守下列规定：

(1)以"吨"为计量单位的，应保留小数点后三位，第四位小数四舍五入。

(2)以"m^3""m^2""m""kg"为计量单位的，应保留小数点后两位，第三位小数四舍五入。

(3)以"樘""个"等为计量单位的，应取整数。

5. 工程数量确定

分部分项工程量清单中所列工程量应按《房屋建筑与装饰工程工程量计算规范》(GB 50854—2013)附录中规定的工程量计算规则计算。

6. 工作内容

工作内容是指为了完成分部分项工程项目或措施项目所需要发生的具体施工作业内容。《13 计价规范》附录中给出的是一个清单项目所可能发生的工作内容，在确定综合单价时，需要根据清单项目特征中的要求，或根据工程具体情况，或根据常规施工方案，从中选择其具体的施工作业内容。

工作内容不同于项目特征，在清单编制时不需要描述。项目特征体现的是清单项目质量或特性的要求或标准，工作内容体现的是完成一个合格的清单项目需要具体做的施工作业，对于一项明确了分部分项工程项目或措施项目，工作内容确定了其工程成本。

如 010809001 木窗台板，其项目特征为：①基层材料种类；②窗台板材质、规格、颜色；③防护材料种类。工程内容为：①基层清理；②基层制作、安装；③窗台板制作、安装；④刷防护材料。通过对比可以看出，如"窗台板材质、规格、颜色"是对窗台板质量标准的要求，属于项目特征；"窗台板制作、安装"是窗台板制作、安装过程中的工艺和方法，体现的是如何做，属于工作内容。

7. 补充项目

随着工程建设中新材料、新技术、新工艺等的不断涌现，《房屋建筑与装饰工程工程量计算规范》(GB 50854—2013)附录所列的工程量清单项目不可能包含所有项目。在编制工程量清单时，当出现规范附录中未包括的清单项目时，编制人应做补充，并报省级或行业工程造价管理机构备案，省级或行业工程造价管理机构应汇总报住房和城乡建设部标准定额研究所。

工程量清单项目的补充应涵盖项目编码、项目名称、项目描述、计量单位、工程量计算规则以及包含的工作内容，按《房屋建筑与装饰工程工程量计算规范》(GB 50854—2013)附录中相同的列表方式表述。

补充项目的编码由专业工程代码(工程量计算规范代码)与 B 和三位阿拉伯数字组成，并应从××B001 起顺序编制，同一招标工程的项目不得重码。

二、措施项目清单编制

措施项目清单应根据拟建工程的实际情况列项。措施项目清单的编制需考虑多种因素，除工程本身的因素外，还涉及水文、气象、环境、安全等因素。由于影响措施项目设置的因素太多，计量规范不可能将施工中可能出现的措施项目一一列出。在编制措施项目清单时，因工程情况不同，出现《房屋建筑与装饰工程工程量计算规范》(GB 50854—2013)附录中未列的措施项目，可根据工程的具体情况对措施项目清单做补充。

《房屋建筑与装饰工程工程量计算规范》(GB 50854—2013)将措施项目划分为两类：一类是不能计算工程量的项目，如文明施工和安全防护、临时设施等，就以"项"计价，称为"总价项目"；另一类是可以计算工程量的项目，如脚手架、降水工程等，就以"量"计价，更有利于措施费的确定和调整，称为"单价项目"。

措施项目清单必须根据相关工程现行国家计量规范的规定编制。编制招标工程量清单时，表中的项目可根据工程实际情况进行增减。措施项目中可以计算工程量的项目清单宜采用分部分项工程量清单的方式编制,列出项目编码、项目名称、项目特征、计量单位和工程量计算规则(表4-1);不能计算工程量的项目清单,以"项"为计量单位进行编制(表4-2)。

表 4-2 总价措施项目清单与计价表

工程名称: 　　　　　　　　　　　　标段: 　　　　　　　　　　　　第 页共 页

序号	项目编码	项目名称	计算基础	费率/%	金额/元	调整费率/%	调整后金额/元	备注
		安全文明施工费						
		夜间施工增加费						
		二次搬运费						
		冬、雨期施工增加费						
		已完工程及设备保护费						
		…						
		合　计						

注:1. "计算基础"中安全文明施工费可为"定额基价""定额人工费"或"定额人工费+定额机械费",其他项目可为"定额人工费"或"定额人工费+定额机械费"。
　　2. 按施工方案计算的措施费,若无"计算基础"和"费率"的数值,也可只填"金额"数值,但应在备注栏中说明施工方案的出处或计算方法。

编制人(造价人员):　　　　　　　　　　　　　　　　　复核人(造价工程师):

三、其他项目清单编制

其他项目清单应按照:①暂列金额;②暂估价,包括材料暂估单价、工程设备暂估单价、专业工程暂估价;③计日工;④总承包服务费列项。出现上述未列项目,应根据工程实际情况补充。其他项目清单宜按照表4-3的格式编制,出现未包含在表格中内容的项目,可根据工程实际情况补充。

表 4-3 其他项目清单与计价表

序号	项目名称	金额/元	结算金额/元	备　注
1	暂列金额			明细详见表4-4
2	暂估价			
2.1	材料(工程设备)暂估价/结算价			明细详见表4-5
2.2	专业工程暂估价/结算价			明细详见表4-6
3	计日工			明细详见表4-7
4	总承包服务费			明细详见表4-8
5	索赔与现场签证			
	合　计			

注:材料(工程设备)暂估单价计入清单项目综合单价中,此处不汇总。

工程建设标准的高低、工程的复杂程度、工程的工期长短、工程的组成内容、发包人对工程管理要求等都直接影响其他项目清单的具体内容,本书仅提供了四项内容作为列项参考,不足部分可根据工程的具体情况进行补充。

1. 暂列金额

暂列金额是招标人暂定并包括在合同中的一笔款项。无论采用何种合同形式,其理想的标准是,一份合同的价格就是其最终的竣工结算价格,或者至少两者应尽可能接近。我国规定对政府投资工程实行概算管理,经项目审批部门批复的设计概算是工程投资控制的刚性指标,即使商业性开发项目也有成本的预先控制问题,否则,无法相对准确地预测投资的收益和科学合理地进行投资控制。但工程建设自身的特性决定了工程的设计需要根据工程进展不断地进行优化和调整,业主需求可能会随工程建设进展而出现变化,工程建设过程还会存在一些不能预见、不能确定的因素。消化这些因素必然会影响合同价格的调整,暂列金额正是因应这类不可避免的价格调整而设立,以便达到合理确定和有效控制工程造价的目标。

暂列金额应根据工程特点按有关计价规定估算。暂列金额可按照表4-4的格式列示。

表4-4 暂列金额明细表

工程名称:　　　　　　　　　标段:　　　　　　　　　第　页共　页

序号	项目名称	计量单位	暂定金额/元	备注
1				
2				
3				
4				
5				
	合　计			

注:此表由招标人填写,如不能详列,也可只列暂定金额总额,投标人应将上述暂列金额计入投标总价中。

2. 暂估价

暂估价是指招标阶段直至签订合同协议时,招标人在招标文件中提供的用于支付必然要发生但暂时不能确定价格的材料以及专业工程的金额。暂估价类似于FIDIC合同条款中的Prine Cost Items,在招标阶段预见肯定要发生,只是因为标准不明确或者需要由专业承包人完成,暂时无法确定价格。暂估价数量和拟用项目应当结合工程量清单中的"暂估价表"予以补充说明。

为方便合同管理,需要纳入分部分项工程项目清单综合单价中的暂估价应只是材料、工程设备费,以方便投标人组价。

专业工程的暂估价应是综合暂估价,包括除规费和税金以外的管理费、利润等。总承包招标时,专业工程设计深度往往是不够的,一般需要交由专业设计人设计,出于提高可建造性考虑,国际上惯例,一般由专业承包人负责设计,以发挥其专业技能和专业施工经验的优势。这类专业工程交由专业分包人完成是国际工程的良好实践,目前,在我国工程建设领域也已经比较普遍。公开透明、合理地确定这类暂估价的实际开支金额的最佳途径就是通过施工总承包人与工程建设项目招标人共同组织招标。

暂估价中的材料、工程设备暂估单价应根据工程造价信息或参照市场价格估算,列出明细表;专业工程暂估价应分不同专业,按有关计价规定估算,列出明细表。暂估价可按照表 4-5、表 4-6 的格式列示。

表 4-5 材料(工程设备)暂估单价及调整表

工程名称:　　　　　　　　　　　　标段:　　　　　　　　　　　　第 页共 页

序号	材料(工程设备)名称、规格、型号	计量单位	数量		暂估/元		确认/元		差额±/元		备注
			暂估	确认	单价	合价	单价	合价	单价	合价	
	合 计										

注:此表由招标人填写"暂估单价",并在备注栏说明暂估价的材料、工程设备拟用在哪些清单项目上,投标人应将上述材料、工程设备暂估价计入工程量清单综合单价报价中。

表 4-6 专业工程暂估价结算价表

工程名称:　　　　　　　　　　　　标段:　　　　　　　　　　　　第 页共 页

序号	工程名称	工程内容	暂估金额/元	结算金额/元	差额±/元	备　注
	合 计					

注:此表"暂估金额"由招标人填写,投标人应将"暂估金额"计入投标总价中。结算时按合同约定结算金额填写。

3. 计日工

计日工是为了解决现场发生的零星工作的计价而设立的。国际上常见的标准合同条款中，大多数都设立了计日工（Daywork）计价机制。计日工对完成零星工作所消耗的人工工时、材料数量、施工机械台班进行计量，并按照计日工表中填报的适用项目的单价进行计价支付。计日工适用的所谓零星工作一般是指合同约定之外或者因变更而产生的、工程量清单中没有相应项目的额外工作，尤其是那些时间不允许事先商定价格的额外工作。

计日工应列出项目名称、计量单位和暂估数量。计日工可按照表 4-7 的格式列示。

表 4-7 计日工表

工程名称：　　　　　　　　　　　标段：　　　　　　　　　　　　第　页共　页

编号	项目名称	单位	暂定数量	实际数量	综合单价/元	合价/元	
						暂定	实际
一	人工						
1							
2							
…							
	人工小计						
二	材料						
1							
2							
…							
	材料小计						
三	施工机械						
1							
2							
…							
	施工机械小计						
四、企业管理费和利润							
	总计						

注：此表项目名称、暂定数量由招标人填写，编制招标控制价时，单价由招标人按有关计价规定确定；投标时，单价由投标人自主报价，按暂定数量计算合价计入投标总价中。结算时，按发承包双方确认的实际数量计算合价。

4. 总承包服务费

总承包服务费是为了解决招标人在法律、法规允许的条件下进行专业工程发包以及自行供应材料、工程设备,并需要总承包人对发包的专业工程提供协调和配合服务,对甲供材料、工程设备提供收、发和保管服务,以及进行施工现场管理时发生并向总承包人支付的费用。招标人应预计该项费用,并按投标人的投标报价向投标人支付该项费用。

总承包服务费应列出服务项目及其内容等。

编制招标工程其他项目清单,应汇总"暂列金额"和"专业工程暂估价",以提供给投标人报价。总承包服务费按照表4-8的格式列示。

表4-8 总承包服务费计价表

工程名称:　　　　　　　　　　　标段:　　　　　　　　　　　第 页共 页

序号	项目名称	项目价值/元	服务内容	计算基础	费率/%	金额/元
1	发包人发包专业工程					
2	发包人提供材料					
…						
	合　计					

注:此表项目名称、服务内容由招标人填写,编制招标控制价时,费率及金额由招标人按有关计价规定确定;投标时,费率及金额由投标人自主报价,计入投标总价中。

四、规费、税金项目清单编制

1. 规费项目清单

根据住房和城乡建设部、财政部印发的《建筑安装工程费用项目组成》(建标〔2013〕44号)的规定,规费包括工程排污费、社会保险费(养老保险、失业保险、医疗保险、工伤保险、生育保险)、住房公积金。规费是政府和有关权力部门规定必须缴纳的费用,对《建筑安装工程费用项目组成》未包括的规费项目,编制人在编制规费项目清单时应根据省级政府或省级有关权力部门的规定列项。

2. 税金项目清单

根据住房和城乡建设部、财政部印发的《建筑安装工程费用项目组成》(建标〔2013〕44号)的规定,目前我国税法规定应计入建筑安装工程造价的税种包括增值税、城市建设维护税、教育费附加和地方教育附加。如国家税法发生变化,税务部门依据职权增加了税种,应对税金项目清单进行补充。

规费、税金项目计价表见表4-9。

表4-9 规费、税金项目计价表

工程名称:　　　　　　　　　　　标段:　　　　　　　　　　　第 页共 页

序号	项目名称	计算基础	计算基数	计算费率/%	金额/元
1	规费	定额人工费			
1.1	社会保险费	定额人工费			
(1)	养老保险费	定额人工费			

续表

序号	项目名称	计算基础	计算基数	计算费率/%	金额/元
(2)	失业保险费	定额人工费			
(3)	医疗保险费	定额人工费			
(4)	工伤保险费	定额人工费			
(5)	生育保险费	定额人工费			
1.2	住房公积金	定额人工费			
1.3	工程排污费	按工程所在地环境保护部门收取标准，按实计入			
…					
2	税金	分部分项工程费＋措施项目费＋其他项目费＋规费－按规定不计税的工程设备金额			
合 计					

编制人（造价人员）： 复核人（造价工程师）：

第三节　装饰工程工程量计价

一、招标控制价编制

《招标投标法实施条例》规定，招标人可以自行决定是否编制标底，一个招标项目只能有一个标底，标底必须保密。同时规定，招标人设有最高投标限价的，应当在招标文件中明确最高投标限价或者最高投标限价的计算方法，招标人不得规定最低投标限价。

（一）招标控制价的编制规定与依据

招标控制价是指根据国家或省级住房城乡建设主管部门颁发的有关计价依据和办法，依据拟订的招标文件和招标工程量清单，结合工程具体情况发布的招标工程的最高投标限价。

根据住房和城乡建设部颁布的《建筑工程施工发包与承包计价管理办法》(住建部令第16号)的规定,国有资金投资的、建筑工程招标的,应当设有最高投标限价;非国有资金投资的建筑工程招标的,可以设有最高投标限价或者招标标底。

1. 编制招标控制价的规定

(1)国有资金投资的工程建设项目应实行工程量清单招标,招标人应编制招标控制价,并应当拒绝高于招标控制价的投标报价,即投标人的投标报价若超过公布的招标控制价,则其投标作为废标处理。

(2)招标控制价应由具有编制能力的招标人或受其委托、具有相应资质的工程造价咨询人编制。工程造价咨询人不得同时接受招标人和投标人对同一工程的招标控制价和投标报价的编制。

(3)招标控制价应在招标文件中公布,对所编制的招标控制价不得进行上浮或下调。在公布招标控制价时,除公布招标控制价的总价外,还应公布各单位工程的分部分项工程费、措施项目费、其他项目费、规费和税金。

(4)招标控制价超过批准的概算时,招标人应将其报原概算审批部门审核。这是由于我国对国有资金投资项目的投资控制实行的是设计概算审批制度,国有资金投资的工程原则上不能超过批准的设计概算。

(5)投标人经复核认为招标人公布的招标控制价未按照《13计价规范》的规定进行编制的,应在招标控制价公布后5天内向招标投标监督机构和工程造价管理机构投诉。工程造价管理机构受理投诉后,应立即对招标控制价进行复查,组织投诉人、被投诉人或其委托的招标控制价编制人等单位人员对投诉问题逐一核对。当招标控制价复查结论与原公布的招标控制价误差大于±3%时,应责成招标人改正。当重新公布招标控制价时,若重新公布之日起至原投标截止日期不足15天的应延长投标截止日期。

2. 招标控制价的编制依据

招标控制价的编制依据是指在编制招标控制价时需要进行工程量计量、价格确认、工程计价的有关参数、率值的确定等工作时所需的基础性资料。其主要包括以下几点:

(1)现行国家标准《13计价规范》与专业工程计量规范。

(2)国家或省级、行业建设主管部门颁发的计价定额和计价办法。

(3)建设工程设计文件及相关资料。

(4)拟定的招标文件及招标工程量清单。

(5)与建设项目相关的标准、规范、技术资料。

(6)施工现场情况、工程特点及常规施工方案。

(7)工程造价管理机构发布的工程造价信息;工程造价信息没有发布的,参照市场价。

(8)其他的相关资料。

(二)招标控制价的编制内容

招标控制价的编制内容包括分部分项工程费、措施项目费、其他项目费、规费和税金,各个部分有不同的计价要求。

1. 分部分项工程费的编制要求

(1)分部分项工程费应根据招标文件中的分部分项工程量清单及有关要求,按《13计价规范》有关规定确定综合单价计价。

(2)工程量依据招标文件中提供的分部分项工程量清单确定。

(3)招标文件提供了暂估单价的材料,应按暂估的单价计入综合单价。

(4)为使招标控制价与投标报价所包含的内容一致,综合单价中应包括招标文件中要求投标人所承担的风险内容及其范围(幅度)产生的风险费用。

2. 措施项目费的编制要求

(1)措施项目费中的安全文明施工费应当按照国家或省级、行业建设主管部门的规定标准计价,该部分不得作为竞争性费用。

(2)措施项目应按招标文件中提供的措施项目清单确定,措施项目分为以"量"计算和以"项"计算两种。对于可精确计量的措施项目以"量"计算,即按其工程量用与分部分项工程工程量清单单价相同的方式确定综合单价;对于不可精确计量的措施项目,则以"项"为单位,采用费率法按有关规定综合取定,采用费率法时需确定某项费用的计费基数及其费率,结果应是包括除规费、税金外的全部费用。其计算公式为

以"项"计算的措施项目清单费＝措施项目计费基数×费率

3. 其他项目费的编制要求

(1)暂列金额。暂列金额可根据工程的复杂程度、设计深度、工程环境条件(包括地质、水文、气候条件等)进行估算,一般可以分部分项工程费的10%~15%为参考。

(2)暂估价。暂估价中的材料单价应按照工程造价管理机构发布的工程造价信息中的材料单价计算,工程造价信息未发布的材料单价,其单价参考市场价格估算;暂估价中的专业工程暂估价应分为不同的专业,按有关计价规定估算。

(3)计日工。在编制招标控制价时,对计日工中的人工单价和施工机械台班单价应按省级、行业建设主管部门或其授权的工程造价管理机构公布的单价计算;材料应按工程造价管理机构发布的工程造价信息中的材料单价计算,工程造价信息未发布单价的材料,其价格应按市场调查确定的单价计算。

(4)总承包服务费。总承包服务费应按照省级或行业建设主管部门的规定计算,在计算时可参考以下标准:

1)招标人仅要求对分包的专业工程进行总承包管理和协调时,按分包的专业工程估算造价的1.5%计算。

2)招标人要求对分包的专业工程进行总承包管理和协调,并同时要求提供配合服务时,根据招标文件中列出的配合服务内容和提出的要求,按分包的专业工程估算造价的3%~5%计算。

3)招标人自行供应材料的,按招标人供应材料价值的1%计算。

4. 规费和税金的编制要求

规费和税金必须按国家或省级、行业建设主管部门的规定计算。税金计算公式如下:

税金＝(分部分项工程量清单费＋措施项目清单费＋其他项目清单费＋规费)×综合税税率

(三)招标控制价的计价与组价

1. 招标控制价计价程序

建设工程的招标控制价反映的是单位工程费用,各单位工程费用是由分部分项工程费、措施项目费、其他项目费、规费和税金组成。建设单位工程招标控制价计价程序见表4-10。

表 4-10　建设单位工程招标控制价计价程序

工程名称：　　　　　　　　　　　　　标段：

序号	内容	计算方法	金额/元
1	分部分项工程费	按计价规定计算	
1.1			
1.2			
1.3			
...			
2	措施项目费	按计价规定计算	
2.1	其中：安全文明施工费	按规定标准计算	
3	其他项目费		
3.1	其中：暂列金额	按计价规定估算	
3.2	其中：专业工程暂估价	按计价规定估算	
3.3	其中：计日工	按计价规定估算	
3.4	其中：总承包服务费	按计价规定估算	
4	规费	按规定标准计算	
5	税金（扣除不列入计税范围的工程设备金额）	(1+2+3+4)×规定税率	

注：招标控制价合计＝1＋2＋3＋4＋5。

2. 综合单价的组价

综合单价是指完成一个规定清单项目所需的人工费、材料和工程设备费、施工机具使用费和企业管理费、利润以及一定范围内的风险费用。招标控制价的分部分项工程费应由各单位工程的招标工程量清单乘以其相应综合单价汇总而成。综合单价的组价，首先依据提供的工程量清单和施工图纸，按照工程所在地区颁发的计价定额的规定，确定所组价的定额项目名称，并计算出相应的工程量；其次，依据工程造价政策规定或工程造价信息确定其人工、材料、机械台班单价；同时，在考虑风险因素确定管理费费率和利润率的基础上，按规定程序计算出所组价定额项目的合价，然后将若干项所组价的定额项目合价相加除以工程量清单项目工程量，便得到工程量清单项目综合单价，对于未计价材料费（包括暂估单价的材料费）应计入综合单价中。

$$定额项目合价 = 定额项目工程量 \times [\sum(定额人工消耗量 \times 人工单价) + \sum(定额材料消耗量 \times 材料单价) + \sum(定额机械台班消耗量 \times 机械台班单价) + 价差（基价或人工、材料、机械费用）+ 管理费和利润]$$

$$工程量清单综合单价 = \frac{\sum 定额项目合价 + 未计价材料费}{工程量清单项目工程量}$$

招标工程发布的分部分项工程量清单对应的综合单价,应按照招标人发布的分部分项工程量清单的项目名称、工程量、项目特征描述,依据工程所在地区颁发的计价定额和人工、材料、机械台班价格信息等进行组价确定,并应编制工程量清单综合单价分析表。

二、投标报价的编制

编制投标报价时,应首先根据招标人提供的工程量清单编制分部分项工程和措施项目计价表,其他项目计价表,规费、税金项目计价表,计算完毕之后,汇总得到单位工程投标报价汇总表,再层层汇总,分别得出单项工程投标报价汇总表和工程项目投标总价汇总表,投标总价的组成如图4-1所示。在编制过程中,投标人应按招标人提供的工程量清单填报价格。填写的项目编码、项目名称、项目特征、计量单位、工程量必须与招标人提供的一致。

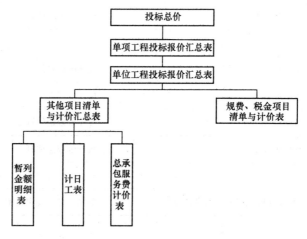

图4-1 建设项目施工投标总价组成

(一)分部分项工程和措施项目计价表的编制

1. 分部分项工程和单价措施项目清单与计价表的编制

承包人投标价中的分部分项工程费和以单价计算的措施项目费,应按招标文件中分部分项工程和单价措施项目清单与计价表的特征描述确定综合单价计算。因此,确定综合单价是分部分项工程和单价措施项目清单与计价表编制过程中最主要的内容。综合单价包括完成一个规定清单项目所需的人工费、材料和工程设备费、施工机具使用费、企业管理费、利润,并考虑风险费用的分摊。其计算公式为

综合单价=人工费+材料和工程设备费+施工机具使用费+企业管理费+利润

(1)确定综合单价时的注意事项。

1)以项目特征描述为依据。项目特征是确定综合单价的重要依据之一,投标人投标报价时应依据招标文件中清单项目的特征描述确定综合单价。在招标投标过程中,当出现招标工程量清单特征描述与设计图纸不符的情况时,投标人应以招标工程量清单的项目特征描述为准,确定投标报价的综合单价。当施工中施工图纸或设计变更与招标工程量清单项目特征描述不一致时,发承包双方应按实际施工的项目特征,依据合同约定重新确定综合单价。

2)材料、工程设备暂估价的处理。招标文件中的其他项目清单提供了暂估单价的材料和工程设备,应按其暂估的单价计入清单项目的综合单价中。

3)考虑合理的风险。招标文件中要求投标人承担的风险费用,投标人应考虑计入综合单价。在施工过程中,当出现的风险内容及其范围(幅度)在招标文件规定的范围(幅度)内时,综合单价不得变动,合同价款不做调整。根据国际惯例并结合我国工程建设的特点,发承包双方对工程施工阶段的风险宜采用如下分摊原则:

①对于主要由市场价格波动导致的价格风险,如工程造价中的建筑材料、燃料等价格风险,发承包双方应当在招标文件中或在合同中对此类风险的范围和幅度予以明确约定,进行合理分摊。根据工程特点和工期要求,一般采取的方式是:承包人承担5%以内的材料、工程设备价格风险,10%以内的施工机具使用费风险。

②对于法律、法规、规章或有关政策出台导致工程税金、规费、人工费发生变化,并由省级、行业住房城乡建设主管部门或其授权的工程造价管理机构根据上述变化发布的政策性调整,以及由政府定价或政府指导价管理的原材料等价格进行了调整,承包人不应承担此类风险,应按照有关调整规定执行。

③对于承包人根据自身技术水平、管理、经营状况能够自主控制的风险,如承包人的管理费、利润的风险,承包人应结合市场情况,根据企业自身的实际合理确定、自主报价,该部分风险由承包人全部承担。

(2)综合单价确定的步骤和方法。

1)确定计算基础。计算基础主要包括消耗量指标和生产要素单价,应根据本企业的企业实际消耗量水平,并结合拟订的施工方案确定完成清单项目需要消耗的各种人工、材料、机械台班的数量。计算时应采用企业定额,在没有企业定额或企业定额缺项时,可参照与本企业实际水平相近的国家、地区、行业定额,并通过调整来确定清单项目的人、材、机单位用量。各种人工、材料、机械台班的单价,则应根据询价的结果和市场行情综合确定。

2)分析每一清单项目的工程内容。在招标文件提供的工程量清单中,招标人已对项目特征进行了准确、详细的描述,投标人根据这一描述,再结合施工现场情况和拟订的施工方案确定完成各清单项目实际应发生的工程内容。必要时可参照《建设工程工程量清单计价规范》(GB 50500—2013)中提供的工程内容,有些特殊的工程也可能会出现规范列表之外的工程内容。

3)计算工程内容的工程数量与清单单位含量。每一项工程内容都应根据所选定额的工程量计算规则计算其工程数量,当定额的工程量计算规则与清单的工程量计算规则相一致时,可直接以工程量清单中的工程量作为工程内容的工程数量。

当采用清单单位含量计算人工费、材料费、施工机具使用费时,还需要计算每一计量单位的清单项目所分摊的工程内容的工程数量,即清单单位含量。

$$清单单位含量 = \frac{某工程内容的定额工程量}{清单工程量}$$

4)分部分项工程人工、材料、机械费用的计算。它以完成每一计量单位的清单项目所需的人工、材料、机械用量为基础计算,即

每一计量单位清单项目某种资源的使用量 = 该种资源的定额单位用量 × 相应定额条目的清单单位含量

再根据预先确定的各种生产要素的单位价格,计算出每一计量单位清单项目的分部分项工程的人工费、材料费与施工机具使用费。

人工费＝完成单位清单项目所需人工的工日数量×人工工日单价

材料费＝∑完成单位清单项目所需各种材料、半成品的数量×各种材料、半成品单价

施工机具使用费＝∑完成单位清单项目所需各种机械的台班数量×各种机械的台班单价＋仪器仪表使用费

当招标人提供的其他项目清单中列示了材料暂估价时,应根据招标人提供的价格计算材料费,并在分部分项工程量清单与计价表中表现出来。

5)计算综合单价。企业管理费和利润的计算按人工费、材料费、施工机具使用费之和按照一定的费率取费计算。

企业管理费＝(人工费＋材料费＋施工机具使用费)×企业管理费费率(%)

利润＝(人工费＋材料费＋施工机具使用费＋企业管理费)×利润率(%)

将上述五项费用汇总,并考虑合理的风险费用后,即可得到清单综合单价。根据计算出的综合单价,可编制分部分项工程和单价措施项目清单与计价表(表4-1)。

(3)工程量清单综合单价分析表的编制。为表明综合单价的合理性,投标人应对其进行单价分析,以作为评标时的判断依据。工程量清单综合单价分析表的编制应反映上述综合单价的编制过程,并按照规定的格式进行,见表4-11。

表4-11 工程量清单综合单价分析表

工程名称: 　　　　　　　标段: 　　　　　　　第 页 共 页

项目编码			项目名称		计量单位		工程量		
清单综合单价组成明细									
定额编号	定额项目名称	定额单位	数量	单价			合价		
				人工费	材料费	机械费	管理费和利润	人工费	材料费	机械费	管理费和利润
人工单价			小 计							
元/工日			未计价材料费							
清单项目综合单价									
材料费明细		主要材料名称、规格、型号			单位	数量	单价/元	合价/元	暂估单价/元	暂估合价/元
		其他材料费					—		—
		材料费小计					—		—

2. 总价措施项目清单与计价表的编制

对于不能精确计量的措施项目,应编制总价措施项目清单与计价表。投标人对措施项目中的总价项目投标报价应遵循以下原则:

(1)措施项目的内容应依据招标人提供的措施项目清单和投标人投标时拟订的施工组织设计或施工方案确定。

(2)措施项目费由投标人自主确定,但其中的安全文明施工费必须按照国家或省级、行业建设主管部门的规定计价,不得作为竞争性费用。招标人不得要求投标人对该项费用进行优惠,投标人也不得将该项费用参与市场竞争。

投标报价时总价措施项目清单与计价表的编制见表4-2。

(二)其他项目清单与计价表的编制

其他项目费主要包括暂列金额、暂估价、计日工以及总承包服务费(表4-3)。

投标人对其他项目费进行投标报价时应遵循以下原则:

(1)暂列金额应按照招标人提供的其他项目清单中列出的金额填写,不得变动(表4-4)。

(2)暂估价不得变动和更改。暂估价中的材料、工程设备暂估价必须按照招标人提供的暂估单价计入清单项目的综合单价(表4-5);专业工程暂估价必须按照招标人提供的其他项目清单中列出的金额填写(表4-6)。材料、工程设备暂估单价和专业工程暂估价均由招标人提供,为暂估价格。在工程实施过程中,对于不同类型的材料与专业工程须采用不同的计价方法。

(3)计日工应按照招标人提供的其他项目清单列出的项目和估算的数量,自主确定各项综合单价并计算费用(表4-7)。

(4)总承包服务费应根据招标人在招标文件中列出的分包专业工程内容和供应材料、设备情况,按照招标人提出的协调、配合与服务要求和施工现场管理需要自主确定(表4-8)。

(三)规费、税金项目清单与计价表的编制

规费和税金应按国家或省级、行业建设主管部门的规定计算,不得作为竞争性费用。

这是由于规费和税金的计取标准是依据有关法律、法规和政策规定制定的,具有强制性。因此,投标人在投标报价时必须按照国家或省级、行业建设主管部门的有关规定计算规费和税金。规费、税金项目清单与计价表的编制(表4-9)。

(四)投标价的计价程序

投标人的投标总价应当与组成工程量清单的分部分项工程费、措施项目费、其他项目费和规费、税金的合计金额相一致,即投标人在进行工程量清单招标的投标报价时,不能进行投标总价优惠(或降价、让利),投标人对投标报价的任何优惠(或降价、让利)均应反映在相应清单项目的综合单价中。

施工企业工程投标报价计价程序,见表4-12。

表4-12 施工企业工程投标报价计价程序

工程名称: 标段:

序号	内　　容	计算方法	金　额/元
1	分部分项工程费	自主报价	

续表

序号	内　容	计算方法	金　额/元
1.1			
1.2			
1.3			
1.4			
2	措施项目费	自主报价	
2.1	其中：安全文明施工费	按规定标准计算	
3	其他项目费		
3.1	其中：暂列金额	按招标文件提供金额计列	
3.2	其中：专业工程暂估价	按招标文件提供金额计列	
3.3	其中：计日工	自主报价	
3.4	其中：总承包服务费	自主报价	
4	规费	按规定标准计算	
5	税金（扣除不列入计税范围的工程设备金额）	(1+2+3+4)×规定税率	

注：投标报价合计=1+2+3+4+5。

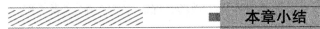

本章小结

本章主要介绍了工程量清单计价的意义与计价过程，工程量清单计价法与定额计价法的区别，工程量清单的编制、招标控制价编制以及投标报价编制。

思考与练习

1. 什么是工程量清单？
2. 工程量清单计价的意义是什么？
3. 工程量清单计价和定额计价有何区别？
4. 工程量清单项目编码如何编制？
5. 招标控制价的编制依据有哪些？

第五章　建筑装饰工程工程量计算

1. 了解工程的概念与作用，熟悉工程量计算的依据，掌握工程量计算的方法。
2. 了解建筑面积的概念与作用，掌握建筑面积计算的基本规则。
3. 掌握楼地面装饰工程，墙、柱面装饰与隔断工程，幕墙工程，天棚工程，门窗工程，油漆、涂料、裱糊工程，其他装饰工程，拆除工程工程量计算规则与方法。

具备建筑装饰工程工程量计算的能力。

第一节　工程量计算概述

一、工程量的概念及作用

工程量是以规定的物理计量单位或自然计量单位所表示的各个具体分项工程或构配件的数量。物理计量单位是指法定计量单位，以公制度量表示的长度(m)、面积(m^2)、体积(m^3)和质量(t)等来表示。如木扶手油漆以"m"为计量单位；墙面抹灰以"m^2"为计量单位；柜类、货架可以以"m^3"为计量单位；金属面油漆可以以"t"为计量单位。自然计量单位，一般是以物体的自然形态表示的套、组、台、件、个等为计量单位。如门窗工程可以以"樘"为计量单位；浴厕配件可以以"个、套、副"为计量单位。

工程量计算是定额计价时编制施工图预算、工程量清单计价时编制招标工程量清单的重要环节。工程量计算是否正确，直接影响工程预算造价及招标工程量清单的准确性，从而进一步影响发包人所编制的工程招标控制价及承包人所编制的投标报价的准确性。另外，在整个工程造价编制工作中，工程量计算所花的劳动量占整个工程造价编制工作量的70%左右。因此，在工程造价编制过程中，必须对工程量计算这个重要环节给予充分的重视。

工程量还是施工企业编制施工计划，组织劳动力和供应材料、机具的重要依据。因此，正确计算工程量对工程建设各单位加强管理，正确确定工程造价具有重要的现实意义。

二、工程量计算的依据

工程量是根据施工图及相关说明，按照一定的工程量计算规则逐项进行计算并汇总得到的，其计算的主要依据有：①经审定的施工设计图纸及其说明；②工程施工合同、招标文件中的商务条款；③经审定的施工组织设计或施工技术措施方案；④经审定的其他有关技术经济文件；⑤工程量计算规则等。其中工程量计算规范是工程量计算最主要的依据之一，按照现行规定，对于建筑装饰工程采用工程量清单计价的，其工程量计算应执行《房屋建筑与装饰工程工程量计算规范》(GB 50854—2013)；对于建筑装饰工程采用定额计价的，其工程量计算应执行《房屋建筑与装饰工程消耗量定额》(TY 01—31—2015)。

三、工程量计算方法

(一)工程量计算一般原则

1. 工程量计算规则要一致

工程量计算必须与相关工程现行国家工程量计算规范规定的工程量计算规则相一致。现行国家工程量计算规范规定的工程量计算规则中对各分部分项工程的工程量计算规则做了具体规定，计算时必须严格按规定执行。

2. 计算口径要一致

计算工程量时，根据施工图纸列出的工程项目的口径(指工程项目所包括的工作内容)，必须与现行国家工程量计算规范规定相应的清单项目的口径相一致，即不能将清单项目中已包含了的工作内容拿出来另列子目计算。

3. 计量单位要一致

计算工程量时，所计算工程项目的工程量单位必须与现行国家工程量计算规范中相应清单项目的计量单位相一致。

4. 计算尺寸的取定要准确

计算工程量时，首先要对施工图尺寸进行核对，并对各项目计算尺寸的取定要准确。

5. 计算的顺序要统一

要遵循一定的顺序进行计算。计算工程量时要遵循一定的计算顺序，依次进行计算，这是为避免发生漏算或重算的重要措施。

6. 计算精确度要统一

工程量的数字计算要准确、统一，要满足规范要求。

(二)工程量计算顺序

为避免漏算或重算，提高计算的准确程度，工程量的计算应按照一定的顺序进行。具体的计算顺序应根据具体工程和个人的习惯来确定，一般有以下几种顺序：

1. 单位工程计算顺序

单位工程计算顺序一般按计价规范清单列项顺序计算。即按照计价规范上的分章或分部分项工程顺序来计算工程量。

2. 单个分部分项工程计算顺序

(1)按轴线编号顺序计算。按轴线编号顺序计算，就是按横向轴线从①~⑩编号顺序计算横向构造工程量；按竖向轴线从Ⓐ～Ⓓ编号顺序计算纵向构造工程量，如图 5-1 所示。这种方法适用于计算内外墙的挖基槽、做基础、砌墙体、墙面装修等分项工程量。

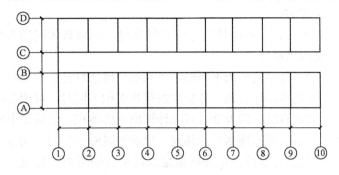

图 5-1　按轴线编号顺序

(2)按顺时针顺序计算。先从工程平面图左上角开始，按顺时针方向先横后竖、自左至右、自上而下逐步计算，环绕一周后再回到左上方为止。

(3)按"先横后竖、先上后下、先左后右"计算法，即在平面图上从左上角开始，按"先横后竖、先上后下、先左后右"的顺序计算工程量。

(4)按编号顺序计算。按图纸上所注各种构件、配件的编号顺序进行计算。例如在施工图上，对钢、木门窗构件等按序编号，计算它们的工程量时，可分别按所注编号逐一分别计算。

(三)用统筹法计算工程量

统筹法是通过研究分析事物内在规律及其相互依赖关系，从全局出发，统筹安排工作顺序，明确工作重心，以提高工作质量和工作效率的一种科学管理方法。在实际工作中，工程量计算一般采用统筹法。

统筹法计算工程量是根据各分项工程量计算之间的固有规律和相互之间的依赖关系，运用统筹原理和统筹图来合理安排工程量的计算程序，并按其顺序计算工程量。

用统筹法计算工程量的基本要点是：统筹顺序，合理安排；利用基数，连续计算；一次计算，多次应用；结合实际，灵活机动。

1. 统筹顺序，合理安排

计算工程量的顺序是否合理，直接关系到工程量计算效率的高低。工程量计算一般是以施工顺序和定额顺序进行计算的，若违背这个规律，势必造成烦琐计算，浪费时间和精力。统筹程序，合理安排，可克服用老方法计算工程量的缺陷。

2. 利用基数，连续计算

基数是单位工程的工程量计算中反复多次运用的数据，提前把这些数据算出来，供各分项工程的工程量计算时查用。

3. 一次计算，多次应用

在工程量计算中，凡是不能用"线"和"面"基数进行连续计算的项目，或工程量计算中经常用到的一些系数，如木门窗、屋架、钢筋混凝土预制标准构件、土方放坡断面系数等，事先组织力量，将常用数据一次算出，汇编成建筑工程量计算手册。当需计算有关的工程量时,只要查手册就能很快算出所需要的工程量来。这样可以减少以往那种按图逐项地进行烦琐而重复的计算,也能保证准确性。

4. 结合实际,灵活机动

由于工程设计差异很大,运用统筹法计算工程量时,必须具体问题具体分析,结合实际,灵活运用下列方法加以解决:

(1)分段计算法:如遇外墙的断面不同时,可采取分段法计算工程量。

(2)分层计算法:如遇多层建筑物,各楼层的建筑面积不同时,可用分层计算法。

(3)补加计算法:如带有墙柱的外墙,可先计算出外墙体积,然后加上砖柱体积。

(4)补减计算法:如每层楼的地面面积相同,地面构造除一层门厅为水磨石面外,其余均为水泥砂浆地面,可先按每层都是水泥砂浆地面计量各楼层的工程量,然后再减去门厅的水磨石面工程量。

第二节 建筑面积计算规则

一、建筑面积的概念及作用

1. 建筑面积的概念

建筑面积又称建筑展开面积,是表示建筑物平面特征的几何参数,是建筑物各层水平面面积之和。单位通常用"m^2"表示。

建筑面积主要包括使用面积、辅助面积和结构面积三部分。使用面积是指建筑物各层平面面积中直接为生产或生活使用的净面积之和。辅助面积是指建筑物各层平面面积中为辅助生产或辅助生活所占净面积之和。使用面积与辅助面积之和称为有效面积。结构面积是指建筑物各层平面面积中的墙、柱等结构所占面积之和。

2. 建筑面积的作用

建筑面积在建筑装饰工程预算中的作用主要有以下几个方面:

(1)建筑面积是建设投资、建设项目可行性研究、建设项目勘察设计、建设项目评估、建设项目招标投标、建筑工程施工和竣工验收、建筑工程造价管理、建筑工程造价控制等一系列工作的重要评价指标。

(2)建筑面积是计算开工面积、竣工面积以及建筑装饰规模的重要技术指标。

(3)建筑面积是计算单位工程技术经济指标的基础。如单方造价,单方人工、材料、机械消耗指标及工程量消耗指标等的重要技术经济指标。

(4)建筑面积是进行设计评价的重要技术指标。设计人员在进行建筑与结构设计时,通过计算建筑面积与使用面积、辅助面积、结构面积、有效面积之间的比例关系以及平面系数、土地利用系数等技术经济指标,对设计方案做出优劣评价。

综上所述,建筑面积是重要的技术经济指标,在全面控制建筑装饰工程造价和建设过程中起着重要作用。

二、建筑面积计算规则

(一)应计算建筑面积的范围及规则

(1)建筑物的建筑面积应按自然层外墙结构外围水平面积之和计算。结构层高在 2.20 m 及以上的,应计算全面积;结构层高在 2.20 m 以下的,应计算 1/2 面积。主体结构外的室外阳台、雨篷、檐廊、室外走廊、室外楼梯等按下述相应规则计算建筑面积。当外墙结构本身在一个层高范围内不等厚时,以楼地面结构标高处的外围水平面积计算。

(2)建筑物内设有局部楼层(图 5-2)时,对于局部楼层的二层及以上楼层,有围护结构的应按其围护结构外围水平面积计算,无围护结构的应按其结构底板水平面积计算。结构层高在 2.20 m 及以上的,应计算全面积;结构层高在 2.20 m 以下的,应计算 1/2 面积。

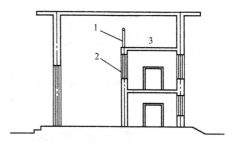

图 5-2 建筑物内的局部楼层
1—围护设施;2—围护结构;3—局部楼层

(3)形成建筑空间的坡屋顶,结构净高在 2.10 m 及以上的部位应计算全面积;结构净高在 1.20 m 及以上至 2.10 m 以下的部位应计算 1/2 面积;结构净高在 1.20 m 以下的部位不应计算建筑面积。

(4)场馆看台下的建筑空间,结构净高在 2.10 m 及以上的部位应计算全面积;结构净高在 1.20 m 及以上至 2.10 m 以下的部位应计算 1/2 面积;结构净高在 1.20 m 以下的部位不应计算建筑面积。室内单独设置的有围护设施的悬挑看台,应按看台结构底板水平投影面积计算建筑面积。有顶盖无围护结构的场馆看台应按其顶盖水平投影面积的 1/2 计算面积。

注:场馆看台下的建筑空间因其上部结构多为斜板,所以采用净高的尺寸划定建筑面积的计算范围和对应规则。室内单独设置的有围护设施的悬挑看台,因其看台上部设有顶盖且可供人使用,所以按看台板的结构底板水平投影计算建筑面积。

(5)地下室、半地下室应按其结构外围水平面积计算。结构层高在 2.20 m 及以上的,应计算全面积;结构层高在 2.20 m 以下的,应计算 1/2 面积。

(6)出入口外墙外侧坡道有顶盖的部位,应按其外墙结构外围水平面积的 1/2 计算面积。

注:出入口坡道分有顶盖出入口坡道和无顶盖出入口坡道,出入口坡道顶盖的挑出长度,为顶盖结构外边线至外墙结构外边线的长度;顶盖以设计图纸为准,对后增加及建设单位自行增加的顶盖等,不计算建筑面积。顶盖不分材料种类(如钢筋混凝土顶盖、彩钢板顶盖、阳光板顶盖等)。地下室出入口如图 5-3 所示。

(7)建筑物架空层及坡地建筑物吊脚架空层(图 5-4),应按其顶板水平投影计算建筑面积。结构层高在 2.20 m 及以上的,应计算全面积;结构层高在 2.20 m 以下的,应计算 1/2 面积。

(8)建筑物的门厅、大厅应按一层计算建筑面积,门厅、大厅内设置的走廊应按走廊结构底板水平投影面积计算建筑面积。结构层高在 2.20 m 及以上的,应计算全面积;结构层高在 2.20 m 以下的,应计算 1/2 面积。

(9)建筑物间的架空走廊,有顶盖和围护结构的,应按其围护结构外围水平面积计算全面积;无围护结构、有围护设施的,应按其结构底板水平投影面积计算 1/2 面积。

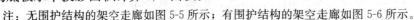

门厅大厅建筑面积计算

注:无围护结构的架空走廊如图 5-5 所示;有围护结构的架空走廊如图 5-6 所示。

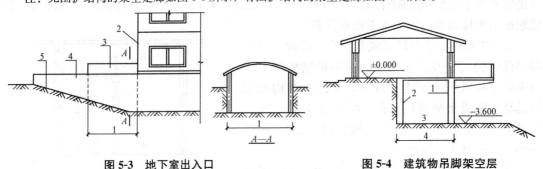

图 5-3 地下室出入口

1—计算 1/2 投影面积部位;2—主体建筑;3—出入口顶盖;
4—封闭出入口侧墙;5—出入口坡道

图 5-4 建筑物吊脚架空层

1—柱;2—墙;3—吊脚架空层;
4—计算建筑面积部位

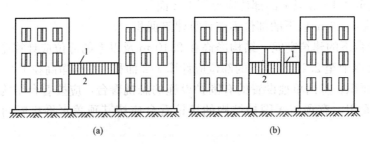

图 5-5 无围护结构的架空走廊

1—栏杆;2—架空走廊

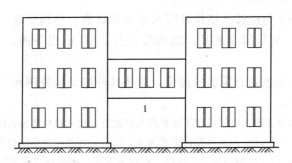

图 5-6 有围护结构的架空走廊

1—架空走廊

(10)立体书库、立体仓库、立体车库,有围护结构的,应按其围护结构外围水平面积计算建筑面积;无围护结构、有围护设施的,应按其结构底板水平投影面积计算建筑面积。无结构层的应按一层计算,有结构层的应按其结构层面积分别计算。结构层高在 2.20 m 及以上的，应计算全面积；结构层高在2.20 m以下的，应计算1/2面积。

注：起局部分隔、存储等作用的书架层、货架层或可升降的立体钢结构停车层均不属于结构层，故该部分分层不计算建筑面积。

(11)有围护结构的舞台灯光控制室，应按其围护结构外围水平面积计算。结构层高在2.20 m及以上的，应计算全面积；结构层高在2.20 m以下的，应计算1/2面积。

(12)附属在建筑物外墙的落地橱窗，应按其围护结构外围水平面积计算。结构层高在2.20 m及以上的，应计算全面积；结构层高在2.20 m以下的，应计算1/2面积。

(13)窗台与室内楼地面高差在0.45 m以下且结构净高在2.10 m及以上的凸（飘）窗，应按其围护结构外围水平面积计算1/2面积。

(14)有围护设施的室外走廊（挑廊），应按其结构底板水平投影面积计算1/2面积；有围护设施（或柱）的檐廊（图5-7），应按其围护设施（或柱）外围水平面积计算1/2面积。

(15)门斗（图5-8）应按其围护结构外围水平面积计算建筑面积。结构层高在2.20 m及以上的，应计算全面积；结构层高在2.20 m以下的，应计算1/2面积。

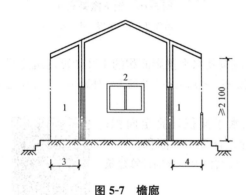

图5-7 檐廊

1—檐廊；2—室内；3—不计算建筑面积部位；
4—计算1/2建筑面积部位

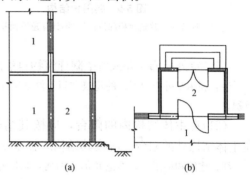

图5-8 门斗

(a)立面图；(b)平面图

1—室内；2—门斗

(16)门廊应按其顶板水平投影面积的1/2计算建筑面积；有柱雨篷应按其结构板水平投影面积的1/2计算建筑面积；无柱雨篷的结构外边线至外墙结构外边线的宽度在2.10 m及以上的，应按雨篷结构板的水平投影面积的1/2计算建筑面积。

注：雨篷分为有柱雨篷和无柱雨篷。有柱雨篷，没有出挑宽度的限制，也不受跨越层数的限制，均计算建筑面积。无柱雨篷，其结构板不能跨层，并受出挑宽度的限制，设计出挑宽度大于或等于2.10 m时才计算建筑面积。出挑宽度，是指雨篷结构外边线至外墙结构外边线的宽度，弧形或异形时，取最大宽度。

(17)设在建筑物顶部的、有围护结构的楼梯间、水箱间、电梯机房等，结构层高在2.20 m及以上的应计算全面积；结构层高在2.20 m以下的，应计算1/2面积。

雨篷建筑面积计算

(18)围护结构不垂直于水平面的楼层，应按其底板面的外墙外围水平面积计算。结构净高在2.10 m及以上的部位，应计算全面积；结构净高在1.20 m及以上至2.10 m以下的部位，应计算1/2面积；结构净高在1.20 m以下的部位，不应计算建筑面积。

注：斜围护结构与斜屋顶采用相同的计算规则，即只要外壳倾斜，就按结构净高划段，分别计算建筑面积。斜围护结构如图5-9所示。

(19)建筑物的室内楼梯、电梯井、提物井、管道井、通风排气竖井、烟道,应并入建筑物的自然层计算建筑面积。有顶盖的采光井应按一层计算面积,结构净高在 2.10 m 及以上的,应计算全面积,结构净高在 2.10 m 以下的,应计算 1/2 面积。

注:建筑物的楼梯间层数按建筑物的层数计算。有顶盖的采光井包括建筑物中的采光井和地下室采光井。地下室采光井如图 5-10 所示。

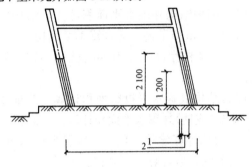 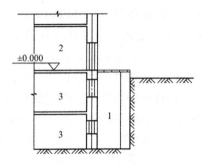

图 5-9　斜围护结构　　　　　　　图 5-10　地下室采光井

1—计算 1/2 建筑面积部位;2—不计算建筑面积部位　　1—采光井;2—室内;3—地下室

(20)室外楼梯应并入所依附建筑物自然层,并应按其水平投影面积的 1/2 计算建筑面积。

注:利用室外楼梯下部的建筑空间不得重复计算建筑面积;利用地势砌筑的为室外踏步,不计算建筑面积。

(21)在主体结构内的阳台,应按其结构外围水平面积计算全面积;在主体结构外的阳台,应按其结构底板水平投影面积计算 1/2 面积。

注:建筑物的阳台,不论其形式如何,均以建筑物主体结构为界分别计算建筑面积。

(22)有顶盖无围护结构的车棚、货棚、站台、加油站、收费站等,应按其顶盖水平投影面积的 1/2 计算建筑面积。

阳台建筑面积计算

(23)以幕墙作为围护结构的建筑物,应按幕墙外边线计算建筑面积。

注:设置在建筑物墙体外起装饰作用的幕墙,不计算建筑面积。

(24)建筑物的外墙外保温层,应按其保温材料的水平截面积计算,并计入自然层建筑面积。

注:建筑物外墙外侧有保温隔热层的,保温隔热层以保温材料的净厚度乘以外墙结构外边线长度,按建筑物的自然层计算建筑面积,其外墙外边线长度不扣除门窗和建筑物外已计算建筑面积构件(如阳台、室外走廊、门斗、落地橱窗等部件)所占长度。当建筑物外已计算建筑面积的构件(如阳台、室外走廊、门斗、落地橱窗等部件)有保温隔热层时,其保温隔热层也不再计算建筑面积。外墙是斜面者按楼面楼板处的外墙外边线长度乘以保温材料的净厚度计算。外墙外保温以沿高度方向满铺为准,某层外墙外保温铺设高度未达到全部高度时(不包括阳台、室外走廊、门斗、落地橱窗、雨篷、飘窗等),不计算建筑面积。保温隔热层的建筑面积是以保温隔热材料的厚度来计算的,不包含抹灰层、防潮层、保护层(墙)的厚度。建筑外墙外保温如图 5-11 所示。

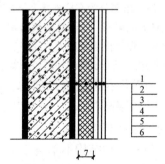

图 5-11　建筑外墙外保温

1—墙体;2—粘结胶浆;3—保温材料;
4—标准网;5—加强网;6—抹面胶浆;
7—计算建筑面积部位

(25)与室内相通的变形缝,应按其自然层合并在建筑物建筑面积内计算。对于高低联跨的建筑物,当高低跨内部连通时,其变形缝应计算在低跨面积内。

注:与室内相通的变形缝是指暴露在建筑物内,在建筑物内可以看得见的变形缝。

(26)对于建筑物内的设备层、管道层、避难层等有结构层的楼层,结构层高在 2.20 m 及以上的,应计算全面积;结构层高在 2.20 m 以下的,应计算 1/2 面积。

(二)不计算建筑面积的范围

(1)与建筑物内不相连通的建筑部件。

(2)骑楼(图 5-12)、过街楼(图 5-13)底层的开放公共空间和建筑物通道。

图 5-12　骑楼
1—骑楼;2—人行道;3—街道

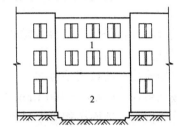
图 5-13　过街楼
1—过街楼;2—建筑物通道

(3)舞台及后台悬挂幕布和布景的天桥、挑台等。

(4)露台、露天游泳池、花架、屋顶的水箱及装饰性结构构件。

(5)建筑物内的操作平台、上料平台、安装箱和罐体的平台。

(6)勒脚、附墙柱、垛、台阶、墙面抹灰、装饰面、镶贴块料面层、装饰性幕墙,主体结构外的空调室外机搁板(箱)、构件、配件,挑出宽度在 2.10 m 以下的无柱雨篷和顶盖高度达到或超过两个楼层的无柱雨篷。

(7)窗台与室内地面高差在 0.45 m 以下且结构净高在 2.10 m 以下的凸(飘)窗,窗台与室内地面高差在 0.45 m 及以上的凸(飘)窗。

(8)室外爬梯、室外专用消防钢楼梯。

(9)无围护结构的观光电梯。

(10)建筑物以外的地下人防通道,独立的烟囱、烟道、地沟、油(水)罐、气柜、水塔、贮油(水)池、贮仓、栈桥等构筑物。

第三节　楼地面装饰工程工程量计算

一、定额说明

(1)本章定额[①]包括找平层及整体面层,块料面层,橡塑面层,其他材料面层,踢脚线,

---

① "本章定额"指《房屋建筑与装饰工程消耗量定额》(TY 01—31—2015)中的相应章节,余同。

楼梯面层，台阶装饰，零星装饰项目，分格嵌条、防滑条，酸洗打蜡十节。

(2)水磨石地面水泥石子浆的配合比，设计与定额不同时，可以调整。

(3)同一铺贴面上有不同种类、材质的材料，应分别按本章相应项目执行。

(4)厚度≤60 mm的细石混凝土按找平层项目执行，厚度＞60 mm的按《房屋建筑与装饰工程消耗量定额》(YT 01—31—2015)(以下简称"本定额")"第五章 混凝土及钢筋混凝土工程"垫层项目执行。

(5)采用地暖的地板垫层，按不同材料执行相应项目，人工乘以系数1.3，材料乘以系数0.95。

(6)块料面层。

1)镶贴块料项目是按规格料考虑的，如需现场倒角、磨边者按本定额"第十五章 其他装饰工程"相应项目执行。

2)石材楼地面拼花按成品考虑。

3)镶嵌规格在100 mm×100 mm以内的石材执行点缀项目。

4)玻化砖按陶瓷地面砖相应项目执行。

5)石材楼地面需做分格、分色的，按相应项目人工乘以系数1.10。

(7)木地板。

1)木地板安装按成品企口考虑，若采用平口安装，其人工乘以系数0.85。

2)本地板填充材料按本定额"第十章 保温、隔热、防腐工程"相应项目执行。

(8)弧形踢脚线、楼梯段踢脚线按相应项目人工、机械乘以系数1.15。

(9)石材螺旋形楼梯，按弧形楼梯项目人工乘以系数1.2。

(10)零星项目面层适用于楼梯侧面、台阶的牵边，小便池、蹲台、池槽，以及面积在$0.5 m^2$以内且未列项目的工程。

(11)圆弧形等不规则地面镶贴面层、饰面面层按相应项目人工乘以系数1.15，块料消耗量损耗按实调整。

(12)水磨石地面包含酸洗打蜡，其他块料项目如需做酸洗打蜡者，单独执行相应酸洗打蜡项目。

二、定额工程量计算规则

(1)楼地面找平层及整体面层按设计图示尺寸以面积计算。扣除凸出地面构筑物、设备基础、室内铁道、地沟等所占面积，不扣除间壁墙及单个面积≤$0.3 m^2$柱、垛、附墙烟囱及孔洞所占面积。门洞、空圈、暖气包槽、壁龛的开口部分不增加面积。

(2)块料面层、橡塑面层。

1)块料面层、橡塑面层及其他材料面层按设计图示尺寸以面积计算。门洞、空圈、暖气包槽、壁龛的开口部分并入相应的工程量内。

2)石材拼花按最大外周尺寸以矩形面积计算。有拼花的石材地面，按设计图示尺寸扣除拼花的最大外围矩形面积计算面积。

3)点缀按"个"计算，计算主体铺贴地面面积时，不扣除点缀所占面积。

4)石材底面刷养护液包括侧面涂刷，工程量按设计图示尺寸以底面积计算。

5)石材表面刷保护液按设计图示尺寸以表面积计算。

6)石材勾缝按石材设计图示尺寸以面积计算。

(3)踢脚线按设计图示长度乘以高度以面积计算。楼梯靠墙踢脚线(含锯齿形部分)贴块料按设计图示面积计算。

(4)楼梯面层按设计图示尺寸以楼梯(包括踏步、休息平台及≤500 mm 的楼梯井)水平投影面积计算。楼梯与楼地面相连时,算至梯口梁内侧边沿;无梯口梁者,算至最上一层踏步边沿加 300 mm。

(5)台阶面层按设计图示尺寸以台阶(包括最上层踏步边沿加 300 mm)水平投影面积计算。

(6)零星项目按设计图示尺寸以面积计算。

(7)分格嵌条按设计图示尺寸以"延长米"计算。

(8)块料楼地面做酸洗打蜡者,按设计图示尺寸以表面积计算。

三、清单工程量计算规则

(1)楼地面整体面层按设计图示尺寸以面积计算。扣除凸出地面构筑物、设备基础、室内铁道、地沟等所占面积,不扣除间壁墙及≤0.3 m^2 柱、垛、附墙烟囱及孔洞所占面积。门洞、空圈、暖气包槽、壁龛的开口部分不增加面积。

(2)平面砂浆找平层按设计图示尺寸以面积计算。

(3)块料面层、橡塑面层、其他材料面层按设计图示尺寸以面积计算。门洞、空圈、暖气包槽、壁龛的开口部分并入相应的工程量内。

(4)踢脚线以平方米计量,按设计图示长度乘高度以面积计算;或者以米计量,按延长米计算。

(5)楼梯面层按设计图示尺寸以楼梯(包括踏步、休息平台及≤500 mm 的楼梯井)水平投影面积计算。楼梯与楼地面相连时,算至梯口梁内侧边沿;无梯口梁者,算至最上一层踏步边沿加 300 mm。

(6)台阶装饰按设计图示尺寸以台阶(包括最上层踏步边沿加 300 mm)水平投影面积计算。

(7)零星装饰项目按设计图示尺寸以面积计算。

四、工程量计算示例

【例 5-1】 如图 5-14 所示,求某办公楼二层房间(不包括卫生间)及走廊地面整体面工程量(做法:内外墙均厚为 240 mm,1∶2.5 水泥砂面层厚 25 mm,素水泥浆一道;C20 细石混凝土找平层厚 100 mm;水泥砂浆踢脚线高 150 mm,M∶900 mm×2 000 mm)。

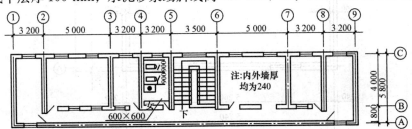

图 5-14 某办公楼二层示意图

【解】 按轴线序号排列进行计算：

工程量＝(3.2－0.12×2)×(5.8－0.12×2)＋(5.0－0.12×2)×(4.0－0.12×2)＋
(3.2－0.12×2)×(4.0－0.12×2)＋(5.0－0.12×2)×(4.0－0.12×2)＋
(3.2－0.12×2)×(4.0－0.12×2)＋(3.2－0.12×2)×(5.8－0.12×2)＋
(5.0＋3.2＋3.2＋3.5＋5.0＋3.2－0.12×2)×(1.8－0.12×2)
＝126.63(m²)

【例 5-2】 某商店平面如图 5-15 所示。地面做法：C20 细石混凝土找平层 60 mm 厚，1∶2.5 白水泥色石子水磨石面层 20 mm 厚，15 mm×2 mm 铜条分隔，距离墙柱边 300 mm 内按纵横 1 m 宽分格。计算地面工程量。

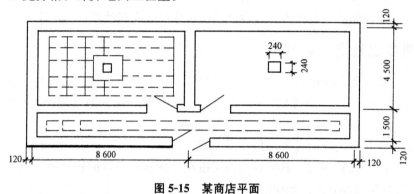

图 5-15 某商店平面

【解】 现浇水磨石楼地面工程量＝主墙间净长度×主墙间净宽度－构筑物等所占面积
＝(8.6－0.24)×(4.5－0.24)×2＋(8.6×2－0.24)×(1.5－0.24)
＝92.60(m²)

注：柱子面积＝0.24×0.24＝0.057 6(m²)＜0.3 m²，故不用扣除柱子面积。

【例 5-3】 试计算图 5-16 所示房间地面镶贴大理石面层的工程量。已知暖气包槽尺寸为 1 200 mm×120 mm×600 mm，门与墙外边线齐平。

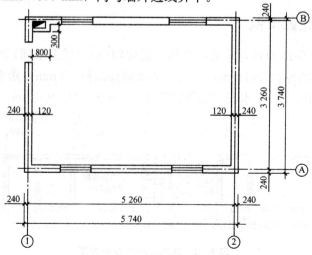

图 5-16 某建筑物建筑平面图

【解】 工程量＝地面面积＋暖气包槽开口部分面积＋门开口部分面积＋壁龛开口部分面积＋空圈开口部分面积
$= [5.74-(0.24+0.12)\times 2]\times [3.74-(0.24+0.12)\times 2]-0.8\times 0.3+1.2\times 0.36$
$= 15.35(m^2)$

【例 5-4】 如图 5-17 所示，求某卫生间地面镶贴不拼花马赛克面层工程量。

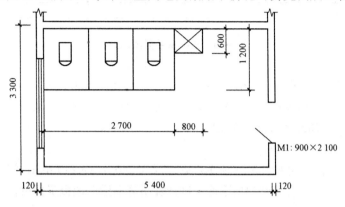

图 5-17 卫生间示意图

【解】 马赛克面层工程量＝$(5.4-0.24)\times (3.3-0.24)-2.7\times 1.2-0.8\times 0.6+0.9\times 0.24$
$= 12.29(m^2)$

【例 5-5】 如图 5-18 所示，楼地面用橡胶卷材铺贴，试求其工程量。

【解】 橡胶卷材楼地面工程量＝$(13-0.24)\times (25-0.24)+1.2\times 0.24$
$= 316.23(m^2)$

【例 5-6】 如图 5-19 所示，某房客房地面为 20 mm 厚 1∶3 水泥砂浆找平层，上铺双层地毯，木压条固定，施工至门洞处，计算其工程量。

【解】 双层地毯工程量＝$(2.6-0.24)\times (5.4-0.24)\times 3+1.2\times 0.24\times 3$
$= 37.40(m^2)$

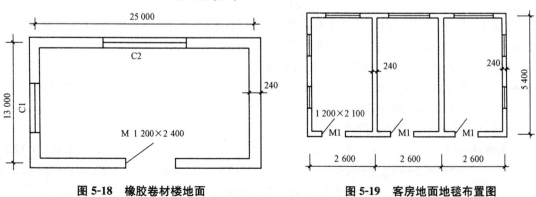

图 5-18 橡胶卷材楼地面　　　　图 5-19 客房地面地毯布置图

【例 5-7】 如图 5-20 所示，求某建筑房间(不包括卫生间)及走廊地面铺贴复合木地板面层的工程量。

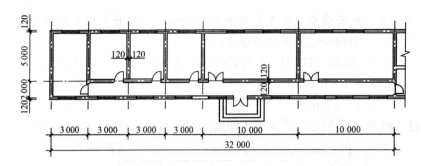

图 5-20 某建筑平面图示意图

【解】 工程量=(7.0−0.12×2)×(3.0−0.12×2)+(5.0−0.12×2)×(3.0−0.12×2)×3+(5.0−0.12×2)×(10.0−0.12×2)×2+(2.0−0.12×2)×(32.0−3.0−0.12×2)

=201.60(m²)

【例 5-8】 某工程平面如图 5-21 所示，附墙垛为 240 mm×240 mm，门洞宽为 1 000 mm，地面用防静电活动地板，边界到门扇下面，试计算防静电活动地板工程量。

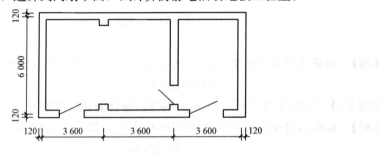

图 5-21 某工程平面图

【解】 防静电活动地板工程量=(3.6×3−0.12×4)×(6−0.24)−0.24×0.24×2+1×0.24+1×0.12×2

=59.81(m²)

【例 5-9】 根据图 5-14，计算某办公楼二层房间(不包括卫生间)及走廊水泥砂浆踢脚线工程量(做法：水泥砂浆踢脚线，踢脚线高为 150 mm，M：900×2 000)。

【解】 踢脚线的定额工程量计算规则和清单工程量计算规则略有不同，采用定额计价方法，踢脚线工程量以平方米计量；采用清单计价方法，踢脚线工程量计算有两种方法，一是以米计量；二是以平方米计量。

(1)以米计量，按延长米计算：

工程量=[(3.2−0.12×2)+(5.8−0.12×2)]×4+[(5.0−0.12×2)+(4.0−0.12×2)]×4+[(3.2−0.12×2)+(4.0−0.12×2)]×4+(5.0×2+3.2×3+3.5−0.12×2+1.8−0.12×2)×2−(3.5−0.12×2)−0.9×6

=135.22(m)

(2)以平方米计量，按设计图示长度乘以高度以面积计算，由方法(1)可知图示长度为 140.08 m，则：

工程量＝135.22×0.15＝20.28(m²)

【例 5-10】 某 6 层建筑物，平台梁宽为 250 mm，欲铺贴大理石楼梯面，试根据图 5-22 所示平面图计算其工程量。

【解】 石材楼梯面层工程量＝(3.2－0.24)×(5.3－0.24)×(6－1)
＝74.89(m²)

【例 5-11】 图 5-23 所示为某住宅地毯楼梯面，求其工程量。

【解】 楼梯井宽 400 mm，不必扣除楼梯井面积，则
地毯楼梯面工程量＝(3.2－0.24)×(4.1－0.24)
＝11.43(m²)

【例 5-12】 图 5-24 所示为某建筑物入口处台阶平面图，台阶做一般水磨石，底层 1∶3 水泥砂浆厚 20 mm，面层 1∶3 水泥白石子浆厚 20 mm，求其工程量。

【解】 水磨石台阶面工程量为台阶水磨石工程量加平台部分水磨石工程量，台阶部分工程量应算至最上层踏步外沿加 300 mm 处，即
台阶贴水磨石面层的工程量＝3.5×0.25＋0.25×1.05×2＋(3.0＋0.3)×0.3＋0.3×
0.3×3
＝2.66(m²)

平台贴水磨石面层的工程量＝(3.0－0.3)×(1.05－0.3)＝2.03(m²)

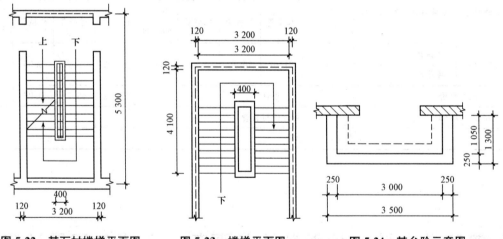

图 5-22　某石材楼梯平面图　　图 5-23　楼梯平面图　　图 5-24　某台阶示意图

五、综合单价计算示例

【例 5-13】 试根据例 5-4 确定卫生间地面镶贴不拼花马赛克的综合单价。

【解】 根据例 5-4，镶贴不拼花马赛克工程量为 12.29 m²。

(1)单价及费用计算。依据定额及本地区市场价可知，镶贴不拼花马赛克人工费为 24.02 元/m²，材料费为 46.75 元/m²，机械费为 0.96 元/m²。参考本地区建设工程费用定额，管理费和利润的计费基数均为人工费、材料费和施工机具使用费，费率分别为 5.01% 和 2.09%，即管理费和利润单价为 5.09 元/m²。

1)本工程人工费：

12.29×24.02=295.21(元)

2)本工程材料费：

12.29×46.75=574.56(元)

3)本工程机械费：

12.29×0.96=11.80(元)

4)本工程管理费和利润合计：

12.29×5.09=62.56(元)

(2)本工程综合单价计算。

(295.21+574.56+11.80+62.56)/12.29=76.82(元/m^2)

(3)本工程合价计算。

76.82×12.29=944.12(元)

镶贴不拼花马赛克项目综合单价分析表见表5-1。

表5-1 综合单价分析表

项目名称： 第 页 共 页

项目编码	011102003001	项目名称		镶贴不拼花马赛克		计量单位	m^2	工程量		12.29
清单综合单价组成明细											
定额编号	定额名称	定额单位	数量	单价				合价			
				人工费	材料费	机械费	管理费和利润	人工费	材料费	机械费	管理费和利润
11-18	不拼花马赛克	m^2	1	21.02	46.75	0.96	5.09	24.02	46.75	6.96	5.09
人工单价				小计				24.02	46.75	0.96	5.09
104.00元/工日				未计价材料费							
清单项目综合单价								76.82			

第四节 墙、柱面装饰与隔断、幕墙工程量计算

一、定额说明

(1)本章定额包括墙面抹灰、柱(梁)面抹灰、零星抹灰、墙面块料面层、柱(梁)面镶贴块料、镶贴零星块料、墙饰面、柱(梁)饰面、幕墙工程及隔断十节。

(2)圆弧形、锯齿形、异形等不规则墙面抹灰、镶贴块料、幕墙按相应项目乘以系数1.15。

(3)干挂石材骨架及玻璃幕墙型钢骨架均按钢骨架项目执行。预埋铁件按本定额"第五章 混凝土及钢筋混凝土工程"铁件制作安装项目执行。

(4)女儿墙(包括泛水、挑砖)内侧、阳台栏板(不扣除花格所占孔洞面积)内侧与阳台栏

板外侧抹灰工程量按其投影面积计算,块料按展开面积计算;女儿墙无泛水挑砖者,人工及机械乘以系数 1.10,女儿墙带泛水挑砖者,人工及机械乘以系数 1.30 按墙面相应项目执行;女儿墙外侧并入外墙计算。

(5)抹灰面层。

1)抹灰项目中砂浆配合比与设计不同者,按设计要求调整;如设计厚度与定额取定厚度不同者,按相应增减厚度项目调整。

2)砖墙中的钢筋混凝土梁、柱侧面抹灰>0.5 m² 的并入相应墙面项目执行,≤0.5 m² 的按"零星抹灰"项目执行。

3)抹灰工程的"零星项目"适用于各种壁柜、碗柜、飘窗板、空调隔板、暖气罩、池槽、花台以及≤0.5 m² 的其他各种零星抹灰。

4)抹灰工程的装饰线条适用于门窗套、挑檐、腰线、压顶、遮阳板外边、宣传栏边框等项目的抹灰,以及凸出墙且展开宽度≤300 mm 的竖、横线条抹灰。线条展开宽度>300 mm 且≤400 mm 者,按相应项目乘以系数 1.33;展开宽度>400 mm 且≤500 mm 者,按相应项目乘以系数 1.67。

(6)块料面层。

1)墙面贴块料、饰面高度在 300 mm 以内者,按踢脚线项目执行。

2)勾缝镶贴面砖子目,面砖消耗量分别按缝宽 5 mm 和 10 mm 考虑,如灰缝宽度与取定不同者,其块料及灰缝材料(预拌水泥砂浆)允许调整。

3)玻化砖、干挂玻化砖或玻岩板按面砖相应项目执行。

(7)除已列有挂贴石材柱帽、柱墩项目外,其他项目的柱帽、柱墩并入相应柱面积内,每个柱帽或柱墩另增人工:抹灰 0.25 工日,块料 0.38 工日,饰面 0.5 工日。

(8)木龙骨基层是按双向计算的,如设计为单向时,材料、人工乘以系数 0.55。

(9)隔断、幕墙。

1)玻璃靠墙中的玻璃按成品玻璃考虑;幕墙中的避带装置已综合,但幕墙的封边、封顶的费用另行计算。型钢、挂件设计用量与定额取定用量不同时,可以调整。

2)幕墙饰面中的结构胶与耐候胶设计用量与定额取定用量不同时,消耗量按设计计算的用量加 15% 的施工损耗计算。

3)玻璃幕墙设计带有平、推拉窗者,并入幕墙面积计算,窗的型材用量应予以调整,窗的五金用量相应增加,五金施工损耗按 2% 计算。

4)面层、隔墙(间壁)、隔断(护壁)项目内,除注明者外均未包括压边、收边、装饰线(板),如设计要求时,应按照本定额"第十五章 其他装饰工程"相应项目执行;浴厕隔断已综合了隔断门所增加的工料。

5)隔墙(间壁)、隔断(护壁)、幕墙等项目中龙骨间距、规格如与设计不同时,允许调整。

(10)本章设计要求做防火处理者,应按本定额"第十四章 油漆、涂料、裱糊工程"相应项目执行。

二、定额工程量计算规则

(1)抹灰。

1)内墙面、墙裙抹灰面积应扣除门窗洞口和单个面积>0.3 m² 以上的空圈所占的面积,不扣除踢脚线、挂镜线及单个面积≤0.3 m² 的孔洞和墙与构件交接处的面积。且门窗洞口、空圈、孔洞的侧壁面积也不增加，附墙柱的侧面抹灰应并入墙面、墙裙抹灰工程量内计算。

2）内墙面、墙裙的长度以主墙间的图示净长计算，墙面高度按室内地面至天棚底面净高计算，墙面抹灰面积应扣除墙裙抹灰面积，如墙面和墙裙抹灰种类相同者，工程量合并计算。

3）外墙抹灰面积按垂直投影面积计算，应扣除门窗洞口、外墙裙（墙面和墙裙抹灰种类相同者应合并计算）和单个面积＞0.3 m² 的孔洞所占面积，不扣除单个面积≤0.3 m² 的孔洞所占面积，门窗洞口及孔洞侧壁面积也不增加。附墙柱侧面抹灰面积应并入外墙面抹灰工程量内。

4）柱抹灰按结构断面周长乘以抹灰高度计算。

5）装饰线条抹灰按设计图示尺以长度计算。

6）装饰抹灰分格嵌缝按抹灰面面积计算。

7）"零星项目"按设计图示尺寸以展开面积计算。

(2) 块料面层。

1）挂贴石材零星项目中柱墩、柱帽是按圆弧形成品考虑的，按其圆的最大外径以周长计算；其他类型的柱帽、柱墩工程量按设计图示尺寸以展开面积计算。

2）镶贴块料面层，按镶贴表面积计算。

3）柱镶贴块料面层按设计图示饰面外围尺寸乘以高度以面积计算。

(3) 墙饰面。

1）龙骨、基层、面层墙饰面项目按设计图示饰面尺寸以面积计算，扣除门窗洞口及单个面积＞0.3 m² 以上的空圈所占的面积，不扣除单个面积≤0.3 m² 的孔洞所占面积，门窗洞口及孔洞侧壁面积也不增加。

2）柱（梁）饰面的龙骨、基层、面层按设计图示饰面尺寸以面积计算，柱帽、柱墩并入相应柱面积计算。

(4) 幕墙、隔断。

1）玻璃幕墙、铝板幕墙以框外围面积计算；半玻璃隔断、全玻璃幕墙如有加强肋者，工程量按其展开面积计算。

2）隔断按设计图示框外围尺寸以面积计算，扣除门窗洞及单个面积＞0.3 m² 的孔洞所占面积。

三、清单工程量计算规则

(1) 墙面抹灰按设计图示尺寸以面积计算。扣除墙裙、门窗洞口及单个＞0.3 m² 的孔洞面积，不扣除踢脚线、挂镜线和墙与构件交接处的面积，门窗洞口和孔洞的侧壁及顶面不增加面积。附墙柱、梁、垛、烟囱侧壁并入相应的墙面面积内。

1）外墙抹灰面积按外墙垂直投影面积计算。

2）外墙裙抹灰面积按其长度乘以高度计算。

3）内墙抹灰面积按主墙间的净长乘以高度计算。

①无墙裙的，高度按室内楼地面至天棚底面计算。

②有墙裙的，高度按墙裙顶至天棚底面计算。

③有吊顶天棚抹灰，高度算至天棚底。

4)内墙裙抹灰面按内墙净长乘以高度计算。

(2)柱(梁)面抹灰。

1)柱、梁面一般抹灰，柱、梁面装饰抹灰，柱、梁面砂浆找平。

①柱面抹灰：按设计图示柱断面周长乘高度以面积计算；

②梁面抹灰：按设计图示梁断面周长乘长度以面积计算。

2)柱面勾缝按设计图示柱断面周长乘高度以面积计算。

(3)零星抹灰按设计图示尺寸以面积计算。

(4)墙面块料面层。

1)石材墙面、拼碎石材墙面、块料墙面按镶贴表面积计算。

2)干挂石材钢骨架按设计图示以质量计算。

(5)柱(梁)面镶贴块料按镶贴表面积计算。

(6)镶贴零星块料按镶贴表面积计算。

(7)墙饰面。

1)墙面装饰板按设计图示墙净长乘净高以面积计算。扣除门窗洞口及单个$>0.3 \text{ m}^2$的孔洞所占面积。

2)墙面装饰浮雕按设计图示尺寸以面积计算。

(8)柱(梁)饰面。

1)柱(梁)面装饰按设计图示饰面外围尺寸以面积计算。柱帽、柱墩并入相应柱饰面工程量内。

2)成品装饰柱以根计量，按设计数量计算；或者以米计量，按设计长度计算。

(9)幕墙工程。

1)带骨架幕墙按设计图示框外围尺寸以面积计算。与幕墙同种材质的窗所占面积不扣除。

2)全玻(无框玻璃)幕墙按设计图示尺寸以面积计算。带肋全玻幕墙按展开面积计算。

(10)隔断。

1)木隔断、金属隔断按设计图示框外周尺寸以面积计算。不扣除单个$\leqslant 0.3 \text{ m}^2$的孔洞所占面积；浴厕门的材质与隔断相同时，门的面积并入隔断面积内。

2)玻璃隔断、塑料隔断、其他隔断按设计图示框外围尺寸以面积计算。不扣除单个$\leqslant 0.3 \text{ m}^2$的孔洞所占面积。

3)成品隔断以平方米计量，按设计图示框外围尺寸以面积计算；或者以间计量，按设计间的数量计算。

四、工程量计算示例

【例5-14】 某工程平面与剖面图如图5-25所示，室内墙面抹1∶2水泥砂浆底，1∶3石灰砂浆找平层，麻刀石灰浆面层，共20 mm厚。室内墙裙采用1∶3水泥砂浆打底(19 mm厚)，1∶2.5水泥砂浆面层(6 mm厚)，计算室内墙面一般抹灰和室内墙裙工程量。

M：1 000 mm×2 700 mm　共3个。

C：1 500 mm×1 800 mm　共4个。

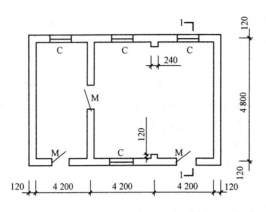
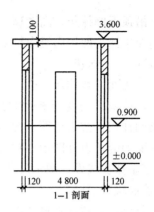

图 5-25 某工程平面与剖面图

【解】(1)墙面一般抹灰工程量计算：

室内墙面抹灰工程量＝主墙间净长度×墙面高度－门窗等面积＋垛的侧面抹灰面积
  ＝[(4.20×3－0.24×2＋0.12×2)×2＋(4.80－0.24)×4]×
   (3.60－0.10－0.90)－1.00×(2.70－0.90)×4－1.50×1.80×4
  ＝93.70(m²)

(2)室内墙裙工程量计算：

室内墙裙抹灰工程量＝主墙间净长度×墙裙高度－门窗所占面积＋垛的侧面抹灰面积
  ＝[(4.20×3－0.24×2＋0.12×2)×2＋(4.80－0.24)×4－
   1.00×4]×0.90
  ＝35.06(m²)

【例 5-15】某工程外墙示意图如图 5-26 所示，外墙面抹水泥砂浆，底层为 1∶3 水泥砂浆打底 14 mm 厚，面层为 1∶2 水泥砂浆抹面 6 mm 厚；外墙裙水刷石，1∶3 水泥砂浆打底 12 mm 厚，素水泥浆两遍，1∶2.5 水泥白石子 10 mm 厚(分格)，挑檐水刷白石，计算外墙裙装饰抹灰工程量。

M：1 000 mm×2 500 mm
C：1 200 mm×1 500 mm

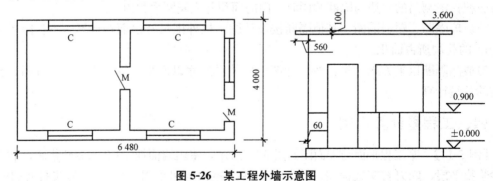

图 5-26 某工程外墙示意图

【解】外墙装饰抹灰工程量＝外墙面长度×抹灰高度－门窗等面积＋垛梁柱的侧面抹灰面积

$$= [(6.48+4.00) \times 2 - 1.00] \times 0.90$$
$$= 17.96 (m^2)$$

【例 5-16】 如图 5-27 所示，外墙采用水泥砂浆勾缝，层高为 3.6 m，墙裙高为 1.2 m，求外墙勾缝工程量。

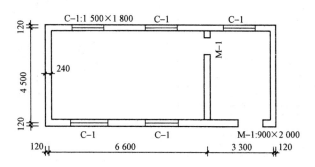

图 5-27 某工程平面示意图

【解】 外墙勾缝工程量 $=(9.9+0.24+4.5+0.24) \times 2 \times (3.6-1.2) - 1.5 \times 1.8 \times 5 - 0.9 \times 2$
$$= 56.12 (m^2)$$

【例 5-17】 如图 5-28 所示，求柱面抹水泥砂浆工程量。

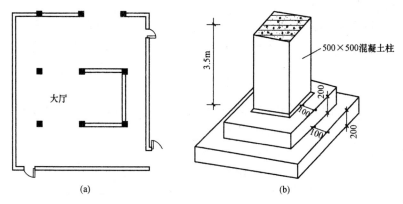

图 5-28 大厅平面示意图
(a)大厅示意图；(b)混凝土柱示意图

【解】 水泥砂浆一般抹灰工程量 $=0.5 \times 4 \times 3.5 \times 6 = 42 (m^2)$

【例 5-18】 图 5-29 所示为某单位大厅墙面示意图，墙面长度为 4 m，高度为 3 m，试计算不同面层材料镶贴工程量。

【解】 墙面镶贴块料面层工程量＝图示设计净长×图示设计净高
(1)白麻花岗石工程量 $=(3-0.18 \times 3-0.2-0.02 \times 3) \times 4 = 8.8 (m^2)$
(2)灰麻花岗石工程量 $=(0.2+0.18+0.04 \times 3) \times 4 = 2 (m^2)$
(3)黑金砂石材墙面工程量 $=0.18 \times 2 \times 4 = 1.44 (m^2)$

119

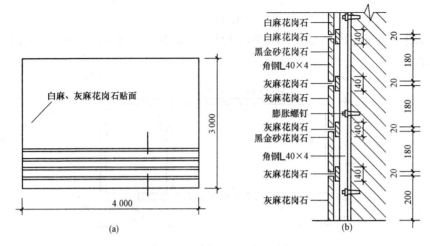

图 5-29 某单位大厅墙面示意图

(a)平面图；(b)剖面图

【**例 5-19**】 某建筑物平面图如图 5-30 所示，墙厚为 240 mm，层高为 3.3 m，有 120 mm 高的木质踢脚板。试求图示墙面碎拼大理石的工程量。

【**解**】 由图可看出，碎拼大理石墙面工程量为墙面的表面积减去门及窗所占的面积，根据其工程量计算规则，得

$$\begin{aligned}碎拼大理石墙面工程量 &= [(5.0-0.24)+(3.5-0.24)]\times 2\times(3.3-0.12)\times 3 - 1.5\times\\&\quad (2.4-0.12) - 1.2\times(2.4-0.12)\times 2 - 0.9\times(2.1-0.12)\times\\&\quad 2 - 2.7\times 1.8\times 2\\&= 130.85(m^2)\end{aligned}$$

【**例 5-20**】 某卫生间的一侧墙面如图 5-31 所示，墙面贴 2.5 m 高的白色瓷砖，窗侧壁贴瓷砖宽为 100 mm，试计算贴瓷砖的工程量。

【**解**】 $$\begin{aligned}墙面贴瓷砖工程量 &= 5.0\times 2.5 - 1.5\times(2.5-0.9) + [(2.5-0.9)\times 2 + 1.5]\times 0.10\\&= 10.57(m^2)\end{aligned}$$

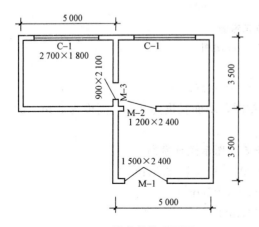

图 5-30 某建筑物平面图

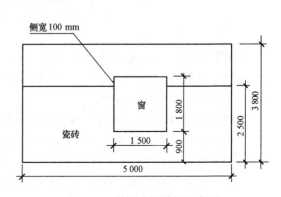

图 5-31 某卫生间墙面示意图

【例 5-21】 例 5-18 的图 5-29，为某单位大厅墙面示意图，墙面长度为 4 m，高度为 3 m，其中，角钢为 40×4，高度方向布置 8 根，试计算干挂石材钢骨架工程量。

【解】 查角钢质量为 $2.422×10^{-3}$ t/m，根据公式：

干挂石材钢骨架工程量＝图示设计规格的型材×相应型材线质量
$$=(4×8+3×8)×2.422×10^{-3}$$
$$=0.136(t)$$

【例 5-22】 某建筑物钢筋混凝土柱 8 根，构造如图 5-32 所示，柱面挂贴花岗石面层，求其工程量。

【解】 柱面挂贴花岗石工程量＝柱身挂贴花岗石工程量＋柱帽挂贴花岗石工程量

柱身挂贴花岗石工程量＝$0.40×4×3.7×8=47.36(m^2)$

花岗石柱帽工程量按图示尺寸展开面积计算，本例柱帽为四棱台，即应计算四棱台的斜表面积，公式为

四棱台全斜表面积＝斜高×(上面的周边长＋下面的周边长)÷2

已知斜高为 0.158 m，按图示数据代入，柱帽展开面积为

$$0.158×(0.5×4+0.4×4)÷2×8=2.28(m^2)$$

柱面、柱帽工程量合并工程量＝$47.36+2.28=49.64(m^2)$

【例 5-23】 某单位大门砖柱 4 根，砖柱块料面层设计尺寸如图 5-33 所示，面层水泥砂浆贴玻璃马赛克，计算柱面镶贴块料工程量。

【解】 块料柱面镶贴工程量＝镶贴表面积
$$=(0.6+1.0)×2×2.2×4$$
$$=28.16(m^2)$$

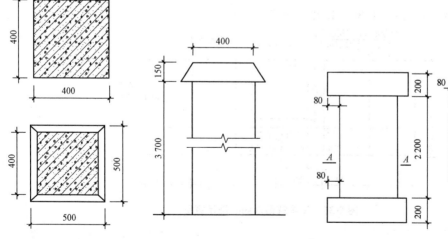

图 5-32 钢筋混凝土柱示意图　　　图 5-33 某大门砖柱块料面层尺寸

【例 5-24】 图 5-34 所示为某建筑结构示意图，表面镶贴石材，试计算石材梁面工程量。

【解】 石材梁面工程量＝$(0.24×4.5)×2+(0.35×4.5)×2+(0.24×0.35)×2$
$$=5.48(m^2)$$

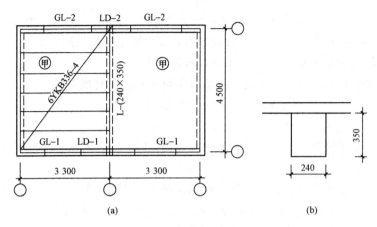

图 5-34 建筑结构示意图
(a)平面图；(b)截面图

【**例 5-25**】 某单位大门砖柱 4 根，砖柱块料面层设计尺寸如图 5-33 所示，面层水泥砂浆贴玻璃马赛克，计算压顶及柱脚工程量。

【**解**】 块料零星项目工程量＝按设计图示尺寸展开面积计算

压顶及柱脚工程量＝[(0.76＋1.16)×2×0.2＋(0.68＋1.08)×2×0.08]×2×4
＝8.40(m²)

【**例 5-26**】 试计算图 5-35 所示墙面装饰的工程量。

【**解**】 墙面装饰工程量＝墙面工程量＋墙裙工程量

(1)墙面工程量＝2.4×1.22×6＋1.5×2.1×0.12－1.5×2.1＝14.80(m²)

(2)墙裙工程量＝0.8×1.22×6－0.6×1.5＝4.96(m²)

(3)墙面装饰工程量＝14.80＋4.96＝19.76(m²)

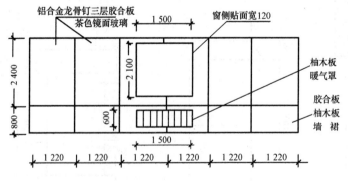

图 5-35 某建筑面墙面装饰示意图

【**例 5-27**】 如图 5-36 所示，采用砂岩浮雕，以现代抽象型浮雕样式定制，浮雕尺寸为 1 500 mm×3 500 mm，试计算其工程量。

【**解**】 墙面装饰浮雕工程量＝1.5×3.5＝5.25(m²)

【**例 5-28**】 木龙骨、五合板基层、不锈钢钢柱面尺寸如图 5-37 所示，共 4 根，龙骨断面尺寸 30 mm×40 mm，间距为 250 mm，试计算工程量。

【**解**】 柱面装饰板工程量＝柱饰面外围周长×装饰高度＋柱帽、柱墩面积

柱面装饰工程量＝1.20×3.14×6.00×4＝90.43(m²)

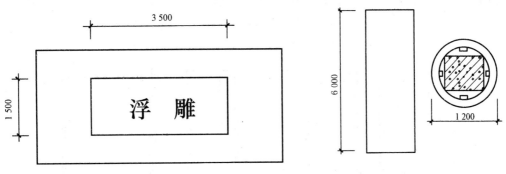

图 5-36　某办公楼会议厅墙面　　　　　　图 5-37　不锈钢柱面尺寸

【例 5-29】　如图 5-38 所示，某大厅外立面为铝板幕墙，高为 12 m，计算幕墙工程量。

【解】　幕墙工程量＝(1.5＋1.023＋0.242×2＋1.173＋1.087＋0.085×2)×12＝65.24(m²)

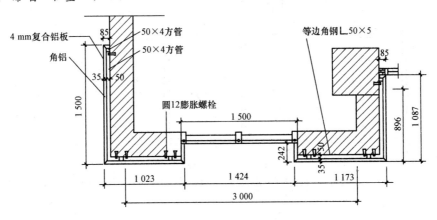

图 5-38　大厅外立面铝板幕墙剖面图

【例 5-30】　图 5-39 所示为某办公楼外立面玻璃幕墙，计算玻璃幕墙工程量。

【解】　玻璃幕墙工程量＝2.92×(1.123×2＋0.879×7)
　　　　　　　　　　＝24.53(m²)

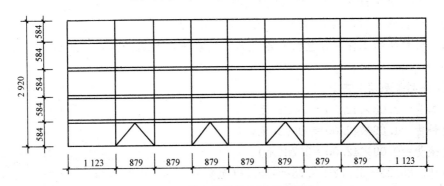

图 5-39　某办公楼外立面玻璃幕墙

【例 5-31】 根据图 5-40 计算厕所木隔断工程量。

【解】 厕所木隔断工程量＝(1.35＋0.15)×(0.30×3＋0.18＋1.18×3)＋1.35×0.90×2＋1.35×1.05
　　　　　　＝10.78(m^2)

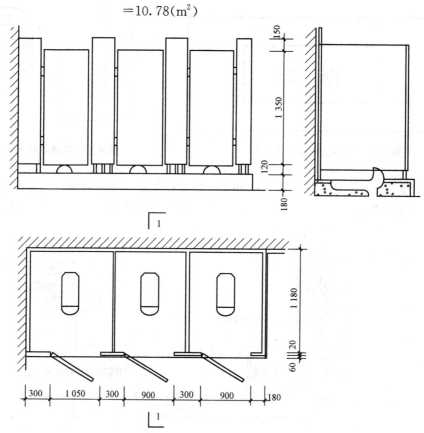

图 5-40　厕所木隔断图

五、综合单价计算示例

【例 5-32】 试根据例 5-17 确定墙面勾缝的综合单价。

【解】 根据例 5-17，墙面勾缝工程量为 42.00 m^2。

柱面一般抹灰的工作内容包括基层处理、底层抹灰和面层抹灰，依据定额及本地区市场价可知：

(1)修补刮平基层处理。

1)人工费＝2.03×42.00＝85.26(元)

2)材料费＝1.66×42.00＝69.72(元)

3)机械费＝0.09×42.00＝3.78(元)

4)合计＝85.26＋69.72＋3.78＝158.76(元)

(2)5 mm 水泥砂浆底层抹灰。

1)人工费＝6.45×42.00＝270.90(元)

2)材料费＝1.52×42.00＝63.84(元)

3)机械费＝0.27×42.00＝11.34(元)

4)合计＝270.90＋63.84＋11.34＝346.08(元)

(3)5 mm混合砂浆面层抹灰。

1)人工费＝7.63×42.00＝320.46(元)

2)材料费＝1.62×42.00＝68.04(元)

3)机械费＝0.32×42.00＝13.44(元)

4)合计＝320.46＋68.04＋13.44＝401.94(元)

(4)综合。参考本地区建设工程费用定额，管理费和利润的计费基数均为人工费、材料费和施工机具使用费之和，费率分别为5.01%和2.09%，即管理费和利润单价：

管理费＝906.78×5.01%＝45.43(元)

利润＝906.78×2.09%＝18.95(元)

综合单价＝906.78＋45.43＋18.95＝971.16(元)

(5)本工程综合单价计算。

971.16/42.00＝23.12(元/m²)

(6)本工程合价计算。

23.12×42.00＝971.04(元)

柱面一般抹灰综合单价分析表见表5-2。

表5-2 综合单价分析表

项目名称： 第 页 共 页

项目编码	011202001001		项目名称		柱面一般抹灰		计量单位	m²	工程量		42.00
清单综合单价组成明细											
定额编号	定额名称	定额单位	数量	单价				合价			
				人工费	材料费	机械费	管理费和利润	人工费	材料费	机械费	管理费和利润
12－68	修补刮平	m²	1	2.03	1.66	0.09	0.27	2.03	1.66	0.09	0.27
12－78	5 mm 水泥砂浆	m²	1	6.45	1.52	0.27	0.59	6.15	1.52	0.27	0.59
12－91	5 mm 混合砂浆	m²	1	7.62	1.62	0.32	0.68	7.63	1.62	0.32	0.68
人工单价			小计					16.11	4.80	0.68	1.51
104.00 元/工日			未计价材料费								
清单项目综合单价								23.13			

第五节 天棚工程工程量计算

一、定额说明

(1)本章定额包括天棚抹灰、天棚吊顶和天棚其他装饰三节。

(2)抹灰项目中砂浆配合比与设计不同时,可按设计要求予以换算;如设计厚度与定额取定厚度不同时,按相应项目调整。

(3)如混凝土天棚刷素水泥浆或界面剂,按本定额"第十二章 墙、柱面装饰与隔断、幕墙工程"相应项目人工乘以系数1.15。

(4)吊顶天棚。

1)除烤漆龙骨天棚为龙骨、面层合并列项外,其余均为天棚龙骨、基层、面层分别列项编制。

2)龙骨的种类、间距、规格和基层、面层材料的型号、规格是按常用材料和常用做法考虑的,如设计要求不同时,材料可以调整,人工、机械不变。

3)天棚面层在同一标高者为平面天棚,天棚面层不在同一标高者为跌级天棚。跌级天棚其面层按相应项目人工乘以系数1.30。

4)轻钢龙骨、铝合金龙骨项目中龙骨按双层双向结构考虑,即中、小龙骨紧贴大龙骨底面吊挂,如为单层结构时,即大、中龙骨底面在同一水平上者,人工乘以系数0.85。

5)轻钢龙骨、铝合金龙骨项目中,如面层规格与定额不同时,按相近面积的项目执行。

6)轻钢龙骨和铝合金龙骨不上人型吊杆长度为0.6 m,上人型吊杆长度为1.4 m。吊杆长度与定额不同时可按实际调整,人工不变。

7)平面天棚和跌级天棚指一般直线形天棚,不包括灯光槽的制作安装。灯光槽制作安装应按本章相应项目执行。吊顶天棚中的艺术造型天棚项目中包括灯光槽的制作安装。

8)天棚面层不在同一标高,且高差400 mm以下、跌级三级以内的一般直线形平面天棚按跌级天棚相应项目执行;高差在400 mm以上或跌级超过三级,以及圆弧形、拱形等造型天棚按吊顶天棚中的艺术造型天棚相应项目执行。

9)天棚检查孔的工料已包括在项目内,不另行计算。

10)龙骨、基层、面层的防火处理及天棚龙骨的刷防腐油,石膏板刮嵌缝膏、贴绷带,按本定额"第十四章 油漆、涂料、裱糊工程"相应项目执行。

11)天棚压条、装饰线条按本定额"第十五章 其他装饰工程"相应项目执行。

(5)格栅吊顶、吊筒吊顶、藤条造型悬挂吊顶、织物软雕吊顶、装饰网架吊顶,龙骨、面层合并列项编制。

(6)楼梯底板抹灰按本章相应项目执行,其中锯齿形楼梯按相应项目人工乘以系数1.35。

二、定额工程量计算规则

(1)天棚抹灰。按设计结构尺寸以展开面积计算天棚抹灰。不扣除间壁墙、垛、柱、附墙烟囱、检查口和管道所占的面积,带梁天棚的梁两侧抹灰面积并入天棚面积内,板式楼梯底面抹灰面积(包括踏步、休息平台以及≤500 mm 宽的楼梯井)按水平投影面积乘以系数 1.15 计算,锯齿形楼梯底板抹灰面积(包括踏步、休息平台以及≤500 mm 宽的楼梯井)按水平投影面积乘以系数 1.37 计算。

(2)天棚吊顶。

1)天棚龙骨按主墙间水平投影面积计算,不扣除间壁墙、垛、柱、附墙烟囱、检查口和管道所占的面积,扣除单个>0.3 m^2 的孔洞、独立柱及与天棚相连的窗帘盒所占的面积。斜面龙骨按斜面计算。

2)天棚吊顶的基层和面层均按设计图示尺以展开面积计算。天棚面中的灯槽及跌级、阶梯式、锯齿形、吊挂式、藻井式天棚面积按展开计算。不扣除间壁墙、垛、柱、附墙烟囱、检查口和管道所占的面积,扣除单个>0.3 m^2 的孔洞、独立柱及与天棚相连的窗帘盒所占的面积。

3)格栅吊顶、藤条造型悬挂吊顶、织物软雕吊顶和装饰网架吊顶,按设计图示尺寸以水平投影面积计算。吊筒吊顶以最大外围水平投影尺寸,以外接矩形面积计算。

(3)天棚其他装饰。

1)灯带(槽)按设计图示尺寸以框外围面积计算。

2)送风口、回风口及灯光孔按设计图示数量计算。

三、清单工程量计算规则

(1)天棚抹灰按设计图示尺寸以水平投影面积计算。不扣除间壁墙、垛、柱、附墙烟囱、检查口和管道所占的面积,带梁天棚的梁两侧抹灰面积并入天棚面积内,板式楼梯底面抹灰按斜面积计算,锯齿形楼梯底板抹灰按展开面积计算。

(2)天棚吊顶。

1)吊顶天棚按设计图示尺寸以水平投影面积计算。天棚面中的灯槽及跌级、锯齿形、吊挂式、藻井式天棚面积不展开计算。不扣除间壁墙、检查口、附墙烟囱、柱垛和管道所占面积,扣除单个>0.3 m^2 的孔洞、独立柱及与天棚相连的窗帘盒所占的面积。

2)格栅吊顶、吊筒吊顶、藤条造型悬挂吊顶、织物软雕吊顶、装饰网架吊顶按设计图示尺寸以水平投影面积计算。

(3)采光天棚按框外围展开面积计算。

(4)天棚其他装饰。

1)灯带(槽)按设计图示尺寸以框外围面积计算。

2)送风口、回风口按设计图示数量计算。

四、工程量计算示例

【例 5-33】 某工程现浇井字梁天棚如图 5-41 所示,麻刀石灰浆面层,计算工程量。

【解】 天棚抹灰工程量=主墙间的净长度×主墙间的净宽度+梁侧面面积

天棚抹灰工程量＝(6.80－0.24)×(4.20－0.24)＋(0.40－0.12)×(6.80－0.24)×2＋
(0.25－0.12)×(4.20－0.24－0.3)×2×2－(0.25－0.12)×0.15×4
＝31.48(m²)

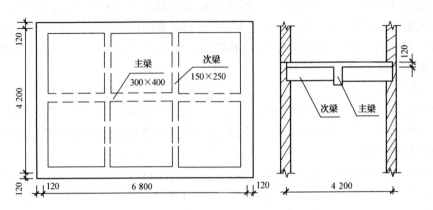

图 5-41　现浇井字梁天棚

【例 5-34】　某三级天棚尺寸如图 5-42 所示，钢筋混凝土板下吊双层楞木，面层为塑料板，计算吊顶天棚工程量。

【解】　吊顶天棚工程量＝主墙间净长度×主墙间净宽度－独立柱及相连窗帘盒等所占面积
＝(8.0－0.24)×(6.0－0.24)
＝44.70(m²)

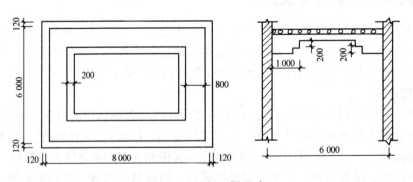

图 5-42　三级天棚尺寸

【例 5-35】　某建筑客房天棚图如图 5-43 所示，与天棚相连的窗帘盒断面如图 5-44 所示，试计算铝合金天棚工程量。

【解】　由于客房各部位天棚做法不同，吊顶工程量应为房间天棚工程量与走道顶棚工程量及卫生间天棚工程量之和。

吊顶工程量＝(4－0.2－0.12)×3.2＋(1.85－0.24)×(1.1－0.12)＋(1.6－0.24)×
(1.85－0.12)
＝15.71(m²)

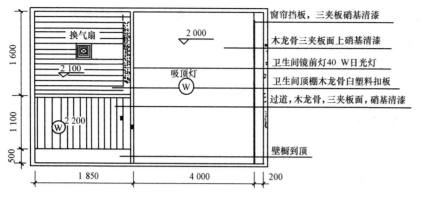

图 5-43 某建筑客房天棚图

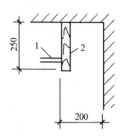

图 5-44 标准客房窗帘盒断面

1—顶棚；2—窗帘盒

【例 5-36】 图 5-45 所示为室内天棚安装灯带，计算其工程量。

【解】 根据顶棚工程量计算规则，计算如下：

$L_{中}$：$[8.0-2\times(1.2+0.4+0.2)]\times2+[9.5-2\times(1.2+0.4+0.2)]\times2=20.6(m)$

灯带工程量 $S_1=L_{中}\times b=20.6\times 0.4=8.24(m^2)$

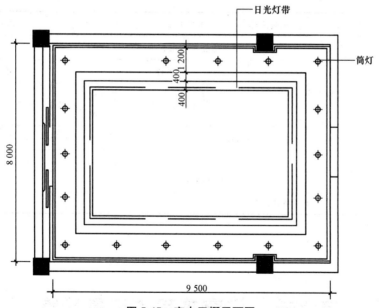

图 5-45 室内天棚平面图

五、综合单价计算示例

【例 5-37】 试根据例 5-35 确定吊顶天棚的综合单价。

【解】 根据例 5-35，吊顶天棚工程量为 15.71 m^2。

(1) 单价及费用计算。依据定额及本地区市场价可知，吊顶天棚人工费为 11.28 元/m^2，材料费为 33.71 元/m^2，机械费为 1.31 元/m^2。参考本地区建设工程费用定额，管理费和利润的计费基数均为人工费、材料费和施工机具使用费之和，费率分别为 5.01% 和 2.09%，即管理费和利润单价为 3.29 元/m²。

1) 本工程人工费：
15.71×11.28＝177.21(元)
2) 本工程材料费：
15.71×33.71＝529.58(元)
3) 本工程机械费：
15.71×1.31＝20.58(元)
4) 本工程管理费和利润合计：
15.71×3.29＝51.69(元)
(2) 本工程综合单价计算。
(177.21＋529.58＋20.58＋51.69)/15.71＝49.59(元/m²)
(3) 本工程合价计算。
49.59×15.71＝779.06(元)

吊顶天棚项目综合单价分析表见表 5-3。

表 5-3　综合单价分析表

项目名称：　　　　　　　　　　　　　　　　　　　　　　　　　　第　页　共　页

项目编码	011302001001	项目名称		吊顶天棚		计量单位	m²	工程量		15.71
清单综合单价组成明细										
定额编号	定额名称	定额单位	数量	单价				合价		
				人工费	材料费	机械费	管理费和利润	人工费	材料费	机械费	管理费和利润
13—9	吊顶天棚	m²	1	11.28	33.71	1.31	3.29	11.28	33.71	1.31	3.29
人工单价		小计						11.28	33.71	1.31	3.29
87.90元/工日		未计价材料费								
清单项目综合单价									49.59		

第六节　门窗工程工程量计算

一、定额说明

(1) 本章定额包括木门，金属门，金属卷帘(闸)，厂库房大门、特种门，其他门，金属窗，门钢架，门窗套，窗台板，窗帘盒、轨，门五金十节。

(2) 木门。

成品套装门安装包括门套和门扇的安装。

(3)金属门、窗。

1)铝合金成品门窗安装项目按隔热断桥铝合金型材考虑,当设计为普通铝合金型材时,按相应项目执行,其中人工乘以系数0.8。

2)金属门连窗,门、窗应分别执行相应项目。

3)彩板钢窗附框安装执行彩板钢门附框安装项目。

(4)金属卷帘(闸)。

1)金属卷帘(闸)项目是按卷帘侧装(即安装在洞口内侧或外侧)考虑的,当设计为中装(即安装在洞口中)时,按相应项目执行,其中人工乘以系数1.1。

2)金属卷帘(闸)项目是按不带活动小门考虑的,当设计为带活动小门时,按相应项目执行,其中人工乘以系数1.07,材料调整为带活动小门金属卷帘(闸)。

3)防火卷帘(闸)(无机布基防火卷帘除外)按镀锌钢板卷帘(闸)项目执行,并将材料中的镀锌钢板卷帘换为相应的防火卷帘。

(5)厂库房大门、特种门。

1)厂库房大门项目是按一、二类木种考虑的,如采用三、四类木种时,制作按相应项目执行,人工和机械乘以系数1.3;安装按相应项目执行,人工和机械乘以系数1.35。

2)厂库房大门的钢骨架制作以钢材质量表示,已包括在定额中,不再另列项计算。

3)厂库房大门门扇上所用铁件均已列入定额,墙、柱、楼地面等部位的预埋铁件按设计要求另按本定额"第五章　混凝土及钢筋混凝土工程"中相应项目执行。

4)冷藏库门、冷藏冻结间门、防辐射门安装项目包括筒子板制作安装。

(6)其他门。

1)全玻璃门扇安装项目按地弹门考虑,其中地弹簧消耗量可按实际调整。

2)全玻璃门门框、横梁、立柱钢架的制作安装及饰面装饰,按本章门钢架相应项目执行。

3)全玻璃门有框亮子安装按全玻璃有框门扇安装项目执行,人工乘以系数0.75,地弹簧换为膨胀螺栓,消耗量调整为277.55个/100 m²;无框亮子安装按固定玻璃安装项目执行。

4)电子感应自动门传感装置、伸缩门电动装置安装已包括调试用工。

(7)门钢架、门窗套。

1)门钢架基层、面层项目未包括封边线条,设计要求时,另按本定额"第十五章　其他装饰工程"中相应线条项目执行。

2)门窗套、门窗筒子板均执行门窗套(筒子板)项目。

3)门窗套(筒子板)项目未包括封边线条,设计要求时,按本定额"第十五章　其他装饰工程"中相应线条项目执行。

(8)窗台板。

1)窗台板与暖气罩相连时,窗台板并入暖气罩,按本定额"第十五章　其他装饰工程"中相应暖气罩项目执行。

2)石材窗台板安装项目按成品窗台板考虑。实际为非成品需现场加工时,石材加工另按本定额"第十五章　其他装饰工程"中石材加工相应项目执行。

(9)门五金。

1)成品木门(扇)安装项目中五金配件的安装仅包括合页安装人工和合页材料费,设计要求的其他五金另按本章"门五金"一节中门特殊五金相应项目执行。

2)成品金属门窗、金属卷帘(闸)、特种门、其他门安装项目包括五金安装人工,五金材料费包括在成品门窗价格中。

3)成品全玻璃门扇安装项目中仅包括地弹簧安装的人工和材料费,设计要求的其他五金另执行本章"门五金"一节中门特殊五金相应项目。

4)厂库房大门项目均包括五金铁件安装人工,五金铁件材料费另执行本章"门五金"一节中相应项目,当设计与定额取定不同时,按设计规定计算。

二、定额工程量计算规则

(1)木门。
1)成品木门框安装按设计图示框的中心线长度计算。
2)成品木门扇安装按设计图示扇面积计算。
3)成品套装木门安装按设计图示数量计算。
4)木质防火门安装按设计图示洞口面积计算。
(2)金属门、窗。
1)铝合金门窗(飘窗、阳台封闭窗除外)、塑钢门窗均按设计图示门、窗洞口面积计算。
2)门连窗按设计图示洞口面积分别计算门、窗面积,其中窗的宽度算至门框的外边线。
3)纱门、纱窗扇按设计图示扇外围面积计算。
4)飘窗、阳台封闭窗按设计图示框型材外边线尺寸以展开面积计算。
5)钢质防火门、防盗门按设计图示门洞口面积计算。
6)防盗窗按设计图示窗框外围面积计算。
7)彩板钢门窗按设计图示门、窗洞口面积计算。彩板钢门窗附框按框中心线长度计算。
(3)金属卷帘(闸)。金属卷帘(闸)按设计图示卷帘门宽度乘以卷帘门高度(包括卷帘箱高度)以面积计算。电动装置安装按设计图示套数计算。
(4)厂库房大门、特种门。厂库房大门、特种门按设计图示门洞口面积计算。
(5)其他门。
1)全玻有框门扇按设计图示扇边框外边线尺寸以扇面积计算。
2)全玻无框(条夹)门扇按设计图示扇面积计算,高度算至条夹外边线、宽度算至玻璃外边线。
3)全玻无框(点夹)门扇按设计图示玻璃外边线尺寸以扇面积计算。
4)无框亮子按设计图示门框与横梁或立柱内边缘尺寸玻璃面积计算。
5)全玻转门按设计图示数量计算。
6)不锈钢伸缩门按设计图示延长米计算。
7)传感和电动装置按设计图示套数计算。
(6)门钢架、门窗套。
1)门钢架按设计图示尺寸以质量计算。
2)门钢架基层、面层按设计图示饰面外围尺寸展开面积计算。
3)门窗套(筒子板)龙骨、面层、基层均按设计图示饰面外用尺寸展开面积计算。

4)成品门窗套按设计图示饰面外围尺寸展开面积计算。

(7)窗台板、窗帘盒、轨。

1)窗台板按设计图示长度乘宽度以面积计算。图纸未注明尺寸的,窗台板长度可按窗框的外围宽度两边共加 100 mm 计算。窗台板凸出墙面的宽度按墙面外加 50 mm 计算。

2)窗帘盒、窗帘轨按设计图示长度计算。

三、清单工程量计算规则

(1)木门。

1)木质门、木质门带套、木质连窗门、木质防火门以樘计量,按设计图示数量计算;或者以平方米计量,按设计图示洞口尺寸以面积计算。

2)木门框以樘计量,按设计图示数量计算;或者以米计量,按设计图示框的中心线以延长米计算。

3)门锁安装按设计图示数量计算。

(2)金属门以樘计量,按设计图示数量计算;或者以平方米计量,按设计图示洞口尺寸以面积计算。

(3)金属卷帘(闸)门以樘计量,按设计图示数量计算;或者以平方米计量,按设计图示洞口尺寸以面积计算。

(4)厂库房大门、特种门。

1)木板大门、钢木大门、全钢板大门、金属格栅门、钢制花饰大门以樘计量,按设计图示数量计算;或者以平方米计量,按设计图示洞口尺寸以面积计算。

2)防护铁丝门、特种门以樘计量,按设计图示数量计算;或者以平方米计量,按设计图示门框或扇以面积计算。

(5)其他门以樘计量,按设计图示数量计算;或者以平方米计量,按设计图示洞口尺寸以面积计算。

(6)门窗。

1)木质窗以樘计量,按设计图示数量计算;或者以平方米计量,按设计图示洞口尺寸以面积计算。

2)木飘(凸)窗、木橱窗以樘计量,按设计图示数量计算;或者以平方米计量,按设计图示尺寸以框外围展开面积计算。

3)木纱窗以樘计量,按设计图示数量计算;或者以平方米计量,按框的外围尺寸以面积计算。

(7)金属窗。

1)金属(塑钢、断桥)窗、金属防火窗、金属百叶窗、金属格栅窗以樘计量,按设计图示数量计算;或者以平方米计量,按设计图示洞口尺寸以面积计算。

2)金属纱窗以樘计量,按设计图示数量计算;或者以平方米计量,按框的外围尺寸以面积计算。

3)金属(塑钢、断桥)橱窗、金属(塑钢、断桥)飘(凸)窗以樘计量,按设计图示数量计算;或者以平方米计量,按设计图示尺寸以框外围展开面积计算。

4)彩板窗、复合材料窗以樘计量,按设计图示数量计算;或者以平方米计量,按设计图示洞口尺寸或框外围以面积计算。

(8)门窗套。

1)木门窗套、木筒子板、饰面夹板筒子板、金属门窗套、石材门窗套、成品木门窗套以樘计量,按设计图示数量计算;或者以平方米计量,按设计图示尺寸以展开面积计算;或者以米计量,按设计图示中心以延长米计算。

2)门窗木贴脸以樘计量,按设计图示数量计算;或者以米计量,按设计图示尺寸以延长米计算。

(9)窗台板按设计图示尺寸以展开面积计算。

(10)窗帘、窗帘盒、轨。

1)窗帘。以米计量,按设计图示尺寸以成活后长度计算;以平方米计量,按图示尺寸以成活后展开面积计算。

2)木窗帘盒,饰面夹板、塑料窗帘盒,铝合金窗帘盒,窗帘轨按设计图示尺寸以长度计算。

四、工程量计算示例

【例 5-38】 求图 5-46 所示镶板门清单工程量。

【解】 (1)以平方米计量,镶板门工程量=设计图示洞口尺寸计算所得面积
$$=0.9\times 2.1=1.89(m^2)$$

(2)以樘计量,镶板门工程量=1 樘

【例 5-39】 求图 5-47 所示库房金属平开门定额工程量。

【解】 金属平开门定额工程量=图示洞口尺寸以面积计算=$3.1\times 3.5=10.85(m^2)$

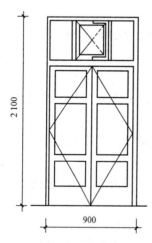

图 5-46 双扇无纱带亮镶板门示意图

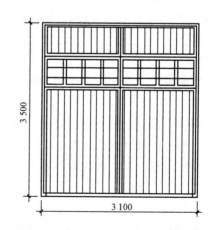

图 5-47 某厂库房金属平开门示意图

【例 5-40】 如图 5-48 所示,某厂房有平开全钢板大门(带探望孔),共 5 樘,刷防锈漆。试计算其定额工程量。

【解】 全钢板大门工程量=图示洞口尺寸以面积计算
$$=3.30\times 3.30\times 5$$
$$=54.45(m^2)$$

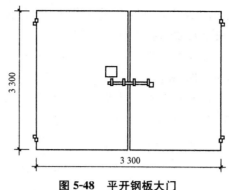

图 5-48 平开钢板大门

【例 5-41】 试计算银行电子感应门的清单工程量，门洞尺寸为 3 200 mm×2 400 mm。

【解】 (1)以平方米计量，电子感应门工程量=设计洞口尺寸以面积计算
$$=3.2 \times 2.4$$
$$=7.68(m^2)$$

(2)以樘计量，电子感应门工程量=1 樘

【例 5-42】 某办公用房底层需安装图 5-49 所示的铁窗栅，共 22 樘，刷防锈漆，计算铁窗栅清单工程量。

【解】 (1)以平方米计量，铁窗栅工程量=图示洞口尺寸以面积计算
$$=1.8 \times 1.8 \times 22 = 71.28(m^2)$$

(2)以樘计量，铁窗栅工程量=22 樘

【例 5-43】 某宾馆有 800 mm×2 400 mm 的门洞 60 樘，内外钉贴细木工板门套、贴脸（不带龙骨），榉木夹板贴面，尺寸如图 5-50 所示，计算榉木筒子板清单工程量。

【解】 (1)以平方米计量，榉木筒子板工程量=图示尺寸以展开面积计算
$$=(0.80+2.40 \times 2) \times 0.085 \times 2 \times 60$$
$$=57.12(m^2)$$

(2)以米计量，榉木筒子板工程量=图示尺寸以展开面积计算
$$=(0.80+2.40 \times 2) \times 2 \times 60$$
$$=672(m)$$

(3)以樘计量，榉木筒子板工程量=图示数量=60 樘

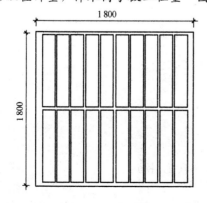

图 5-49 某办公用房铁窗栅尺寸示意图

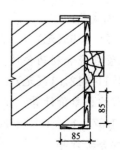

图 5-50 榉木夹板贴面尺寸

【例 5-44】 求图 5-51 所示为某工程木窗台板工程量,窗台板宽为 200 mm。

【解】 窗台板工程量=图示尺寸以展开面积计算,则

$$窗台板工程量=1.5\times 0.2=0.3(m^2)$$

【例 4-45】 求图 5-52 所示木窗帘盒的工程量。

【解】 窗帘盒工程量按设计尺寸以长度计算,如设计图纸没有注明尺寸时,可按窗洞口尺寸加 300 mm,钢筋窗帘杆加 600 mm 以延长米计算,则

$$窗帘盒工程量=1.5+0.3=1.8(m)$$

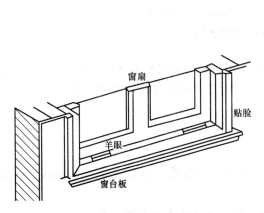

图 5-51 窗台板示意图

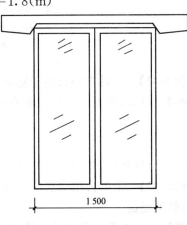

图 5-52 窗帘盒示意图

五、综合单价计算示例

【例 5-46】 试根据例 5-38 确定木门的综合单价。

【解】 根据例 5-38,木门清单工程量为 1 樘,定额工程量为 1.89 m^2。

(1)单价及费用计算。依据定额及本地区市场价可知,镶板门人工费为 15.38 元/m^2,材料费为 886.49 元/m^2,机械费为 1.02 元/m^2。参考本地区建设工程费用定额,管理费和利润的计费基数均为人工费、材料费和施工机具使用费之和,费率分别为 5.01% 和 2.09%,即管理费和利润单价为 64.11 元/m^2。

1)本工程人工费:
1.89×15.38=29.07(元)
2)本工程材料费:
1.89×886.49=1 675.47(元)
3)本工程机械费:
1.89×1.02=1.93(元)
4)本工程管理费和利润合计:
1.89×64.11=121.17(元)
(2)本工程综合单价计算。
(29.07+1 675.47+1.93+121.17)/1=1 827.64(元/樘)
(3)本工程合价计算。
1 827.64×1=1 827.64(元)

镶板门项目综合单价分析表见表5-4。

表5-4 综合单价分析表

项目名称： 第 页 共 页

项目编码	010801001001		项目名称	镶板门		计量单位	m^2		工程量		15.71
清单综合单价组成明细											
定额编号	定额名称	定额单位	数量	单价				合价			
				人工费	材料费	机械费	管理费和利润	人工费	材料费	机械费	管理费和利润
8—1	镶板门	m^2	1.89	15.38	886.49	1.02	61.11	29.07	1 675.47	1.93	121.17
人工单价			小计					29.07	1 675.47	1.93	121.17
87.90元/工日			未计价材料费								
清单项目综合单价								1 829.64			

第七节 油漆、涂料、裱糊工程量计算

一、定额说明

(1)本章定额包括木门油漆,木扶手及其他板条、线条油漆,其他木材面油漆,金属面油漆,抹灰面油漆,喷刷涂料,裱糊七节。

(2)当设计与定额取定的喷、涂、刷遍数不同时,可按本章相应每增加一遍项目进行调整。

(3)油漆、涂料定额中均已考虑刮腻子。当抹灰面油漆、喷刷涂料设计与定额取定的刮腻子遍数不同时,可按本章喷刷涂料一节中刮腻子每增减一遍项目进行调整。喷刷涂料一节中刮腻子项目仅适用于单独刮腻子工程。

(4)附着安装在同材质装饰面上的木线条、石膏线条等油漆、涂料,与装饰面同色者,并入装饰面计算;与装饰面分色者,单独计算。

(5)门窗套、窗台板、腰线、压顶、扶手(栏板上扶手)等抹灰面刷油漆、涂料,与整体墙面同色者,并入墙面计算;与整体墙面分色者,单独计算,按墙面相应项目执行,其中人工乘以系数1.43。

(6)纸面石膏板等装饰板材面刮腻子刷油漆、涂料,按抹灰面刮腻子刷油漆、涂料相应项目执行。

(7)附墙柱抹灰面喷刷油漆、涂料、裱糊,按墙面相应项目执行;独立柱抹灰面喷刷油漆、涂料、裱糊,按墙面相应项目执行,其中人工乘以系数1.2。

(8)油漆。

1)油漆浅、中、深各种颜色已在定额中综合考虑,颜色不同时,不另行调整。

2)定额综合考虑了在同一平面上的分色,但美术图案需另外计算。

3)木材面硝基清漆项目中每增加刷理漆片一遍项目和每增加硝基清漆一遍项目均适用于三遍以内。

4)木材面聚酯清漆、聚酯色漆项目,当设计与定额取定的底漆遍数不同时,可按每增加聚酯清漆(或聚酯色漆)一遍项目进行调整,其中聚酯清漆(或聚酯色漆)调整为聚酯底漆,消耗量不变。

5)木材面刷底油一遍、清油一遍可按相应底油一遍、熟桐油一遍项目执行,其中熟桐油调整为清油,消耗量不变。

6)木门、木扶手、其他木材面等刷漆,按熟桐油、底油、生漆二遍项目执行。

7)当设计要求金属面刷二遍防锈漆时,按金属面刷防锈漆一遍项目执行,其中人工乘以系数 1.74,材料均乘以系数 1.90。

8)金属面油漆项目均考虑了手工除锈,如实际为机械除锈,另按本定额"第六章 金属结构工程"中相应项目执行,油漆项目中的除锈用工也不扣除。

9)喷塑(一塑三油):底油、装饰漆、面油,其规格划分如下:

①大压花:喷点压平,点面积在 1.2 cm² 以上;

②中压花:喷点压平,点面积在 1~1.2 cm²;

③喷中点、幼点:喷点面积在 1 cm² 以下。

10)墙面真石漆、氟碳漆项目不包括分格嵌缝,当设计要求做分格嵌缝时,费用另行计算。

(9)涂料。

1)木龙骨刷防火涂料按四面涂刷考虑,木龙骨刷防腐涂料按一面(接触结构基层面)涂刷考虑。

2)金属面防火涂料项目按涂料密度 500 kg/m³ 和项目中注明的涂刷厚度计算,当设计与定额取定的涂料密度、涂刷厚度不同时,防火涂料消耗量可作调整。

3)艺术造型天棚吊顶、墙面装饰的基层板缝粘贴胶带,按本章相应项目执行,人工乘以系数 1.2。

二、定额工程量计算规则

(1)门油漆工程。执行单层木门油漆的项目,其工程量计算规则及相应系数见表 5-5。

表 5-5 工程量计算规则和系数表

	项目	系数	工程量计算规则 (设计图示尺寸)
1	单层木门	1.00	门洞口面积
2	单层半玻门	0.85	
3	单层全玻门	0.75	
4	半截百叶门	1.50	

续表

	项目	系数	工程量计算规则（设计图示尺寸）
5	全百叶门	1.70	门洞口面积
6	厂库房大门	1.10	
7	纱门扇	0.80	
8	特种门(包括冷藏门)	1.00	
9	装饰门扇	0.90	扇外围尺寸面积
10	间壁、隔断	1.00	单面外围面积
11	玻璃间壁露明墙筋	0.80	
12	木栅栏、木栏杆(带扶手)	0.90	

注：多面涂刷按单面计算工程量。

(2)木扶手及其他板条、线条油漆工程。

1)执行木扶手(不带托板)油漆的项目，其工程量计算规则及相应系数见表5-6。

表5-6 工程量计算规则和系数表

	项目	系数	工程量计算规则(设计图示尺寸)
1	木扶手(不带托板)	1.00	延长米
2	木扶手(带托板)	2.50	
3	封檐板、博风板	1.70	
4	黑板框、生活园地框	0.50	

2)木线条油漆按设计图示尺寸以长度计算。

(3)其他木材面油漆工程。

1)执行其他木材面油漆的项目，其工程量计算规则及相应系数见表5-7。

表5-7 工程量计算规则和系数表

	项目	系数	工程量计算规则(设计图示尺寸)
1	木板、胶合板天棚	1.00	长×宽
2	屋面板带檩条	1.10	斜长×宽
3	清水板条檐口天棚	1.10	长×宽
4	吸声板(墙面或天棚)	0.87	
5	鱼鳞板墙	2.40	
6	木护墙、木墙裙、木踢脚	0.83	
7	窗台板、窗帘盒	0.83	
8	出入口盖板、检查口	0.87	
9	壁橱	0.83	展开面积
10	木屋架	1.77	跨度(长)×中高×1/2
11	以上未包括的其余木材面油漆	0.83	展开面积

2)木地板油漆按设计图示尺寸以面积计算,空洞、空圈、暖气包槽、壁龛的开口部分并入相应的工程量内。

3)木龙骨刷防火、防腐涂料按设计图示尺寸以龙骨架投影面积计算。

4)基层板刷防火、防腐涂料按实际涂刷面积计算。

5)油漆面抛光打蜡按相应刷油部位油漆工程量计算规则计算。

(4)金属面油漆工程。

1)执行金属面油漆、涂料项目,其工程量按设计图示尺寸以展开面积计算。质量在500 kg以内的单个金属构件,可参考表5-8中相应的系数,将质量(t)折算为面积。

表5-8 质量折算面积参考系数表

	项目	系数
1	钢栅栏门、栏杆、窗栅	64.98
2	钢爬梯	44.84
3	踏步式钢扶梯	39.90
4	轻型屋架	53.20
5	零星铁件	58.00

2)执行金属平板屋面、镀锌铁皮面(涂刷磷化、锌黄底漆)油漆的项目,其工程量计算规则及相应的系数见表5-9。

表5-9 工程量计算规则和系数表

	项目	系数	工程量计算规则(设计图示尺寸)
1	平板屋面	1.00	斜长×宽
2	瓦垄板屋面	1.20	
3	排水、伸缩缝盖板	1.05	展开面积
4	吸气罩	2.20	水平投影面积
5	包镀锌薄钢板门	2.20	门窗洞口面积

注:多面涂刷按单面计算工程量。

(5)抹灰面油漆、涂料工程。

1)抹灰面油漆、涂料(另做说明的除外)按设计图示尺寸以面积计算。

2)踢脚线刷耐磨漆按设计图示尺寸长度计算。

3)槽形底板、混凝土折瓦板、有梁板底、密肋梁板底、井字梁板底刷油漆、涂料按设计图示尺寸展开面积计算。

4)墙面及天棚面刷石灰油浆、白水泥、石灰浆、石灰大白浆、普通水泥浆、可赛银浆、大白浆等涂料工程量按抹灰面积工程量计算规则。

5)混凝土花格窗、栏杆花饰刷(喷)油漆、涂料按设计图示洞口面积计算。

6)天棚、墙、柱面基层板缝粘贴胶带纸按相应天棚、墙、柱面基层板面积计算。

(6)裱糊工程。墙面、天棚面裱糊按设计图示尺寸以面积计算。

三、清单工程量计算规则

(1)门油漆以樘计量,按设计图示数量计量;或者以平方米计量,按设计图示洞口尺寸以面积计算。

(2)窗油漆以樘计量,按设计图示数量计量;或者以平方米计量,按设计图示洞口尺寸以面积计算。

(3)木扶手及其他板条、线条油漆按设计图示尺寸以长度计算。

(4)木材面油漆。

1)木护墙、木墙裙油漆,窗台板、筒子板、盖板、门窗套、踢脚线油漆,清水板条天棚、檐口油漆,木方格吊顶天棚油漆,吸声板墙面、天棚面油漆,暖气罩油漆,其他木材面按设计图示尺寸以面积计算。

2)木间壁、木隔断油漆,玻璃间壁露明墙筋油漆,木栅栏、木栏杆(带扶手)油漆按设计图示尺寸以单面外围面积计算。

3)衣柜、壁柜油漆,梁柱饰面油漆,零星木装修油漆按设计图示尺寸以油漆部分展开面积计算。

4)木地板油漆、木地板烫硬蜡面按设计图示尺寸以面积计算。空洞、空圈、暖气包槽、壁龛的开口部分并入相应的工程量内。

(5)金属面油漆以吨计量,按设计图示尺寸以质量计算;以平方米计量,按设计展开面积计算。

(6)抹灰面油漆。

1)抹灰面油漆、满刮腻子按设计图示尺寸以面积计算。

2)抹灰线条油漆按设计图示尺寸以长度计算。

(7)喷刷涂料。

1)墙面喷刷涂料、天棚喷刷涂料按设计图示尺寸以面积计算。

2)空花格、栏杆刷涂料按设计图示尺寸以单面外围面积计算。

3)线条刷涂料按设计图示尺寸以长度计算。

4)金属构件刷防火涂料以吨计量,按设计图示尺寸以质量计算;或者以平方米计量,按设计展开面积计算。

5)木材构件喷刷防火涂料以平方米计量,按设计图示尺寸以面积计算。

(8)裱糊按设计图示尺寸以面积计算。

四、工程量计算示例

【例 5-47】 求图 5-53 所示房屋单层木门润滑粉、刮腻子、聚氨酯漆三遍的定额工程量。

【解】 木门油漆工程量 $=1.5\times2.4+0.9\times2.1\times2$
$$=7.38(m^2)$$

【例 5-48】 图 5-54 所示为双层(一玻一纱)木窗,洞口尺寸为 1 500 mm×2 100 mm,共 11 樘,设计为刷润油粉一遍,刮腻子,刷调和漆一遍,磁漆两遍,计算木窗油漆清单工程量。

【解】 (1)以平方米计量,木窗油漆工程量=1.5×2.1×11=34.65(m²)。
(2)以樘计量,木门油漆工程量=1樘。

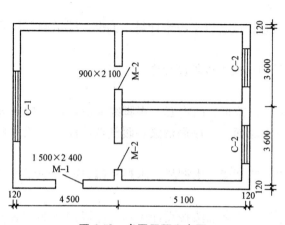

图 5-53 房屋平面示意图

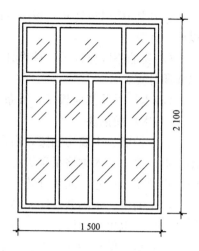

图 5-54 一玻一纱双层木窗

【例 5-49】 试计算图 5-55 所示房间木墙裙油漆的清单工程量。已知墙裙高为 1.5 m,窗台高为 1.0 m,窗洞侧油漆宽为 100 mm。

【解】 木墙裙油漆的工程量=长×高-应扣除面积+应增加面积
=[(5.24-0.24×2)×2+(3.24-0.24×2)×2]×1.5-
[1.5×(1.5-1.0)+0.9×1.5]+(1.5-1.0)×0.10×2
=20.56(m²)

【例 5-50】 某钢直梯如图 5-56 所示,φ28 mm 光圆钢筋线密度为 4.834 kg/m,计算钢直梯油漆工程量。

【解】 钢直梯油漆工程量=[(1.50+0.12×2+0.45×π/2)×2+(0.50+0.028)×5+
(0.15-0.014)×4]×4.834
=39.04(kg)
=0.039 t

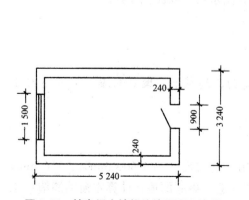

图 5-55 某房间木墙裙油漆面积示意图

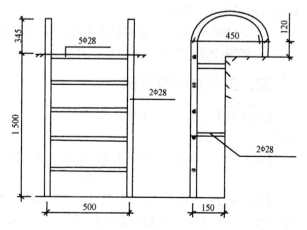

图 5-56 某钢直梯

【例 5-51】 某工程阳台栏杆如图 5-57 所示，欲刷预制混凝土花格乳胶漆，试计算其工程量。

【解】 栏杆刷涂料工程量=(1×0.7)×2+2.0×1
$$=3.4(m^2)$$

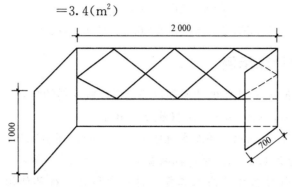

图 5-57 某工程阳台栏杆

【例 5-52】 图 5-58 所示为墙面贴壁纸示意图，墙高为 2.9 m，踢脚板高为 0.15 m，试计算其工程量。

M1：1.0×2.0 m²   M2：0.9×2.2 m²   C1：1.1×1.5 m²   C2：1.6×1.5 m²
C3：1.8×1.5 m²

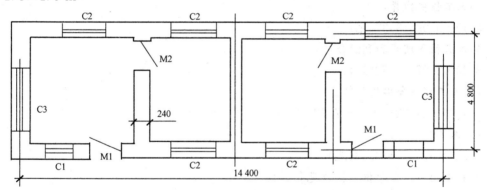

图 5-58 墙面贴壁纸示意图

【解】 根据计算规则，墙面贴壁纸按设计图示尺寸以面积计算。
(1)墙净长=(14.4-0.24×4)×2+(4.8-0.24)×8=63.36(m)。
(2)扣门窗洞口、踢脚板面积：
踢脚板工程量=0.15×63.36=9.5(m²)
M1：1.0×(2-0.15)×2=3.7(m²)
M2：0.9×(2.2-0.15)×4=7.38(m²)
C：(1.8×2+1.1×2+1.6×6)×1.5=23.1(m²)
合计扣减面积=9.5+3.7+7.38+23.1=43.68(m²)
(3)增加门窗侧壁面积(门窗均居中安装，厚度按 90 mm 计算)：
M1：$\dfrac{0.24-0.09}{2}×(2-0.15)×4+\dfrac{0.24-0.09}{2}×1.0×2=0.705(m^2)$

M2：$(0.24-0.09)\times(2.2-0.15)\times 4+(0.24-0.09)\times 0.9=1.365(m^2)$

C：$\dfrac{0.24-0.09}{2}\times[(1.8+1.5)\times 2\times 2+(1.1+1.5)\times 2\times 2+(1.6+1.5)\times 2\times 6]=4.56(m^2)$

合计增加面积＝0.705＋1.365＋4.56＝6.63(m^2)

(4)贴墙纸工程量＝63.36×2.9－43.68＋6.63＝146.7(m^2)

五、综合单价计算示例

【例 5-53】 试根据例 5-51 中的清单项目确定栏杆刷涂料的综合单价。

【解】 根据例 5-51，栏杆刷涂料工程量为 3.40 m^2。

(1)单价及费用计算。依据定额及本地区市场价可知，预制混凝土花格乳胶漆人工费为 24.79 元/m^2，材料费为 6.24 元/m^2，机械费为 0.99 元/m^2。参考本地区建设工程费用定额，管理费和利润的计费基数均为人工费、材料费和施工机具使用费之和，费率分别为 5.01%和 2.09%，即管理费和利润单价为 2.27 元/m^2。

1)本工程人工费：

3.40×24.79＝84.29(元)

2)本工程材料费：

3.40×6.24＝21.22(元)

3)本工程机械费：

3.40×0.99＝3.37(元)

4)本工程管理费和利润合计：

3.40×2.27＝7.72(元)

(2)本工程综合单价计算。

(84.29＋21.22＋3.37＋7.72)/3.40＝34.29(元/m^2)

(3)本工程合价计算。

34.29×3.40＝116.59(元)

栏杆刷涂料综合单价分析表见表 5-10。

表 5-10　综合单价分析表

项目名称：　　　　　　　　　　　　　　　　　　　　　　　　　　　第　页　共　页

项目编码	011107003001	项目名称	栏杆刷涂料		计量单位	m^2	工程量		12.29
清单综合单价组成明细									
定额编号	定额名称	定额单位	数量	单价				合价		
				人工费	材料费	机械费	管理费和利润	人工费	材料费	机械费	管理费和利润
11－401	预制混凝土花格乳胶漆	m^2	1	24.79	6.21	0.99	2.27	24.79	6.24	0.99	2.27
人工单价				小计				24.79	6.24	0.99	2.27
87.09 元/工日				未计价材料费							
清单项目综合单价										34.29

第八节　其他装饰工程量计算

一、定额说明

(1)本章定额包括柜类、货架，压条、装饰线，扶手、栏杆、栏板装饰，暖气罩，浴厕配件，雨篷、旗杆，招牌、灯箱，美术字，石材、瓷砖加工等九节。

(2)柜类、货架。

1)柜、台、架以现场加工，手工制作为主，按常用规格编制。设计与定额不同时，应进行调整换算。

2)柜、台、架项目包括五金配件(设计有特殊要求者除外)，未考虑压板拼花及饰面板上贴其他材料的花饰、造型艺术品。

3)木质柜、台、架项目中板材按胶合板考虑，如设计为生态板(三聚氰胺板)等其他板材时，可以换算材料。

(3)压条、装饰线。

1)压条、装饰线均按成品安装考虑。

2)装饰线条(顶角装饰线除外)按直线形在墙面安装考虑。墙面安装圆弧形装饰线条、天棚面安装直线形、圆弧形装饰线条，按相应项目乘以系数执行：

①墙面安装圆弧形装饰线条，人工乘以系数1.2，材料乘以系数1.1；

②天棚面安装直线形装饰线条，人工乘以系数1.34；

③天棚面安装圆弧形装饰线条，人工乘以系数1.6，材料乘以系数1.1；

④装饰线条直接安装在金属龙骨上，人工乘以系数1.68。

(4)扶手、栏杆、栏板装饰。

1)扶手、栏杆、栏板项目(护窗栏杆除外)适用于楼梯、走廊、回廊及其他装饰性扶手、栏杆、栏板。

2)扶手、栏杆、栏板项目已综合考虑扶手弯头(非整体弯头)的费用。如遇木扶手、大理石扶手为整体弯头，弯头另按本章相应项目执行。

3)当设计栏板、栏杆的主材消耗量与定额不同时，其消耗量可以调整。

(5)暖气罩。

1)挂板式是指暖气罩直接钩挂在暖气片上；平墙式是指暖气片凹嵌入墙中，暖气罩与墙面平齐；明式是指暖气片全凸或半凸出墙面，暖气罩凸出于墙外。

2)暖气罩项目未包括封边线、装饰线，另按本章相应装饰线条项目执行。

(6)浴厕配件

1)大理石洗漱台项目不包括石材磨边、倒角及开面盆洞口，另按本章相应项目执行。

2)浴厕配件项目按成品安装考虑。

(7)雨篷、旗杆。

1)点支式、托架式雨篷的型钢、爪件的规格、数量是按常用做法考虑的,当设计要求与定额不同时材料消耗量可以调整,人工、机械不变。托架式雨篷的斜拉杆费用另计。

2)铝塑板、不锈钢面层雨篷项目按平面雨篷考虑,不包括雨篷侧面。

3)旗杆项目按常用做法考虑,未包括旗杆基础、旗杆台座及其饰面。

(8)招牌、灯箱。

1)招牌、灯箱项目,当设计与定额考虑的材料品种、规格不同时,材料可以换算。

2)一般平面广告牌是指正立面平整无凹凸面,复杂平面广告牌是指正立面有凹凸面造型的,箱(竖)式广告牌是指具有多面体的广告牌。

3)广告牌基层以附墙方式考虑,当设计为独立式的,按相应项目执行,人工乘以系数1.1。

4)招牌、灯箱项目均不包括广告牌喷绘、灯饰、灯光、店徽、其他艺术装饰及配套机械。

(9)美术字。

1)美术字项目均按成品安装考虑。

2)美术字按最大外接矩形面积区分规格,按相应项目执行。

(10)石材、瓷砖加工。石材瓷砖倒角、磨制圆边、开槽、开孔等项目均按现场加工考虑。

二、定额工程量计算规则

(1)柜类、货架。柜类、货架工程量按各项目计量单位计算。其中以"m^2"为计量单位的项目,其工程量均按正立面的高度(包括脚的高度在内)乘以宽度计算。

(2)压条、装饰线。

1)压条、装饰线条按线条中心线长度计算。

2)石膏角花、灯盘按设计图示数量计算。

(3)扶手、栏杆、栏板装饰。

1)扶手、栏杆、栏板、成品栏杆(带扶手)均按其中心线长度计算,不扣除弯头长度。如遇木扶手、大理石扶手为整体弯头时,扶手消耗量需扣除整体弯头的长度,设计不明确者,每只整体弯头按400 mm扣除。

2)单独弯头按设计图示数量计算。

(4)暖气罩。暖气罩(包括脚的高度在内)按边框外围尺寸垂直投影面积计算,成品暖气罩安装按设计图示数量计算。

(5)浴厕配件。

1)大理石洗漱台按设计图示尺寸以展开面积计算,挡板、吊沿板面积并入其中,不扣除孔洞、挖弯、削角所占面积。

2)大理石台面面盆开孔按设计图示数量计算。

3)盥洗室台镜(带框)、盥洗室木镜箱按边框外围面积计算。

4)盥洗室塑料镜箱、毛巾杆、毛巾环、浴帘杆、浴缸拉手、肥皂盒、卫生纸盒、晒衣架、晾衣绳等按设计图示数量计算。

(6)雨篷、旗杆。

1)雨篷按设计图示尺寸水平投影面积计算。

2)不锈钢旗杆按设计图示数量计算。

3)电动升降系统和风动系统按套数计算。

(7)招牌、灯箱。

1)柱面、墙面灯箱基层,按设计图示尺寸以展开面积计算。

2)一般平面广告牌基层,按设计图示尺寸以正立面边框外围面积计算。复杂平面广告牌基层,按设计图示尺寸以展开面积计算。

3)箱(竖)式广告牌基层,按设计图示尺寸以基层外围体积计算。

4)广告牌面层,按设计图示尺寸以展开面积计算。

(8)美术字。美术字按设计图示数量计算。

(9)石材、瓷砖加工。

1)石材、瓷砖倒角按块料设计倒角长度计算。

2)石材磨边按成型圆边长度计算。

3)石材开槽按块料成型开槽长度计算。

4)石材、瓷砖开孔按成型孔洞数量计算。

三、清单工程量计算规则

(1)柜类、货架以个计量,按设计图示数量计量;或者以米计量,按设计图示尺寸以延长米计算;或者以立方米计量,按设计图示尺寸以体积计算。

(2)压条、装饰线按设计图示尺寸以长度计算。

(3)扶手、栏杆、栏板装饰按设计图示以扶手中心线长度(包括弯头长度)计算。

(4)暖气罩按设计图示尺寸以垂直投影面积(不展开)计算。

(5)浴厕配件。

1)洗漱台按设计图示尺寸以台面外接矩形面积计算,不扣除孔洞、挖弯、削角所占面积,挡板、吊沿板面积并入台面面积内;或者按设计图示数量计算。

2)晒衣架、帘子杆、浴缸拉手、卫生间扶手、毛巾杆(架)、毛巾环、卫生纸盒、肥皂盒按设计图示数量计算。

3)镜面玻璃按设计图示尺寸以边框外围面积计算。

4)镜箱按设计图示数量计算。

(6)雨篷、旗杆。

1)雨篷吊挂饰面按设计图示尺寸以水平投影面积计算。

2)金属旗杆按设计图示数量计算。

3)玻璃雨篷按设计图示尺寸以水平投影面积计算。

(7)招牌、灯箱。

1)平面、箱式招牌按设计图示尺寸以正立面边框外围面积计算。复杂形的凸凹造型部分不增加面积。

2)竖式标箱、灯箱、信报箱按设计图示数量计算。

(8)美术字。按设计图示数量计算。

四、工程量计算示例

【例 5-54】 某铝合金货架规格为 1 500 mm×900 mm×500 mm，共有 4 个，试计算其定额工程量。

【解】 货架定额工程量按数量计算，则货架工程量为 4 个。

【例 5-55】 如图 5-59 所示，某办公楼走廊内安装一块带框镜面玻璃，采用铝合金条槽线形镶饰，长为 1 500 mm，宽为 1 000 mm，计算工程量。

【解】 装饰线工程量＝[(1.5－0.02)＋(1.0－0.02)]×2
　　　　　　　　　＝4.92(m)

【例 5-56】 如图 5-60 所示，某学校图书馆一层平面图，楼梯为不锈钢钢管栏杆，试计算其工程量(梯段踏步宽为 300 mm，踏步高为 150 mm)。

【解】 不锈钢栏杆工程量＝$(4.2+4.6)×\frac{\sqrt{0.15^2+0.3^2}}{0.3}+0.48+0.24$
　　　　　　　　　　　＝10.56(m)

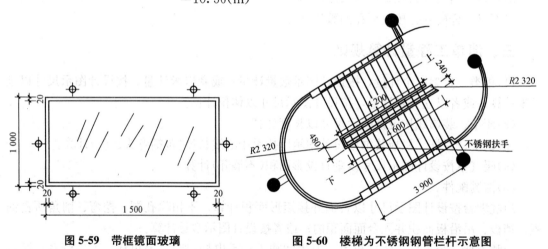

图 5-59　带框镜面玻璃　　　　　图 5-60　楼梯为不锈钢钢管栏杆示意图

【例 5-57】 平墙式暖气罩，尺寸如图 5-61 所示，五合板基层，榉木板面层，机制木花格散热口共 18 个，计算工程量。

【解】 饰面板暖气罩工程量＝(1.5×0.9－1.10×0.20－0.80×0.25)×18
　　　　　　　　　　　　＝16.74(m²)

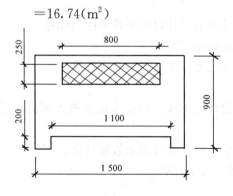

图 5-61　平墙式暖气罩

【例 5-58】 图 5-62 所示为云石洗漱台，试计算其清单工程量。

【解】 (1)以平方米计量，洗漱台工程量按设计图示尺寸以台面外接矩形面积计算。不扣除孔洞、挖弯、削角所占面积，挡板、吊沿板面积并入台面面积内，即

洗漱台工程量＝0.65×0.9＝0.59(m²)

(2)以个计量，按设计图示数量计算，洗漱台工程量＝1个。

【例 5-59】 如图 5-63 所示，某商店的店门前的雨篷吊挂饰面采用金属压型板，高为 400 mm，长为 3 000 mm，宽为 600 mm，计算其工程量。

【解】 雨篷吊挂饰面工程量＝3×0.6＝1.8(m²)

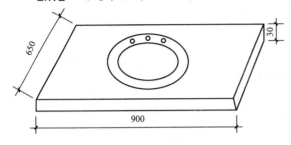

图 5-62 云石洗漱台示意图

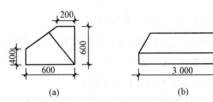

图 5-63 某商店雨篷
(a)侧立面图；(b)平面图

【例 5-60】 某店面檐口上方设招牌，长为 28 m，高为 1.5 m，钢结构龙骨，九夹板基层，塑铝板面层，试计算招牌工程量。

【解】 本例为招牌、灯箱工程中平面、箱式招牌，其计算公式如下：

平面、箱式招牌工程量＝设计图示框外高度×长度计算

招牌工程量＝设计净长度×设计净宽度＝28×1.5＝42(m²)

【例 5-61】 图 5-64 所示为某商店红色金属招牌，根据其计算规则计算金属字工程量。

图 5-64 某商店招牌示意图

【解】 本例为美术字工程中金属字，计算公式如下：

美术字工程量＝设计图示个数

红色金属招牌字工程＝4个

五、综合单价计算示例

【例 5-62】 试根据例 5-55 确定铝合金条的综合单价。

【解】 根据例 5-55，铝合金条工程量为 4.92 m。

(1)单价及费用计算。依据定额及本地区市场价可知，铝合金条人工费为 2.07 元/m，材料费为 6.27 元/m，机械费为 0.11 元/m。参考本地区建设工程费用定额，管理费和利润

的计费基数均为人工费、材料费和施工机具使用费之和，费率分别为5.01%和2.09%，即管理费和利润单价为0.60元/m。

1)本工程人工费：

4.92×2.07=10.18(元)

2)本工程材料费：

4.92×6.27=30.85(元)

3)本工程机械费：

4.92×0.11=0.54(元)

4)本工程管理费和利润合计：

4.92×0.60=2.95(元)

(2)本工程综合单价计算。

(10.18+30.85+0.54+2.95)/4.92=9.05(元/m)

(3)本工程合价计算。

9.05×4.92=44.53(元)

铝合金条项目综合单价分析表见表5-11。

表5-11 综合单价分析表

项目名称： 第 页 共 页

项目编码	011502001001	项目名称		金属装饰线		计量单位		m	工程量		4.92
清单综合单价组成明细											
定额编号	定额名称	定额单位	数量	单价				合价			
				人工费	材料费	机械费	管理费和利润	人工费	材料费	机械费	管理费和利润
15-69	铝合金条(板)	m	1	2.07	6.27	0.11	0.60	2.07	6.27	0.11	0.60
人工单价			小计					2.07	6.27	0.11	0.60
104.00元/工日			未计价材料费								
清单项目综合单价								9.05			

第九节 拆除工程工程量计算

一、定额说明

(1)本章定额适用于房屋工程的维修、加固及二次装修前的拆除工程。

(2)本章定额包括砌体拆除、混凝土及钢筋混凝土构件拆除、木构件拆除、抹灰层铲除、块料面层铲除、龙骨及饰面拆除、屋面拆除、铲除油漆涂料裱糊面、栏杆扶手拆除、门窗拆除、金属构件拆除、管道拆除、卫生洁具拆除、一般灯具拆除、其他构配件拆除以及楼层运出垃圾、建筑垃圾外运十六节。

(3)采用控制爆破拆除或机械整体性拆除者，另行处理。

(4)利用拆除后的旧材料抵减拆除人工费者，由发包方与承包方协商处理。

(5)本章定额除说明者外不分人工或机械操作，均按定额执行。

(6)墙体凿门窗洞口者套用相应墙体拆除项目，洞口面积在 0.5 m^2 以内者，相应项目的人工乘以系数 3.0，洞口面积在 1.0 m^2 以内者，相应项目的人工乘以系数 2.4。

(7)混凝土构件拆除机械按风炮机编制，如采用切割机械无损拆除局部混凝土构件，另按无损切割项目执行。

(8)地面抹灰层与块料面层铲除不包括找平层，如需铲除找平层者，每 10 m^2 增加人工 0.20 工日。

(9)拆除带支架防静电地板按带龙骨木地板项目人工乘以系数 1.30。

(10)整樘门窗、门窗框及钢门窗拆除，按每樘面积 2.5 m^2 以内考虑，面积在 4 m^2 以内者，人工乘以系数 1.30；面积超过 4 m^2 者，人工乘以系数 1.50。

(11)钢筋混凝土构件、木屋架、金属压型板屋面、采光屋面、金属构件拆除按起重机械配合拆除考虑，实际使用机械与定额取定机械型号规格不同者，按定额执行。

(12)楼层运出垃圾其垂直运输机械不分卷扬机、施工电梯或塔式起重机，均按定额执行，如采用人力运输，每 10 m^3 按垂直运输距离每 5 m 增加人工 0.78 工日，并取消楼层运出垃圾项目中相应的机械费。

二、定额工程量计算规则

(1)墙体拆除：各种墙体拆除按实拆墙体体积以"m^3"计算，不扣除 0.30 m^2 以内孔洞和构件所占的体积。隔墙及隔断的拆除按实拆面积以"m^2"计算。

(2)钢筋混凝土构件拆除：混凝土及钢筋混凝土的拆除按实拆体积以"m^3"计算，楼梯拆除按水平投影面积以"m^2"计算，无损切割按切割构件断面以"m^2"计算，钻芯按实钻孔数以"孔"计算。

(3)木构件拆除：各种屋架、半屋架拆除按跨度分类以榀计算，檩、椽拆除不分长短按实拆根数计算，望板、油毡、瓦条拆除按实拆屋面面积以"m^2"计算。

(4)抹灰层铲除：楼地面面层按水平投影面积以"m^2"计算，踢脚线按实际铲除长度以"m"计算，各种墙、柱面面层的拆除或铲除均按实拆面积以"m^2"计算，天棚面层拆除按水平投影面积以"m^2"计算。

(5)块料面层铲除：各种块料面层铲除均按实际铲除面积以"m^2"计算。

(6)龙骨及饰面拆除：各种龙骨及饰面拆除均按实拆投影面积以"m^2"计算。

(7)屋面拆除：屋面拆除按屋面的实拆面积以"m^2"计算。

(8)铲除油漆涂料裱糊面：油漆涂料裱糊面层铲除均按实际铲除面积以"m^2"计算。

(9)栏杆扶手拆除：栏杆扶手拆除均按实拆长度以"m"计算。

(10)门窗拆除：拆整樘门、窗均按樘计算，拆门、窗扇以"扇"计算。

(11)金属构件拆除：各种金属构件拆除均按实拆构件质量以"t"计算。

(12)管道拆除：管道拆除按实拆长度以"m"计算。

(13)卫生洁具拆除：卫生洁具拆除按实拆数量以"套"计算。

(14)灯具拆除：各种灯具、插座拆除均按实拆数量以"套、只"计算。

(15)其他构配件拆除：暖气罩、嵌入式柜体拆除按正立面边框外围尺寸垂直投影面积计算，窗台板拆除按实拆长度计算，筒子板拆除按洞口内侧长度计算，窗帘盒、窗帘轨拆除按实拆长度计算，干挂石材骨架拆除按拆除构件的质量以"t"计算，干挂预埋件拆除以"块"计算，防火隔离带按实拆长度计算。

(16)建筑垃圾外运按虚方体积计算。

三、清单工程量计算规则

(1)砖砌体拆除。以立方米计量，按拆除的体积计算；或者以米计量，按拆除的延长米计算。

(2)混凝土及钢筋混凝土构件拆除以立方米计量，按拆除构件的混凝土体积计算；或者以平方米计量，按拆除部位的面积计算；或者以米计量，按拆除部位的延长米计算。

(3)木构件拆除以立方米计量，按拆除构件的体积计算；或者以平方米计量，按拆除面积计算；或者以米计量，按拆除延长米计算。

(4)抹灰层拆除按拆除部位的面积计算。

(5)块料面层拆除按拆除面积计算。

(6)龙骨及饰面拆除按拆除面积计算。

(7)屋面拆除按铲除部位的面积计算。

(8)铲除油漆涂料裱糊面以平方米计量，按铲除部位的面积计算；或者以米计量，按铲除部位的延长米计算。

(9)栏杆栏板、轻质隔断隔墙拆除。

1)栏杆栏板拆除以平方米计量，按拆除部位的面积计算；或者以米计量，按拆除的延长米计算。

2)隔断隔墙拆除按拆除部位的面积计算。

(10)门窗拆除以平方米计量，按拆除面积计算；以樘计量，按拆除樘数计算。

(11)金属构件拆除。

1)钢梁拆除，钢柱拆除，钢支撑、钢墙架拆除，其他金属构件拆除以吨计量，按拆除构件的质量计算；或者以米计量，按拆除延长米计算。

2)钢网架拆除按拆除构件的质量计算。

(12)管道及卫生洁具拆除。

1)管道拆除按拆除管道的延长米计算。

2)卫生洁具拆除按拆除的数量计算。

(13)灯具、玻璃拆除。

1)灯具拆除按拆除的数量计算。

2)玻璃拆除按拆除的面积计算。

(14)其他构件拆除。

1)暖气罩拆除、柜体拆除以个为单位计量，按拆除个数计算；或者以米为单位计量，按拆除延长米计算。

2)窗台板拆除、筒子板拆除以块计量，按拆除数量计算；以米计量，按拆除的延长米计算。

3)窗帘盒拆除、窗帘轨拆除按拆除的延长米计算。

(15)打孔(打洞)按数量计算。

第十节　措施项目

一、定额说明

(1)本章定额包括脚手架工程，垂直运输，建筑物超高增加费，大型机械设备进出场及安拆，施工排水、降水五节。

(2)建筑物檐高以设计室外地坪全檐口滴水高度(平屋顶是指屋面板底高度，斜屋面系指外墙外边线与斜屋面板底的交点)为准。突出主体建筑屋顶的楼梯间、电梯间、水箱间、屋面天窗等不计入檐口高度之内。

(3)同一建筑物有不同檐高时，按建筑物的不同檐高纵向分割，分别计算建筑面积，并按各自的檐高执行相应项目。建筑物多种结构，按不同结构分别计算。

(4)脚手架工程。

1)一般说明。

①本章脚手架措施项目是指施工需要的脚手架搭、拆、运输及脚手架摊销的工料消耗。

②本章脚手架措施项目材料均按钢管式脚手架编制。

③各项脚手架消耗量中未包括脚手架基础加固。基础加固是指脚手架立杆下端以下或脚手架底座下皮以下的一切做法。

④高度在 3.6 m 以外墙面装饰不能利用原砌筑脚手架时，可计算装饰脚手架。装饰脚手架执行双排脚手架定额乘以系数 0.3。室内凡计算了满堂脚手架，墙面装饰不再计算墙面粉饰脚手架，只按每 100 m^2 墙面垂直投影面积增加改架一般技工 1.28 工日。

2)综合脚手架。

①单层建筑综合脚手架适用于檐高 20 m 以内的单层建筑工程。

②凡单层建筑工程执行单层建筑综合脚手架项目，二层及二层以上的建筑工程执行多层建筑综合脚手架项目，地下室部分执行地下室综合脚手架项目。

③综合脚手架中包括外墙砌筑及外墙粉饰、3.6 m 以内的内墙砌筑及混凝土浇捣用脚手架以及内墙面和天棚粉饰脚手架。

④执行综合脚手架，有下列情况者，可另执行单项脚手架项目：

a. 满堂基础或者高度(垫层上皮至基础顶面)在 1.2 m 以外的混凝土或钢筋混凝土基础，按满堂脚手架基本层定额乘以系数 0.3。高度超过 3.6 m，每增加 1 m 按满堂脚手架增加层定额乘以系数 0.3。

b. 砌筑高度在 3.6 m 以外的砖内墙，按单排脚手架定额乘以系数 0.3；砌筑高度在 3.6 m

以外的砌块内墙,按相应双排外脚手架定额乘以系数0.3。

c. 砌筑高度在1.2 m以外的屋顶烟囱的脚手架,按设计图示烟囱外围周长另加3.6 m乘以烟囱出屋顶高度以面积计算,执行里脚手架项目。

d. 砌筑高度在1.2 m以外的管沟墙及砖基础,按设计图示砌筑长度乘以高度以面积计算,执行里脚手架项目。

e. 墙面粉饰高度在3.6 m以外的执行内墙面粉饰脚手架项目。

f. 按照建筑面积计算规范的有关规定未计入建筑面积,但施工过程中需搭设脚手架的施工部位。

⑤凡不适宜使用综合脚手架的项目,可按相应的单项脚手架项目执行。

3)单项脚手架。

①建筑物外墙脚手架,设计室外地坪至檐口的砌筑高度在15 m以内的按单排脚手架计算;砌筑高度在15 m以外或砌筑高度虽不足15 m,但外墙门窗及装饰面积超过外墙表面积60%时,执行双排脚手架项目。

②外脚手架消耗量中已综合斜道、上料平台、护卫栏杆等。

③建筑物内墙脚手架,设计室内地坪至板底(或山墙高度的1/2处)的砌筑高度在3.6 m以内的,执行里脚手架项目。

④围墙脚手架,室外地坪至围墙顶面的砌筑高度在3.6 m以内的,按里脚手架计算;砌筑高度在3.6 m以外的,执行单排外脚手架项目。

⑤石砌墙体,砌筑高度在1.2 m以外时,执行双排外脚手架项目。

⑥大型设备基础,凡距地坪高度在1.2 m以外的,执行双排外脚手架项目。

⑦挑脚手架适用于外檐挑檐等部位的局部装饰。

⑧悬空脚手架适用于有露明屋架的屋面板勾缝、油漆或喷浆等部位。

⑨整体提升架适用于高层建筑的外墙施工。

⑩独立柱、现浇混凝土单(连续)梁执行双排外脚手架定额项目乘以系数0.3。

4)其他脚手架。电梯井架每一电梯台数为一孔。

(5)垂直运输工程。

1)垂直运输工作内容,包括单位工程在合理工期内完成全部工程项目所需要的垂直运输机械台班,不包括机械的场外往返运输,一次安拆及路基铺垫和轨道铺拆等的费用。

2)檐高3.6 m以内的单层建筑,不计算垂直运输机械台班。

3)本定额层高按3.6 m考虑,超过3.6 m者,应另计层高超高垂直运输增加费,每超过1 m,其超高部分按相应定额增加10%,超高不足1 m按1 m计算。

4)垂直运输是按现行工期定额中规定的Ⅱ类地区标准编制的,Ⅰ、Ⅲ类地区按相应定额分别乘以系数0.95和1.1。

(6)建筑物超高增加费。建筑物超高增加人工、机械定额适用于单层建筑物檐口高度超过20 m,多层建筑物超过6层的项目。

(7)大型机械设备进出场及安拆。

1)大型机械设备进出场及安拆费是指机械整体或分体自停放场地运至施工现场或内一个施工地点运至另一个施工地点,所发生的机械进出场运输和转移费用,以及机械在施工现场进行安装、拆卸所需的人工费、材料费、机械费、试运转费和安装所需的辅助设施的费用。

2)塔式起重机及施工电梯基础。

①塔式起重机轨道铺拆以直线形为准,如铺设弧线形时,定额乘以系数1.15。

②固定式基础适用于混凝土体积在10 m^3 以内的塔式起重机基础,如超出者按实际混凝土工程、模板工程、钢筋工程分别计算工程量,按本定额"第五章混凝土及钢筋混凝土工程"相应项目执行。

③固定式基础如需打桩时,打桩费用另行计算。

3)大型机械设备安拆费。

①机械安拆费是安装、拆卸的一次性费用。

②机械安拆费中包括机械安装完毕后的试运转费用。

③柴油打桩机的安拆费中,已包括轨道的安拆费用。

④自升式塔式起重机安拆费按塔高45 m确定,>45 m且檐高≤200 m,塔高每增高10 m,按相应定额增加费用10%,尾数不足10 m按10 m计算。

4)大型机械设备进出场费。

①进出场费中已包括往返一次的费用,其中回程费按单程运费的25%考虑。

②进出场费中已包括了臂杆、铲斗及附件、道木、道轨的运费。

③机械运输路途中的台班费,不另计取。

5)大型机械设备现场的行驶路线需修整铺垫时,其人工修整可按实际计算。同一施工现场各建筑物之间的运输,定额按100 m以内综合考虑,如转移距离超过100 m,在300 m以内的,按相应场外运输费用乘以系数0.3;在500 m以内的,按相应场外运输费用乘以系数0.6。使用道木铺垫按15次摊销,使用碎石零星铺垫按一次摊销。

(8)施工排水、降水。

1)轻型井点以50根为一套,喷射井点以30根为一套,使用时累计根数轻型井点少于25根,喷射井点少于15根,使用费按相应定额乘以系数0.7。

2)井管间距应根据地质条件和施工降水要求,按施工组织设计确定,施工组织设计未考虑时,可按轻型井点管距1.2 m、喷射井点管距2.5 m确定。

3)直流深井降水成孔直径不同时,只调整相应的黄砂含量,其余不变;PVC-U加筋管直径不同时,调整管材价格的同时,按管子周长的比例调整相应的密目网及铁丝。

4)排水井分集水井和大口井两种。集水井定额项目按基坑内设置考虑,井深在4 m以内,按本定额计算。如井深超过4 m,定额按比例调整。大口井按井管直径分两种规格,抽水结束时回填大口井的人工和材料未包括在消耗量内,实际发生时应另行计算。

二、定额工程量计算规则

(1)脚手架工程。

1)综合脚手架。综合脚手架按设计图示尺寸以建筑面积计算。

2)单项脚手架。

①外脚手架、整体提升架按外墙外边线长度(含墙垛及附墙井道)乘以外墙高度以面积计算。

②计算内、外墙脚手架时,均不扣除门、窗、洞门、空圈等所占面积。同一建筑物高

度不同时，应按不同高度分别计算。

③里脚手架按墙面垂直投影面积计算。

④独立柱按设计图示尺寸，以结构外围周长另加 3.6 m 乘以高度以面积计算。执行双排外脚手架定额项目乘以系数。

⑤现浇钢筋混凝土梁按梁顶面至地面(或楼面)间的高度乘以梁净长以面积计算。执行双排外脚手架定额项目乘以系数。

⑥满堂脚手架按室内净面积计算，其高度为 3.6~5.2 m 时计算基本层，5.2 m 以外，每增加 1.2 m 计算一个增加层，不足 0.6 m 按一个增加层乘以系数 0.5 计算。计算公式如下：满堂脚手架增加层＝(室内净高－5.2)/1.2。

⑦挑脚手架按搭设长度乘以层数以长度计算。

⑧悬空脚手架按搭设水平投影面积计算。

⑨吊篮脚手架按外墙垂直投影面积计算，不扣除门窗洞口所占面积。

⑩内墙面粉饰脚手架按内墙面垂直投影面积计算，不扣除门窗洞口所占面积。

⑪立挂式安全网按架网部分的实挂长度乘以实挂高度以面积计算。

⑫挑出式安全网按挑出的水平投影面积计算。

3)其他脚手架。电梯井架按单孔以"座"计算。

(2)垂直运输工程。

1)建筑物垂直运输机械台班用量，区分不同建筑物结构及檐高按建筑面积计算。地下室面积与地上面积合并计算，独立地下室由各地根据实际自行补充。

2)本章按泵送混凝土考虑，如采用非泵送，垂直运输费按以下方法增加：相应项目乘以调增系数(5%~10%)，再乘以非泵送混凝土数量占全部混凝土数量的百分比。

(3)建筑物超高增加费。

1)各项定额中包括的内容指单层建筑物檐口高度超过 20 m，多层建筑物超过 6 层的全部工程项目，但不包括垂直运输、各类构件的水平运输及各项脚手架。

2)建筑物超高增加费的人工、机械按建筑物超高部分的建筑面积计算。

(4)大型机械设备进出场及安拆。

1)大型机械设备安拆费按台次计算。

2)大型机械设备进出场费按台次计算。

(5)施工排水、降水。

1)轻型井点、喷射井点排水的井管安装、拆除以"根"为单位计算，使用以"套·天"计算；真空深井、自流深井排水的安装拆除以每口井计算，使用以每口"井·天"计算。

2)使用天数以每昼夜(24 h)为一天，并按施工组织设计要求的使用天数计算。

3)集水井按设计图示数量以"座"计算，大口井按累计井深以长度计算。

三、清单工程量计算规则

(1)脚手架工程。

1)综合脚手架按建筑面积计算。

2)外脚手架、里脚手架按所服务对象的垂直投影面积计算。

3)悬空脚手架按搭设的水平投影面积计算。

4)挑脚手架按搭设长度乘以搭设层数以延长米计算。

5)满堂脚手架按搭设的水平投影面积计算。

6)整体提升架、外装饰吊篮按所服务对象的垂直投影面积计算。

(2)混凝土模板及支架(撑)。

1)基础,矩形柱,构造柱,异形柱,基础梁,矩形梁,异形梁,圈梁,过梁,弧形、拱形梁,直形墙,弧形墙,短肢剪力墙、电梯井壁,有梁板,无梁板,平板,拱板,薄壳板,空心板,其他板,栏板按模板与现浇混凝土构件的接触面积计算。

①现浇钢筋混凝土墙、板单孔面积≤0.3 m^2 的孔洞不予扣除,洞侧壁模板也不增加;单孔面积>0.3 m^2 时应予扣除,洞侧壁模板面积并入墙、板工程量内计算。

②现浇框架分别按梁、板、柱有关规定计算;附墙柱、暗梁、暗柱并入墙内工程量内计算。

③柱、梁、墙、板相互连接的重叠部分,均不计算模板面积。

④构造柱按图示外露部分计算模板面积。

2)天沟、檐沟按模板与现浇混凝土构件的接触面积计算。

3)雨篷、悬挑板、阳台板按图示外挑部分尺寸的水平投影面积计算,挑出墙外的悬臂梁及板边不另计算。

4)楼梯按楼梯(包括休息平台、平台梁、斜梁和楼层板的连接梁)的水平投影面积计算,不扣除宽度≤500 mm 的楼梯井所占面积,楼梯踏步、踏步板、平台梁等侧面模板不另计算,伸入墙内部分也不增加。

5)其他现浇构件按模板与现浇混凝土构件的接触面积计算。

6)电缆沟、地沟按模板与电缆沟、地沟接触的面积计算。

7)台阶按图示台阶水平投影面积计算,台阶端头两侧不另计算模板面积。架空式混凝土台阶,按现浇楼梯计算。

8)扶手按模板与扶手的接触面积计算。

9)散水按模板与散水的接触面积计算。

10)后浇带按模板与后浇带的接触面积计算。

11)化粪池、检查井按模板与混凝土接触面积计算。

(3)垂直运输按建筑面积计算;或者按施工工期日历天数计算。

(4)超高施工增加按建筑物超高部分的建筑面积计算。

(5)大型机械设备进出场及安拆按使用机械设备的数量计算。

(6)施工排水、降水。

1)成井按设计图示尺寸以钻孔深度计算。

2)排水、降水按排、降水日历天数计算。

(7)安全文明施工及其他措施项目。

1)安全文明施工。

①环境保护:现场施工机械设备降低噪声、防扰民措施;水泥和其他易飞扬细颗粒建筑材料密闭存放或采取覆盖措施等;工程防扬尘洒水;土石方、建渣外运车辆防护措施等;现场污染源的控制、生活垃圾清理外运、场地排水排污措施;其他环境保护措施。

②文明施工:"五牌一图";现场围挡的墙面美化(包括内外粉刷、刷白、标语等)、压

顶装饰；现场厕所便槽刷白、贴面砖，水泥砂浆地面或地砖，建筑物内临时便溺设施；其他施工现场临时设施的装饰装修、美化措施；现场生活卫生设施；符合卫生要求的饮水设备、淋浴、消毒等设施；生活用洁净燃料；防煤气中毒、防蚊虫叮咬等措施；施工现场操作场地的硬化；现场绿化、治安综合治理；现场配备医药保健器材、物品和急救人员培训；现场工人的防暑降温、电风扇、空调等设备及用电；其他文明施工措施。

③安全施工：安全资料、特殊作业专项方案的编制，安全施工标志的购置及安全宣传；"三宝"（安全帽、安全带、安全网）、"四口"（楼梯口、电梯井口、通道口、预留洞口）、"五临边"（阳台围边、楼板围边、屋面围边、槽坑围边、卸料平台两侧），水平防护架、垂直防护架、外架封闭等防护；施工安全用电，包括配电箱三级配电、两级保护装置要求、外电防护措施；起重机、塔式起重机等起重设备（含井架、门架）及外用电梯的安全防护措施（含警示标志）及卸料平台的临边防护、层间安全门、防护棚等设施；建筑工地起重机械的检验检测；施工机具防护棚及其围栏的安全保护设施；施工安全防护通道；工人的安全防护用品、用具购置；消防设施与消防器材的配置；电气保护、安全照明设施；其他安全防护措施。

④临时设施：施工现场采用彩色、定型钢饭、砖、混凝土砌块等围挡的安砌、维修、拆除；施工现场临时建筑物、构筑物的搭设、维修、拆除，如临时宿舍、办公室、食堂、厨房、厕所、诊疗所、临时文化福利用房、临时仓库、加工场、搅拌台、临时简易水塔、水池等；施工现场临时设施的搭设、维修、拆除，如临时供水管道、临时供电管线、小型临时设施等；施工现场规定范围内临时简易道路铺设，临时排水沟、排水设施安砌、维修、拆除；其他临时设施搭设、维修、拆除。

2)夜间施工。

①夜间固定照明灯具和临时可移动照明灯具的设置、拆除。

②夜间施工时，施工现场交通标志、安全标牌、警示灯等的设置、移动、拆除。

③包括夜间照明设备及照明用电、施工人员夜班补助、夜间施工劳动效率降低等。

3)非夜间施工照明。为保证工程施工正常进行，在地下室等特殊施工部位施工时所采用的照明设备的安拆、维护及照明用电等。

4)二次搬运。由于施工场地条件限制而发生的材料、成品、半成品等一次运输不能到达堆放地点，必须进行的二次或多次搬运。

5)冬雨期施工。

①冬雨（风）期施工时增加的临时设施（防寒保温、防雨、防风设施）的搭设、拆除。

②冬雨（风）期施工时，对砌体、混凝土等采用的特殊加温、保温和养护措施。

③冬雨（风）期施工时，施工现场的防滑处理、对影响施工的雨雪的清除。

④包括冬雨（风）期施工时增加的临时设施、施工人员的劳动保护用品、冬雨（风）期施工劳动效率降低等。

6)地上、地下设施、建筑物的临时保护设施。在工程施工过程中，对已建成的地上、地下设施和建筑物进行的遮盖、封闭、隔离等必要保护措施。

7)已完工程及设备保护。对已完工程及设备采取的覆盖、包裹、封闭、隔离等必要保护措施。

四、工程量计算示例

【例 5-63】 图 5-65 所示单层建筑物高度为 4.2 m，试计算其脚手架工程量。

【解】 该单层建筑物脚手架按综合脚手架考虑，其工程量为

综合脚手架工程量＝(40＋0.25×2)×(25＋50＋0.25×2)＋50×(50＋0.25×2)
　　　　　　　　＝5 582.75(m^2)

【例 5-64】 某工程外墙平面尺寸如图 5-66 所示，已知该工程设计室外地坪标高为 －0.500 m，女儿墙顶面标高为 15.200 m，外封面贴面砖及墙面勾缝时搭设钢管扣件式脚手架，试计算该钢管外脚手架清单工程量。

【解】 外脚手架清单工程量按所服务对象的垂直投影面积计算。

周长＝(60＋20)×2＝160(m)

高度＝15.2＋0.5＝15.7(m)

外脚手架工程量＝160×15.7＝2 512(m^2)

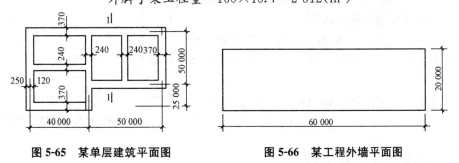

图 5-65　某单层建筑平面图　　　图 5-66　某工程外墙平面图

【例 5-65】 某厂房构造如图 5-67 所示，求其室内采用满堂脚手架的工程量。

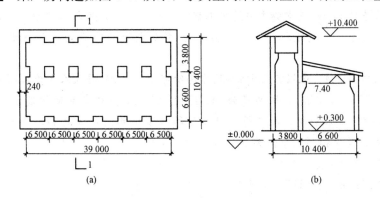

图 5-67　某厂房示意图
(a)平面图；(b)1—1剖面图

【解】 满堂脚手架定额工程量计算规则和清单工程量计算规则不同，下面分别求解。

(1)定额工程量计算。根据定额计算规则，满堂脚手架按室内净面积计算，其高度为 3.6～5.2 m 时计算基本层，5.2 m 以外，每增加 1.2 m 计算一个增加层，不足 0.6 m 按一个增加层乘以系数 0.5 计算。

满堂脚手架低跨增加层＝(室内净高－5.2)/1.2＝(7.4－0.3－5.2)/1.2≈2(层)

满堂脚手架高跨增加层=(室内净高－5.2)/1.2=(10.4－0.3－5.2)/1.2≈4(层)

则：满堂脚手架定额工程量=39×(6.6+3.8)+6.6×39×2+3.8×39×4
=1 513.2(m²)=15.132(100 m²)

(2)清单工程量计算。根据清单计算规则，满堂脚手架工程量按搭设的水平投影面积计算。

满堂脚手架工程量=39×(6.6+3.8)=405.6(m²)

【例 5-66】 某五层建筑物底层为框架结构，二层及二层以上为砖混结构，每层建筑面积 1 200 m²，合理施工工期为 165 天，试计算其垂直运输清单工程量。

【解】 建筑物垂直运输工程量应按建筑物的建筑面积或施工工期的日历天数计算。

(1)以建筑面积计算，垂直运输工程量=1 200×5=6 000(m²)

(2)以日历天数计算，垂直运输工程量=165 天

【例 5-67】 某高层建筑如图 5-68 所示，框架-剪力墙结构，共 11 层，采用自升式塔式起重机及单笼施工电梯，试计算超高施工增加。

【解】 根据超高施工增加工程量计算规则，超高施工增加工程量=多层建筑物超过 6 层部分的建筑面积，即

超高施工增加工程量=36.8×22.8×(11－6)
=4 195.2(m²)

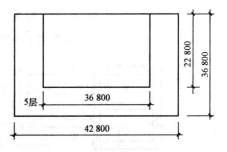

图 5-68 某高层建筑示意图

五、综合单价计算示例

【例 5-68】 试根据例 5-65 确定搭拆脚手架的综合单价。

【解】 根据例 5-65，满堂脚手架清单工程量为 405.6 m²，定额工程量为 15.132(100 m²)。如果是施工企业编制投标报价，应按当地建设主管部门规定办法或相关规定计算工程量。

(1)单价及费用计算。依据定额及本地区市场价可知，满堂脚手架人工费为 673.92 元/100 m²，材料费为 539.55 元/100 m²，机械费为 46.88 元/100 m²。参考本地区建设工程费用定额，管理费和利润的计费基数均为人工费、材料费和施工机具使用费之和，费率分别为 5.01%和 2.09%，即管理费和利润单价为 89.48 元/100 m²。

1)本工程人工费：

15.132×673.92=10 197.76(元)

2)本工程材料费：

15.132×539.55=8 164.47(元)

3)本工程机械费：

15.132×46.88=709.39(元)

4)本工程管理费和利润合计：

15.132×89.48=1 354.01(元)

(2)本工程综合单价计算。

(10 197.76+8 164.47+709.39+1 354.01)/405.6=50.36(元/m²)

(3)本工程合价计算。
50.36×405.6＝20 426.02(元)
满堂脚手架综合单价分析表见表5-12。

表5-12 综合单价分析表

项目名称:　　　　　　　　　　　　　　　　　　　　　　　　　　第 页 共 页

项目编码	011701006001		项目名称	满堂脚手架		计量单位	m²	工程量	12.29
清单综合单价组成明细									
定额编号	定额名称	定额单位	数量	单价				合价	
				人工费	材料费	机械费	管理费和利润	人工费	材料费	机械费	管理费和利润
17—12	满堂脚手架	100 m²	0.037 3	673.92	539.55	16.88	89.48	25.11	20.13	1.75	3.31
人工单价			小计					25.11	20.13	1.75	3.31
83.20元/工日			未计价材料费								
清单项目综合单价								50.36			

本章小结

工程量计算不仅是编制工程量清单的重要内容，而且是进行工程造价编制的重要依据。工程量计算是计算工程造价最核心的部分，应花大力气去理解掌握，以做到熟能生巧。本章依次对工程计算顺序、建筑面积的计算规则进行详细解析，并对楼地面装饰工程，墙、柱面装饰与隔断工程，幕墙工程，天棚工程，门窗工程，油漆、涂料、裱糊工程，其他装饰工程，拆除工程的工程量计算规则、计算方法做了详细的解读，这一部分的内容应熟练掌握。

思考与练习

1. 工程量计算一般原则是什么？
2. 单个分部分项工程的工程量计算顺序有哪几种？
3. 建筑面积在建筑装饰工程预算中的作用是什么？
4. 架空走廊如何计算建筑面积？
5. 清单工程量计算规则中如何计算踢脚线的工程量？
6. 定额工程量计算规则中如何计算抹灰的工程量？
7. 天棚抹灰的定额工程量计算规则和清单工程量计算规则有何不同？
8. 分别列出木门的定额工程量计算规则和清单工程量计算规则。
9. 满堂脚手架的定额工程量计算规则和清单工程量计算各种有何不同？

第六章　建筑装饰工程材料用量计算

知识目标

1. 掌握砂浆配合比材料用量计算的方法。
2. 掌握建筑装饰用块料用量计算的方法。
3. 掌握建筑装饰用壁纸、地毯用量计算的方法。
4. 掌握建筑装饰用油漆、涂料用量计算的方法。
5. 掌握屋面瓦及其他材料用量计算的方法。

能力目标

1. 能进行砂浆配合比材料用量计算。
2. 能进行建筑装饰用块料用量计算。
3. 能进行建筑装饰用壁纸、地毯用量计算。
4. 能进行建筑装饰用油漆、涂料用量计算。
5. 能进行屋面瓦及其他材料用量计算。

第一节　砂浆配合比计算

抹灰工程按照材料和装饰效果可分为一般抹灰和装饰抹灰两大类。一般抹灰所使用的材料为石灰砂浆、水泥砂浆、混合砂浆、聚合物水泥砂浆、膨胀珍珠岩水泥砂浆、麻刀灰、纸筋灰、石膏灰等；装饰抹灰种类很多，其底层多为1∶3水泥砂浆打底，面层可为水磨石、水刷石、干粘石、斩假石、拉毛与拉条抹灰、装饰线条抹灰以及弹涂、滚涂、彩色抹灰等。

一、抹灰砂浆配合比计算

抹灰砂浆配合比体积比计算，其材料用量计算公式为

砂子用量　　　　　　　　　　$q_c = \dfrac{c}{\sum f - cC_p}$

水泥用量 $$q_a = \frac{ar_a}{c}q_c$$

式中 a,c——分别为水泥、砂之比，即 $a:c=$ 水泥：砂；

$\sum f$——配合比之和；

C_p——砂空隙率(%)，$C_p = \left(1-\dfrac{r_0}{r_c}\right) \times 100\%$；

r_0——砂相比密度，按 2 650 kg/m³ 计；

r_c——砂密度，按 1 550 kg/m³ 计；

r_a——水泥密度(kg/m³)，可按 1 200 kg/m³ 计。

则 $$C_p = \left(1-\frac{1\,550}{2\,650}\right) \times 100\% = 42\%$$

当砂用量超过 1 m³ 时，因其空隙容积已大于灰浆数量，均按 1 m³ 计算。

1. 水泥砂浆材料用量计算

【例 6-1】 水泥砂浆配合比为 1∶3(水泥∶砂)，求每立方米的材料用量。

【解】 砂子用量 $q_c = \dfrac{c}{\sum f - cC_p}$

$$= \frac{3}{1+3-3\times 0.42}$$

$$= 1.095(\text{m}^3) > 1\text{ m}^3，取 1 \text{ m}^3$$

水泥用量 $q_a = \dfrac{ar_a}{c}q_c$

$$= \frac{1 \times 1\,200}{3} \times 1$$

$$= 400.00(\text{kg})$$

2. 石灰砂浆材料用量计算

每 1 m³ 生石灰(块占 70%，末占 30%)的质量为 1 050~1 100 kg，生石灰粉为 1 200 kg，石灰膏为 1 350 kg，淋制每 1 m³ 石灰膏所需生石灰 600 kg，场内外运输损耗及淋化后的残渣已考虑在内。各地区生石灰质量不同时可以进行调整。粉化石灰或淋制石灰膏用量见表 6-1。

表 6-1 粉化石灰或淋制石灰膏的石灰用量表

生石灰块末比例	每 1 m³	
	粉化石灰	淋制石灰膏
块：末	生石灰需用量/kg	
10∶0	392.70	
9∶1	399.84	
8∶2	406.98	571.00
7∶3	414.12	600.00
6∶4	421.26	636.00
5∶5	428.40	674.00

续表

生石灰块末比例	每 1 m³	
	粉化石灰	淋制石灰膏
4∶6	460.50	716.00
3∶7	493.17	736.00
2∶8	525.30	820.00
1∶9	557.94	
0∶10	590.38	

3. 素水泥浆材料用量计算

$$水胶比 = \frac{加水量占水泥用量百分数 \times 水泥堆积密度}{1\,000}$$

$$虚体积系数 = \frac{1}{1+水胶比}$$

$$收缩后体积 = \left(\frac{水泥堆积密度}{水泥密度} + 水灰比\right) \times 虚体积系数$$

$$实体积系数 = \frac{1}{(1+水胶比) \times 收缩后体积}$$

$$水泥净用量 = 实体积系数 \times 水泥堆积密度$$

$$水净用量 = 实体积系数 \times 水胶比$$

其中，水泥净用量以 kg 为单位，水净用量以 m³ 为单位。

二、装饰砂浆配合比计算

外墙面装饰砂浆分为水刷石、水磨石、干粘石和剁假石等。

1. 水泥白石子浆材料用量计算

水泥白石子浆材料用量计算，可采用一般抹灰砂浆的计算公式。设：白石子的堆积密度为 1 500 kg/m³，密度为 2 700 kg/m³。所以其孔隙率为

$$孔隙率 = 1 - \frac{白石子堆积密度}{白石子密度} \times 100\% = 44\%$$

当白石子用量超过 1 m³ 时，按 1 m³ 计算。

2. 美术水磨石浆材料用量计算

美术水磨石，采用白水泥或青水泥，加色石子和颜料，磨光打蜡，其种类及用料配合比见表 6-2。

表 6-2 美术水磨石的种类及用料配合比

编号	磨石名称	石子			水泥			颜料		
		种类	规格/mm	占石子总量/%	用量/(kg·m⁻³)	种类	占水泥总量/%	用量/(kg·m⁻³)	种类	占水泥总量/%	用量/(kg·m⁻³)
1	黑墨玉	墨玉	2~3	100	26	青水泥	100	9	炭黑	2	0.18

续表

编号	磨石名称	石子 种类	石子 规格/mm	石子 占石子总量/%	石子 用量/(kg·m⁻³)	水泥 种类	水泥 占水泥总量/%	水泥 用量/(kg·m⁻³)	颜料 种类	颜料 占水泥总量/%	颜料 用量/(kg·m⁻³)
2	沉香玉	沉香玉 汉白玉 墨玉	2～12 2～13 3～4	60 30 10	15.6 7.8 2.6	白水泥	100	9	铬黄	1	0.09
3	晚霞	晚霞 汉白玉 铁岭红	2～12 2～13 3～4	65 25 10	16.9 6.5 2.6	白水泥 青水泥	90 10	8.1 0.9	铬黄 地板黄 朱红	0.1 0.2 0.08	0.009 0.018 0.007 2
4	白底墨玉	墨玉 (圆石)	2～12 2～15	100	26	白水泥	100	9	铬绿	0.08	0.007 2
5	小桃红	桃红 墨玉	2～12 3～4	90 10	23.4 2.6	白水泥	100	10	铬黄 朱红	0.50 0.42	0.045 0.036
6	海玉	海玉 彩霞 海玉	15～30 2～4 2～4	80 10 10	20.8 2.6 2.6	白水泥	100	10	铬黄	0.80	0.072
7	彩霞	彩霞	15～30	80	20.8	白水泥	100	8.1	氧化铁红	0.06	0.005 4
8	铁岭红	铁岭红	2～12 2～16	100	26	白水泥 青水泥	20 80	1.8 7.2	氧化铁红	1.5	0.135

美术水磨石浆材料中色石子和水泥用量计算,也可采用一般抹灰砂浆的计算公式,颜料用量按占水泥总量的百分比计算。

3. 菱苦土面层材料的材料用量计算

菱苦土地面是由菱苦土、锯屑、砂、$MgCl_2$(或卤水)和颜料粉等原料组成,并分底层和面层。

(1)各材料用量计算公式如下:

$$每 1 \text{ m}^3 \text{ 实体积化为虚体积} = \frac{1}{\text{甲材料实体积} + \text{乙材料实体积} + \text{丙材料实体积}}$$

料实体积=材料占配合比例(%)×(1-材料孔隙率)

每 1 m³ 材料用量=每 1 m³ 的虚体积×材料配合比比例(%)

(2)孔隙率的计算:锯末堆积密度为 250 kg/m³,密度为 600 kg/m³,孔隙率为 58%;砂的堆积密度为 1 550 kg/m³,密度为 2 600 kg/m³,孔隙率为 40%;菱苦土若为粉状,则不计孔隙率。

(3)$MgCl_2$ 溶液不计体积,其用量按 0.3 m³ 计算,密度按规范规定,一般为 1 180～1 200 kg/m³,取定 1 200 kg/m³。因此,每 1 m³ 菱苦土浆用 $MgCl_2=0.30×1 200=360$(kg)。

(4)以卤水代替 $MgCl_2$ 时,卤水浓度按 95%计算。每 1 m³ 菱苦土浆用卤水=(1/0.95)×360=379(kg)。

(5)颜料是外加剂材料,不计算体积,规范规定为总体积的3%~5%,一般底层不用颜料,按面层总体积的3%计算。

4. 水泥白石子(石屑)浆参考计算方法及其他参考数据

(1)水泥白石子(石屑)浆参考计算方法。设水泥白石子(石屑)浆配合比(体积比),即水泥:白石子$=a:b$,水泥密度为$A=3\,100\ \mathrm{kg/m^3}$,堆积密度为$A'=1\,200\ \mathrm{kg/m^3}$;白石子密度为$B=2\,700\ \mathrm{kg/m^3}$,堆积密度为$B'=1\,500\ \mathrm{kg/m^3}$,水的体积为$V_水=0.3\ \mathrm{m^3}$。

水泥用量占百分比 $D=\dfrac{a}{a+b}$,

白石子用量占百分比 $D'=\dfrac{b}{a+b}$,则

每 $1\ \mathrm{m^3}$ 水泥白石子混合物的虚体积 $V=\dfrac{1\,000}{D\times\dfrac{A'}{A}+D'\times\dfrac{B'}{B}}$

水泥用量$=(1-V_水)VDA'$

白石子用量$=(1-V_水)VDB'$

有关数据参考表6-3和表6-4。

表6-3 每$1\ \mathrm{m^3}$白石子浆配合比用料表

项目	单位	1:1.25	1:1.5	1:2	1:2.5	1:3
水泥(32.5级)	kg	1 099	915	686	550	458
白石子	kg	1 072	1 189	1 376	1 459	1 459
水	m³	0.30	0.30	0.30	0.30	0.30

表6-4 每$1\ \mathrm{m^3}$石屑浆配合比用料表

项目	单位	水泥石屑浆 1:2	水泥豆石浆 1:1.25
水泥(32.5级)	kg	686	1 099
豆粒砂	m³	—	0.73
石屑	kg	1 376	—

(2)装饰砂浆参考数据(表6-5、表6-6)。

表6-5 外墙装饰砂浆的配合比及抹灰厚度表

项目	分层做法	厚度/mm
水刷石	水泥砂浆1:3底层	15
	水泥白石子浆1:5面层	10
剁假石	水泥砂浆1:3底层	16
	水泥石屑1:2面层	10
水磨石	水泥砂浆1:3底层	16
	水泥白石子浆1:2.5面层	12

续表

项目	分层做法		厚度/mm
干粘石	水泥砂浆1:3底层 水泥砂浆1:2面层 撒粘石面		15 7
石灰拉毛	水泥砂浆1:3底层 纸筋灰浆面层		14 6
水泥拉毛	混合砂浆1:3:9底层 混合砂浆1:1:2面层		14 6
喷涂	混凝土外墙	水泥砂浆1:3底层 混合砂浆1:1:2面层	1 4
喷涂	砖外墙	水泥砂浆1:3底层混合 砂浆1:1面层	15 4
滚涂	混凝土墙	水泥砂浆1:3底层 混合砂浆1:1:2面层	1 4
滚涂	砖墙	水泥砂浆1:3底层混合 砂浆1:1面层	15 4

表6-6 装饰抹灰砂浆损耗率

序号	材料、成品、半成品名称	损耗率/%	说明
	水泥及水泥石灰砂浆抹面		
1	顶棚水泥石灰砂浆	3	
2	墙面、墙裙水泥砂浆	2	
3	墙面、墙裙水泥石灰砂浆	2	
4	梁、柱面水泥石灰砂浆	3	
5	外墙面、墙裙水泥石灰砂浆	2	
6	腰线水泥砂浆(普通)	2.5	
7	腰线水泥砂浆(复杂)	3	
	石灰砂浆抹面		
8	顶棚水泥石灰砂浆(普通)	3	
9	顶棚石灰砂浆(普通)	1.5	
10	大棚纸筋石灰砂浆(普通)	1.5	
11	大棚纸筋石灰砂浆(中级)	1.5	
12	顶棚石灰麻刀砂浆(中、高级)	1.5	
13	顶棚石灰砂浆(中级)	1.5	
14	顶棚纸筋石灰砂浆(中级)	1.5	
15	顶棚水泥石灰砂浆(高级)	1.5	
16	顶棚石灰砂浆(高级)	1.5	
17	顶棚纸筋石灰砂浆(高级)	1.5	

续表

序号	材料、成品、半成品名称	损耗率/%	说明
墙面			
18	纸筋灰砂浆(普通)	1	
19	水泥石灰砂浆(普通)	1	
20	石灰砂浆(中级)	1	
21	石灰麻刀浆(中级)	1	
22	纸筋灰浆(中级)	1	
23	石灰麻刀浆(高级)	1	
24	石灰砂浆(高级)	1	
25	纸筋灰浆(高级)	1	
柱面、梁面			
26	水泥石灰砂浆	1	
27	石灰砂浆	1	
28	纸筋灰浆	1	
装饰抹面(水刷面)			
29	墙面、墙裙水泥砂浆	2	
30	墙面、墙裙水泥石灰砂浆	3.5	
31	柱面、梁面水泥砂浆	3	
32	柱面、梁面水泥白石子浆	4	
33	腰线水泥砂浆	3	
34	腰线水泥白石子浆子磨石	4.5	
35	墙面、墙裙水泥砂浆	2	
36	墙面、墙裙水泥白石子浆柱面及其他	1	
37	水泥砂浆	2	
38	水泥白石子浆剁假石	1	
39	墙面、墙裙水泥砂浆	2	
40	墙面、墙裙水泥石屑浆	5	
41	柱面、梁面水泥砂浆	3	
42	柱面、梁面、水泥石屑浆	4	
43	腰线水泥砂浆	3	
44	腰线水泥石屑浆	4.5	
45	顶棚水泥石灰砂浆	3	
46	顶棚纸筋灰砂浆	1.5	
47	墙面石灰浆	2	
48	墙面水泥石灰浆	2	

续表

序号	材料、成品、半成品名称	损耗率/%	说明
装饰抹面（镶贴砖面）			
50	墙面、墙裙水泥砂浆	2	
51	墙面及其他水泥砂浆	3	
装饰工程材料			
52	水泥	1.5	
53	砂	3	
54	石灰膏	1	
55	麻刀	1	
56	纸筋	2	
57	白石子	8	
58	石膏	5	
59	银粉	2	
60	铅粉	2	
61	大白	8	
62	汽油	10	
63	可赛银	3	
64	生石灰	10	
65	水胶	2	
66	石性颜料	4	
67	清油	2	
68	铅油	2.5	
69	调和漆	2	
70	地板漆	2	
71	万能漆	3	
72	清漆	3	
73	防锈漆	5	
74	煤油	3	
75	漆片	1	
76	酒精	7	
77	松节油	3	
78	松香水	4	
79	硬白蜡	2.5	
80	木炭	8	

注：材料、成品、半成品的损耗率包括从施工工地仓库、现场堆放地点或施工现场内加工地点，经领料后运至施工操作地点的场内运输损耗以及施工操作地点的堆放损耗与施工操作损耗。

第二节 建筑装饰用块料用量计算

一、建筑陶瓷砖用量计算

建筑陶瓷砖种类很多，装饰上主要有釉面砖、外墙贴面砖、铺地砖、陶瓷马赛克等，面砖的规格及花色见表 6-7。

表 6-7 面砖的规格及花色

名称	规格/mm	花色
彩釉砖	150×75×7 200×100×7 200×100×8 200×(100 200)×9	乳白、柠檬黄、大红釉、咖啡色 乳白、米黄、柠檬黄、大红釉 茶色白底阴阳面、茶色阴阳面彩砖、点彩砖 各色
墙面砖	200×64×18 95×61×18 140×95×64×18 95×95×64×18	长条面砖 半长条面砖 不等边面砖 等边面砖
紫金砂釉外墙砖	150×(75 150)×8 200×100×8	紫金砂釉
立体彩釉砖	108×108×8	黄绿色、柠檬黄色、浅米黄色

1. **釉面砖**

釉面砖又称内墙面砖，是上釉的薄片状精陶建筑装饰材料，主要用于建筑物内装饰、铺贴台面等。白色釉面砖，色纯白釉面光亮、清洁大方；彩色釉面砖分为有光彩色釉面砖，釉面光亮晶莹，色彩丰富；无光彩色釉面砖，釉面半无光，不晃眼，色泽一致，色调柔和；还有各种装饰釉面砖，如花釉砖、结晶釉砖、白地图案砖等。釉面砖不适于严寒地区室外用，经多次冻融，易出现剥落掉皮现象，所以在严寒地区宜慎用。

2. **外墙贴面砖**

外墙贴面砖是用作建筑外墙装饰的瓷砖，一般是属陶质的，也有炻质的。其坯体质地密实，釉质也比较耐磨，因此具有耐水、抗冻性，它用于室外不会出现剥落掉皮现象。坯体的颜色较多，如米黄色、紫红色、白色等，主要是所用的原料和配方不同。制品分有釉、无釉两种，颜色丰富，花样繁多，适用于建筑物外墙面装饰。它不仅可以防止建筑物表面被大气侵蚀，而且可使立面美观。

外墙面砖的种类和规格见表 6-8。

表 6-8　外墙面砖的种类和规格

名称	一般规格/(mm×mm×mm)	说明
表面无釉外墙面砖（又称墙面砖）	200×100×12 150×75×12	有白、浅黄、深黄、红、绿等色
表面有釉外墙面砖（又称彩釉砖）	75×75×8 108×108×8	有粉红、蓝、绿、金砂釉、黄白等色
线砖	100×100×150 100×100×10	表面有突起线纹，有釉并有黄绿等色
外墙立体面砖（又称立体彩釉砖）	100×100×10	表面有釉，做成各种立体图案

3. 铺地砖(缸砖)

铺地砖又称缸砖，是不上釉的，用于铺地，易于清洗，耐磨性较好，适用于交通频繁的地面、楼梯、室外地面，也可用于工作台面。颜色一般有白色、红色、浅黄色和深黄色，地砖一般比墙面砖厚(10 mm 以上)，其背纹(或槽)较深(0.5~2 mm)，这样便于施工和提高粘结强度。

4. 陶瓷马赛克

陶瓷马赛克，是可以组成各种装饰图案的小瓷砖。它可用于建筑物内、外墙面、地面。陶瓷马赛克产品一般出厂前都已按各种图案粘贴在牛皮纸上，其基本形状和规格见表 6-9。

表 6-9　陶瓷马赛克的基本形状和规格

基本形状	名称	规格/mm				
		a	b	c	d	厚度
正方	大方	39.0	39.0	—	—	5.0
	中大方	23.6	23.6	—	—	5.0
	中方	18.5	18.5	—	—	5.0
	小方	15.2	15.2	—	—	5.0
长方（长条）		39.0	18.5	—	—	5.0
对角	大对角	39.0	19.2	27.9	—	5.0
	小对角	32.1	15.9	22.8	—	5.0
斜长条（斜条）		36.4	11.9	37.9	22.7	5.0

续表

基本形状	名称	规格/mm				
		a	b	c	d	厚度
	六角	25	—	—	—	5.0
	半八角	15	15	18	40	5.0
	长条对角	7.5	15	18	20	5.0

陶瓷块料的用量计算公式为

$$100 \text{ m}^2 \text{用量} = \frac{100}{(块长+拼缝) \times (块宽+拼缝)} \times (1+损耗率)$$

二、建筑石材板(块)用量计算

建筑石材包括天然石和人造石板材,有天然大理石板、花岗石饰面板、人造大理石板、彩色水磨石板等。

1. 天然大理石板

天然大理石是一种富有装饰性的天然石材,石质细腻,光泽度高,颜色及花纹种类丰富。它是厅、堂、馆、所及其他民用建筑中人们追求的室内装饰材料。其常见规格见表6-10。

表 6-10 天然大理石板规格　　　　　　　　　　　　　　　　mm

长	宽	厚	长	宽	厚
300	150	20	1200	900	20
300	300	20	305	152	20
400	200	20	305	305	20
400	400	20	610	305	20
600	300	20	610	610	20
600	600	20	915	610	20
900	600	20	1 067	762	20
1 070	750	20	1 220	915	20
1 200	600	20			

2. 花岗石饰面板

花岗石板材由花岗岩、辉长岩、闪长岩等加工而成。岩质坚硬密实,按其结晶颗粒大小可分为细粒、中粒和斑状等几种。花岗石饰面板材，一般采用晶粒较粗，结构较均匀，排列比较规则的原材料经细加工磨光而成，要求表面平整光滑，棱角整齐。其颜色有粉红底黑点、花皮、白底黑点、灰白色、纯黑等。根据加工方法，花岗石可分为四种。

(1)剁斧板材：表面粗糙，具有规则的条状斧纹。

(2)机刨板材：表面平整，或具有相互平行的刨纹。

(3)粗磨板材：表面平滑无光。

(4)抛光板材：表面光亮、色泽鲜明。

花岗石质地坚硬、耐酸碱、耐冻，用途广泛，多用于高级民用建筑、永久性纪念建筑的墙面及铺地。其常用规格见表6-11。

表6-11 花岗石板材规格   mm

长	宽	厚	长	宽	厚
300	300	20	305	305	20
400	400	20	305	305	20
600	300	20	610	610	20
600	100	20	610	610	20
900	600	20	915	762	20
1 070	750	20	1 067	915	20

3. 人造石饰面板

(1)有机人造石饰面板。复合人造石饰面板有机人造石饰面板又称聚酯型人造大理石，是以不饱和聚酯树脂为胶结料，以大理石及白云石粉为填充料，加入颜料，配以适量硅砂、陶瓷和玻璃粉等细集料，以及硬化剂、稳定剂等成型助剂制作而成的石质装饰板材。其产品规格及主要性能见表6-12。

表6-12 聚酯型人造大理石装饰板的主要性能及规格

项目	性能指标	常用规格/(mm×mm×mm)
表观密度/(g·cm^{-3})	2.0～2.4	300×300×(5～9)
抗压强度/MPa	70～150	300×400×(8～15)
抗弯强度/MPa	18～35	300×500×(10～15)
		300×600×(10～15)
弹性模量/MPa	$(1.5～3.5)×10^4$	500×1 000×(10～15)
表面光泽度	70～80	1 200×1 500×20

(2)无机人造石饰面板。按胶结料的不同，可分为铝酸盐水泥类和氯氧镁水泥类两种。前者以铝酸盐水泥为胶结料，加入硅粉和方解石粉、颜料以及减水剂、早强剂等制成浆料，以平板玻璃为底模制作成人造大理石饰面板；后者是以轻烧氧化镁和氯化镁为主要胶结料，以玻璃纤维为增强材料，采用轧压工艺制作而成的薄型人造石饰面板。两种板材相比以后者为优，具有质轻高强、不燃、易二次加工等特点，为防火隔热多功能装饰板材。其主要

性能及规格见表6-13。

表6-13 氯氧镁人造石装饰板主要性能及规格

项目	性能指标	主要规格/(mm×mm×mm)
表观密度/(g·cm^{-3})	<1.5	2 000×1 000×3
抗弯强度/MPa	>15	2 000×1 000×4
抗压强度/MPa	>10	2 000×1 000×5
抗冲击强度/(kJ·m^{-2})	>5	
注：花色多样，主要分单色和套印花饰两类，常用花色以仿切片胶合板木纹为主，宜用于室内墙面及吊顶罩面。		

（3）复合人造石饰面板。复合人造石饰面板又称浮印大理石饰面板，是采用浮印工艺以水泥无机人造石板或玻璃陶瓷及石膏制品等为基材复合制成的仿大理石装饰板材。其主要性能及规格见表6-14。

表6-14 浮印大理石饰面板主要性能及规格

项目	性能指标	规格尺寸/(mm×mm)
抗弯强度/MPa	20.5	
抗冲击强度/(kJ·m^{-2})	5.7	
磨损度/(g·cm^{-2})	0.027 3	按基材规格而定最大可达1 200×800
吸水率/%	2.07	
热稳定性	良好	

4. 彩色水磨石板

彩色水磨石板是以水泥和彩色石屑拌和，经成型、养护、研磨、抛光后制成，具有强度高、坚固耐用、美观、施工简便等特点。它可作为各种饰面板，如墙面板、地面板、窗台板、踢脚板、隔断板、台面板和踏步板等。由于水磨石制品实现了机械化、工厂化、系列化生产，产品的产量、质量都有保证，为建筑工程提供了有利条件。它较之天然大理石有更多的选择性、价廉物美，室内外均可采用，是建筑上广泛采用的装饰材料。其品种规格有定型和不定型两种。定型产品规格见表6-15。

表6-15 彩色水磨石板规格   mm

平板			踢脚板		
500	500	25.30	500	120	19.25
400	400	25	400	120	19.25
305	305	19.25	300	120	19.25

石材板（块）料的用量计算公式为

$$100 \text{ m}^2 \text{用量} = \frac{100}{(\text{块长}+\text{拼缝})\times(\text{块宽}+\text{拼缝})} \times (1+\text{损耗率})$$

三、建筑板材用量计算

建筑板材中的新型装饰板种类繁多,如胶合板、纤维板、石膏板、塑料复合钢板、铝合金压型板等。

1. 常用人造板

人造板以木材或其他非木材植物为原料,经一定机械加工分离成各种单元材料后,施加或不施加胶粘剂和其他添加剂胶合而成的板材或模压制品。其中主要包括胶合板、刨花(碎料)板和纤维板三大类产品,其延伸产品和深加工产品达上百种。

(1)胶合板由蒸煮软化的原木,旋切成大张薄片,然后将各张木纤维方向相互垂直放置,用耐水性好的合成树脂胶粘,再经加压、干燥、锯边、表面修整而成的板材。其层数成奇数,一般为3~13层,分别称三合板、五合板等。用来制作胶合板的树种有椴木、桦木、水曲柳、榉木、色木、柳桉木等。

(2)刨花板是利用施加或未施加胶料的木刨花或木纤维料压制成的板材。刨花板密度小、材质均匀,但易吸湿、强度低。

(3)纤维板是将树皮、刨花、树枝等废料经破碎、浸泡、研磨成木浆,再经加压成型、干燥处理而制成的板材。因成型时温度和压力不同,纤维板可以分为硬质、半硬质、软质三种。

2. 石膏板

石膏板是以建筑石膏为主要原料制成的一种材料。它是一种质量轻、强度较高、厚度较薄、加工方便以及隔声绝热和防火等性能较好的建筑材料,是当前着重发展的新型轻质板材之一。我国生产的石膏板主要有:纸面石膏板、装饰石膏板、石膏空心条板、纤维石膏板、植物秸秆纸面石膏板等。

(1)纸面石膏板纸。纸面石膏板是以石膏料浆为夹芯,两面用纸作护面而成的一种轻质板材。纸面石膏板质地轻、强度高、防火、防蛀、易于加工。普通纸面石膏板用于内墙、隔墙和吊顶。经过防火处理的耐水纸面石膏板可用于湿度较大的房间墙面,如卫生间、厨房、浴室等贴瓷砖、金属板、塑料面砖墙的衬板。

(2)装饰石膏板。装饰石膏板是以建筑石膏为主要原料,掺加少量纤维材料等制成的有多种图案、花饰的板材,如石膏印花板、穿孔吊顶板、石膏浮雕吊顶板、纸面石膏饰面装饰板等。它是一种新型的室内装饰材料,适用于中高档装饰,具有轻质、防火、防潮、易加工、安装简单等特点。特别是新型树脂仿型饰面防水石膏板板面覆以树脂,饰面仿型花纹,其色调图案逼真,新颖大方,板材强度高、耐污染、易清洗,可用于装饰墙面,作护墙板及踢脚板等,是代替天然石材和水磨石的理想材料。

(3)石膏空心条板。石膏空心条板是以建筑石膏为主要原料,掺加适量轻质填充料或纤维材料后加工而成的一种空心板材。这种板材不用纸和胶粘剂,安装时不用龙骨,是发展比较快的一种轻质板材,主要用于内墙和隔墙。

(4)纤维石膏板。纤维石膏板是以建筑石膏为主要原料,并掺加适量纤维增强材料制成。这种板材的抗弯强度高于纸面石膏板,可用于内墙和隔墙,也可代替木材制作家具。

除传统的石膏板外,还有新产品不断增加,如石膏吸声板、耐火板、绝热板和石膏复合板等。石膏板的规格也向高厚度、大尺寸方向发展。

(5)植物秸秆纸面石膏板。不同于普通的纸面石膏板,它因采用大量的植物秸秆,使当地的废物得到了充分利用,既解决了环保问题,又增加了农民的经济收入,又使石膏板的质量减轻,降低了运输成本,同时减少了煤、电的消耗30%~45%,完全符合国家相关的产业政策。

此外,石膏制品的用途也在拓宽,除作基衬外,还用作表面装饰材料,甚至用作地面砖、外墙基板和墙体芯材等。

3. 铝合金压型板

铝合金压型板选用纯铝、铝合金为原料,经辊压冷加工成各种波形的金属板材。具有重量轻、强度高、刚度好、经久耐用、耐大气腐蚀等特点。铝合金压型板光照反射性好、不燃、回收价值高,适宜作屋面及墙面,经着色可作室内装饰板。铝艺术装饰板是高级建筑的装潢材料。它是采用阳极表面处理工艺而制成的。它有各种图案,并具有质感,适用于门厅、柱面、墙面、吊顶和家具等。

因板材施工多采用镶嵌、压条及圆钉或螺钉固定,也可胶粘等,故一般不计算拼缝,其计算公式为

$$100 \text{ m}^2 \text{用量} = \frac{100}{\text{块长} \times \text{块宽}} \times (1 + \text{损耗率})$$

四、顶棚材料用量计算

顶棚材料要求较高,除装饰美观外,尚需具备一定的强度,具有防火、质量轻和一定的吸声性能。由于建材的发展,顶棚材料品种日益增多,如珍珠岩装饰吸声板、矿棉板、钙塑泡沫装饰板、塑料装饰板等。

1. 珍珠岩装饰吸声板

珍珠岩装饰吸声板是颗粒状膨胀珍珠岩用胶粘剂粘合而成的多孔吸声材料,具有质量轻、板面可以喷涂各种涂料,也可进行漆化处理(防潮)、表面美观、防火、防潮、不易翘曲、变形等优点。除用作一般室内天棚吊顶饰面吸声材料外,其还可用于影剧场、车间的吸声降噪;用于控制混响时间,对中高频的吸声作用较好。其中复合板结构具有强吸声的效能。

珍珠岩吸声板可按胶粘剂不同区分,有水玻璃珍珠岩吸声板、水泥珍珠岩吸声板和聚合物珍珠岩吸声板;按表面结构形式分,则有不穿孔的凸凹形吸声板、半穿孔吸声板、装饰吸声板和复合吸声板。相应的规格见表6-16。

表6-16 珍珠岩吸声板规格

名称	规格/(mm×mm×mm)	名称	规格/(mm×mm×mm)
膨胀珍珠岩装饰吸声板	500×500×20	膨胀珍珠岩装饰吸声板	300×300×1 218
J2—1型珍珠岩高效吸声板	500×500×35	珍珠岩装饰吸声板	400×400×20
J2—2型珍珠岩高效吸声板	500×500×1 510	膨胀珍珠岩装饰吸声板	500×500×23
珍珠岩穿孔板	500×500×1 015	珍珠岩吸声板	500×250×35
珍珠岩吸声板	500×500×35	珍珠岩穿孔复合板	500×500×40
珍珠岩穿孔复合板	500×500×2 030		

2. 矿棉板

矿棉板以矿渣棉为主要原材料,加入适当胶粘剂、防潮剂、防腐剂,加压烘干而成。

矿棉板的规格为(mm×mm)：500×500、600×600、600×1 000、600×1 200、610×610、625×625、625×1 250等方形或长方形板。常用厚度有13 mm、16 mm、20 mm。其表面有多种处理与图案，色彩品种繁多。目前用得较多的是盲孔矿棉板，这些没穿透的孔不是为了吸声，而是为了装饰，故又称盲孔装饰板。

3. 钙塑泡沫装饰吸声板

钙塑泡沫装饰吸声板以聚乙烯树脂加入无机填料轻质碳酸钙、发泡剂、润滑剂、颜料，以适量的配合比经混炼、模压、发泡成型而成。它分为普通板及加入阻燃剂的难燃泡沫装饰板两种。板表面有凹凸图案和平板穿孔图案两种。穿孔板的吸声性能较好，不穿孔的隔声、隔热性能较好。它具有质轻、吸声、耐水及施工方便等特点，适用于大会堂、剧场、宾馆、医院及商店等建筑的室内平顶或墙面装饰吸声等。其常用规格为500 mm×500 mm、530 mm×530 mm、300 mm×300 mm，厚度为2～8 mm。

4. 塑料装饰吸声板

塑料装饰吸声板以各种树脂为基料，加入稳定剂、色料等辅助材料，经捏合、混炼、拉片、切粒、挤出成型而成。它的种类较多，均以所用树脂取名，如聚氯乙烯塑料板，即以聚氯乙烯为基料的泡沫塑料板。这些材料具有防水、质轻、吸声、耐腐蚀等优点，导热系数低，色彩鲜艳；适用于会堂、剧场、商店等建筑的室内吊顶或墙面装饰。因产品种类繁多，规格及生产单位也比较多，依所选产品规格进行计算。

上述这些板材一般不计算拼缝，其计算公式为

$$100 \text{ m}^2 \text{ 用量} = \frac{100}{\text{块长} \times \text{块宽}} \times (1 + \text{损耗率})$$

第三节　壁纸、地毯用料计算

一、壁纸

壁纸是用于装饰墙壁用的特种纸。壁纸分为很多类，如涂布壁纸、覆膜壁纸、压花壁纸等。通常用漂白化学木浆生产原纸，再经不同工序的加工处理，如涂布、印刷、压纹或表面覆塑，最后经裁切、包装后出厂。因为具有一定的强度、美观的外表和良好的抗水性能，壁纸广泛用于住宅、办公室、宾馆的室内装修等。

壁纸一般按所用材料大体可分为纸面纸基壁纸、纺织物壁纸(布)、天然材料面壁纸和塑料面壁纸四类。有关的规格见表6-17。

表6-17　塑料面壁纸规格

项目	幅度/mm	长度/m	每卷面积/m²	项目	幅度/mm	长度/m	每卷面积/m²
小卷	窄幅530～600	10～20	5～6	大卷	宽幅920～1 200	50	46～90
中卷	中幅600～900	20～50	20～40				

壁纸消耗量因不同花纹图案，不同房间面积，不同阴阳角和施工方法（搭缝法、拼缝法），其损耗随之增减，一般为10%～20%，如斜贴需增加25%，其中包括搭接、预留和阴阳角搭接（阴角3 mm，阳角2 mm）的损耗，不包括运输损耗（在材料预算价格内）。其计算用量如下：

墙面（拼缝）100 m² 用量：100×1.15＝115(m²)；

墙面（搭缝）100 m² 用量：100×1.20＝120(m²)；

天棚斜贴 100 m² 用量：100×1.25＝125(m²)。

二、地毯

地毯是一种纺织物，铺放于地上，作为室内装修设施，有美化家居、保温等功能。尤其家中有幼童或长者，可以避免其摔倒受伤。

1. 按图案花饰分类

地毯按图案花饰分为四种：北京式、美术式、彩花式和素凸式。

2. 按质地分类

即使使用同一制造方法生产出的地毯，也由于使用原料、绒头的形式、绒高、手感、组织及密度等因素，都会具有不同的外观效果。常用地毯品种规格见表6-18。

表6-18　常用地毯品种规格　　　　　　　　　　　　　　　　　　　　　　　mm

品种	规格	毛高	品种	规格	毛高
羊毛地毯	1 000～2 000	8～15	腈纶机织地毯	2 000～4 000	6～10
丙纶毛圈地毯	2 000～4 000	5～8	进口簇绒丙纶地毯	3 660～4 000	7～10
丙纶剪绒地毯	2 000～4 000	5～8	进口机织尼龙地毯	3 660～4 000	6～15
丙纶机织地毯	2 000～4 000	6～10	进口羊毛地毯	3 660～4 000	8～15
腈纶毛圈地毯	2 000～4 000	5～8	进口腈丙纶羊毛混纺地毯	3 660～4 000	6～10
腈纶剪绒地毯	2 000～4 000	5～8			

常见地毯毯面质地的类别有以下几项：

(1)长毛绒地毯是割绒地毯中最常见的一种，绒头长度为5～10 mm，毯面上可浮现一根根断开的绒头，平整而均匀一致。

(2)天鹅绒地毯。其绒头长度为5 mm左右，毯面绒头密集，产生天鹅绒毛般的效果。

(3)萨克森地毯。其绒头长度为15 mm左右，绒纱经加捻热定型加工，绒头产生类似光纤的效应，有丰满的质感。

(4)强捻地毯即弯头纱地毯。其绒头纱的加捻捻度较大，毯面产生硬实的触感和强劲的弹性。绒头方向性不确定，所以毯面产生特殊的情调和个性。

(5)长绒头地毯。其绒头长度在25 mm以上，既粗又长、毯面厚重，显现高雅的效果。

(6)平圈绒地毯。其绒头呈圈状，圈高一致整齐，比割绒的绒头有适度的坚挺和平滑性，行走感舒适。

(7)割/圈绒地毯（含平割/圈绒地毯）。一般地毯的割绒部分的高度超过圈绒的高度，在修剪、平整割绒绒头时并不伤及圈绒的绒头，两种绒头混合可组成毯面的几何图案，有素色提花的效果。平割/圈地毯的割绒技术含量也是比较高的。

大面积铺设所需地毯的用量，其损耗按面积增加 10%；楼梯满铺地毯，先测量每级楼梯深度与高度，将量得的深度与高度相加乘以楼梯的级数，再加上 45 cm 的余量，以便挪动地毯，转移常受磨损的位置。其用量一般是先计算楼梯的正投影面积，然后再乘以系数 1.5。

第四节 油漆、涂料用量计算

涂料是涂于物体表面能形成具有保护、装饰或特殊性能（如绝缘、防腐、标志等）的固态涂膜的一类液体或固体材料的总称，包括油（性）漆、水性漆、粉末涂料。漆是可流动的液体涂料，包括油（性）漆及水性漆。油漆是以有机溶剂为介质或高固体、无溶剂的油性漆。水性漆是可用水溶解或用水分散的涂料。涂料作为家庭装修的主材之一，在装饰装修中占的比例较大，购买涂料的合格与否直接影响到整体装修效果和居室的环境，有时甚至会对人体的健康产生极大的影响。

涂料的分类方法很多，通常有以下几种分类方法：
(1) 按涂料的形态可分为水性涂料、溶剂性涂料、粉末涂料、高固体分涂料等；
(2) 按施工方法可分为刷涂涂料、喷涂涂料、辊涂涂料、浸涂涂料、电泳涂料等；
(3) 按施工工序可分为底漆、中涂漆（二道底漆）、面漆、罩光漆等；
(4) 按功能可分为不粘涂料、铁氟龙涂料、装饰涂料、防腐涂料、导电涂料、防锈涂料、耐高温涂料、示温涂料、隔热涂料、防火涂料、防水涂料等；
(5) 按用途可分为建筑涂料、罐头涂料、汽车涂料、飞机涂料、家电涂料、木器涂料、桥梁涂料、塑料涂料、纸张涂料、船舶涂料、风力发电涂料、核电涂料等；
(6) 家用油漆可分为内墙涂料、外墙涂料、木器漆、金属用漆、地坪漆；
(7) 按漆膜性能分为防腐漆、绝缘漆、导电漆、耐热漆等；
(8) 按成膜物质分为天然树脂类漆、酚醛类漆、醇酸类漆、氨基类漆、硝基类漆、环氧类漆、氯化橡胶类漆、丙烯酸类漆、聚氨酯类漆、有机硅树脂类漆、氟碳树脂类漆、聚硅氧烷类漆、乙烯树脂类漆等。

常用建筑涂料品种及用量可参考表 6-19。

表 6-19 常用建筑涂料品种及用量参考表

产品名称	适用范围	用量/(m² · kg⁻¹)
多彩花纹装饰涂料	用于混凝土、砂浆、木材、岩石板、钢、铝等各种基层材料及室内墙、顶面	3～4
乙丙各色乳胶漆（外用）	用于室外墙面装饰涂料	5.7
乙丙各色乳胶漆（内用）	用于室内装饰涂料	5.7
乙丙乳液厚涂料	用于外墙装饰涂料	2.3～3.3

续表

产品名称	适用范围	用量/(m²·kg⁻¹)
苯丙彩砂涂料	用于内、外墙装饰涂料	2～3.3
浮雕涂料	用于内、外墙装饰涂料	0.6～1.25
封底漆	用于内、外墙基体面	10～13
封固底漆	用于内、外墙增加结合力	10～13
各色乙酸乙烯无光乳胶漆	用于室内水泥墙面、天花	5
ST 内墙涂料	水泥砂浆，石灰砂浆等内墙面，贮存为6个月	3～6
106 内墙涂料	水泥砂浆，新旧石灰墙面，贮存期为2个月	2.5～3.0
JQ-83 耐洗擦内墙涂料	混凝土，水泥砂浆，石棉水泥板，纸面石膏板，贮存期3个月	3～4
KFT-831 建筑内墙涂料	室内装饰，贮存期6个月	3
LT-31 型Ⅱ型内墙涂料	混凝土，水泥砂浆，石灰砂浆等墙面	6～7
各种苯丙建筑涂料	内外墙、顶	1.5～3.0
高耐磨内墙涂料	内墙面，贮存期1年	5～6
各色丙烯酸有光、无光乳胶漆	混凝土，水泥砂浆等基面，贮存期8个月	4～5
各色丙烯酸凹凸乳胶底漆	水泥砂浆，混凝土基层(尤其适用于未干透者)贮存期一年	1.0
8201-4 苯丙内墙乳胶漆	水泥砂浆，石灰砂浆等内墙面，贮存期6个月	5～7
B840 水溶性丙烯醇封底漆	内外墙面，贮存期6个月	6～10
高级喷磁型外墙涂料	混凝土，水泥砂浆，石棉瓦楞板等基层	2～3
SB-2 型复合凹凸墙面涂料	内、外墙面	4～5
LT 苯丙厚浆乳胶涂料	外墙面	6～7
石头漆(材料)	内、外墙面	0.25
石头漆底漆	内、外墙面	3.3
石头漆、面漆	内、外墙面	3.3

一、油漆用量计算

以一般厚漆用量为例，根据遮盖力实验，其遮盖力可按下式计算：

$$X=\frac{G(100-W)}{A}\times 10\,000-37.5$$

式中　X——遮盖力(g/m^2)；

　　　A——黑白格板的涂漆面积(cm^2)；

　　　G——黑白格板完全遮盖时涂漆质量(g)；

　　　W——涂料中含清油质量百分数。

将原漆与清油按3∶1比例调匀混合后，经试验可测得以下各色厚漆遮盖力：

象牙、白色　　　　≤220 g/m²

红色　　　　　　　≤220 g/m²

黄色	≤180 g/m²
蓝色	≤120 g/m²
黑色	≤40 g/m²
灰、绿色	≤80 g/m²
铁红色	≤70 g/m²

其他种涂料的遮盖力详见表6-20。

表6-20 各种涂料遮盖力表

产品及颜色	遮盖力/(g·m⁻²)	产品及颜色	遮盖力/(g·m⁻²)
(1)各色各类调和漆		红、黄色	≤140
黑色	≤40	(5)各色硝基外用磁漆	
铁红色	≤60	黑色	≤20
绿色	≤80	铝色	≤30
蓝色	≤100	深复色	≤40
红、黄色	≤180	浅复色	≤50
白色	≤200	正蓝、白色	≤60
(2)各色酯胶磁漆		黄色	≤70
黑色	≤40	红色	≤80
铁红色	≤60	紫红、深蓝色	≤100
蓝、绿色	≤80	柠檬黄色	≤120
红、黄色	≤160	(6)各色过氯乙烯外用磁漆	
灰色	≤100	黑色	≤20
(3)各色酚醛磁漆		深复色	≤40
黑色	≤40	浅复色	≤50
铁红、草绿色	≤60	正蓝、白色	≤60
绿灰色	≤70	红色	≤80
蓝色	≤80	黄色	≤90
浅灰色	≤100	深蓝、紫红色	≤100
红、黄色	≤160	柠檬黄色	≤120
乳白色	≤140	(7)聚氨酯磁漆	
地板漆(棕、红)	≤50	红色	≤140
(4)各色醇酸磁漆		白色	≤140
黑色	≤40	黄色	≤150
灰、绿色	≤55	黑色	≤40
蓝色	≤80	蓝灰绿色	≤80
白色	≤100	军黄、军绿色	≤110

二、涂料用量计算

涂料用量计算大多依据产品各自性能特点，以每1 kg涂刷面积计算，再加上损耗量，

计算公式为

$$涂料用量 = \frac{涂料涂刷面积(m^2)}{每1\,kg\,涂刷面积(m^2/kg)} \times (1+损耗率)$$

外墙涂料、内墙顶棚涂料、地面涂料和特种涂料的参考用量指标见表 6-21～表 6-24。

表 6-21 外墙涂料参考用量　　　　　　　　　　　　　　　　　　　m²/kg

名称	主要成分	适用范围	参考用量
(1)浮雕型涂料			
各色丙烯酸凸凹乳胶底漆	苯乙烯、丙烯酸酯	水泥砂浆、混凝土等基层，也适用内墙	1
无机高分子凸凹状涂料	硅溶液	外墙	0.5～0.8
PG-838 浮雕漆厚涂料	丙烯酸	水泥砂浆、混凝土、石棉水泥板、砖墙等基层	1
B-841 水溶性丙烯酸浮雕漆	苯乙酸、丙烯酸酯	砖、水泥砂浆、天花板、纤维板、金属等基层	0.6～1.3
高级喷磁型外墙涂料	丙烯酸酯	混凝土、水泥砂浆等基层	底 8 中 6～7 面 7～8
(2)彩砂类涂料			
彩砂涂料	苯乙烯、丙烯酸酯	水泥砂浆、混凝土、石棉水泥板、砖墙等基层	0.3～0.4
彩色砂粒状外墙涂料	苯乙烯、丙烯酸酯	水泥砂浆、混凝土等基层	0.3
丙烯酸砂壁状涂料	丙烯酸酯	水泥砂浆、混凝土、石膏板、胶合硬木板等基层	0.6～0.8
珠光彩砂外墙涂料	苯乙烯、丙烯酸酯	混凝土、水泥砂浆、加气混凝土等基层	0.2～0.3
彩砂外墙涂料	苯乙烯、丙烯酸酯	水泥砂浆、混凝土及各种板材	0.4～0.5
苯丙彩砂涂料	苯乙烯、丙烯酸酯	水泥砂浆、混凝土等基层	0.3～0.5
(3)厚质类涂料			
乙丙乳液厚涂料	醋酸乙烯、丙烯酸酯	水泥砂浆、加气混凝土等基层	2
各色丙烯酸拉毛涂料	苯乙烯、丙烯酸酯	水泥砂浆等基层，也可用于室内顶棚	1
TJW-2 彩色弹涂料材料	硅酸钠	混凝土、水泥砂浆等基层	0.5
104 外墙涂料	聚乙烯醇	水泥砂浆、砖墙等基层	1～2
外墙多彩涂料	硅酸钠	外墙	0.8
(4)薄质类涂料			
BT 丙烯酸外墙涂料	丙烯酸酯	水泥砂浆、混凝土、砖墙等基层	3
LT-2 有光乳胶漆	苯乙烯、丙烯酸酯	混凝土、木质及预涂底漆的钢质表面	6～7

续表

名称	主要成分	适用范围	参考用量
SA-1乙丙外墙涂料	脂酸乙烯、丙烯酸酯	水泥砂浆、混凝土、砖墙等基层	3.5～4.5
外墙平光乳胶涂料	苯乙烯、丙烯酸酯	外墙面	6～7
各色外用乳胶涂料	丙烯酸酯	水泥砂浆、白灰砂浆等基层	4～6

表 6-22　内墙顶棚涂料参考用量　　　　　　　　　　　　　　　　　　m^2/kg

名称	主要成分	适用范围	参考用量
(1)苯丙类涂料			
苯丙有光乳胶漆	苯乙烯、丙烯酸酯	室内外墙体、顶棚、木制门窗	4～5
苯丙无光内用乳胶漆	苯乙烯、丙烯酸酯	水泥砂浆、灰泥、石棉板、木材、纤维板	6
SJ内墙滚花涂料	苯乙烯、丙烯酸酯	内墙面	5～6
彩色内墙涂料	丙烯酸酯	内墙面	3～4
(2)乙丙类涂料			
8101—5内墙乳胶漆	醋酸乙烯、丙烯酸酯	室内涂饰	4～6
乙—丙内墙涂漆	醋酸乙烯、丙烯酸酯	内墙面	6～8
高耐磨内墙涂料	醋酸乙烯、丙烯酸	内墙面	5～6
(3)聚乙烯醇类涂料			
ST-1内墙涂料	聚乙烯醇	内墙面	6
象牌2型内墙涂料	聚乙烯醇	内墙面	3～4
811#内墙涂料	聚乙烯醇	内墙面	3
HC-80内墙涂料	聚乙烯醇、硅溶液	内墙面	2.5～3
(4)硅酸盐类涂料			
砂胶顶棚涂料	有机和无机高分子胶粘剂	天花板	1
C-3毛面顶棚涂料	有机和无机胶粘剂	室内顶棚	1
(5)复合类涂料			
FN-841内墙涂料	复合高分子胶粘剂 碳酸盐矿物盐	内墙面	2.5～4
TJ841内墙装饰涂料	有机高分子	内墙面	3～4
(6)丙烯酸类涂料			
PG-838内墙可擦洗涂料	丙烯酸系乳液、改性水溶性树脂	水泥砂浆、混合砂浆、纸筋、麻刀灰抹面	3
JQ831耐擦洗内墙涂料	丙烯酸乳液	内墙装饰	3～4
各色丙烯酸滚花涂料	丙烯胶乳液	水泥和抹灰墙面	3

续表

名称	主要成分	适用范围	参考用量
(7)氯乙烯类涂料			
氯偏共聚乳液内墙涂料	氯乙烯、偏氯乙烯	内墙面	3.3
氯偏乳胶内墙涂料	氯乙烯、偏氯乙烯	内墙装饰	5
(8)其他类涂料			
建筑水性涂料	水溶性胶粘剂	内墙面	4～5
854 NW 涂料		水泥、灰、砖墙等墙面	3～5
内墙涂花装饰涂料		内墙面	3～4

表6-23 地面涂料参考用量　　　　　　　　　　　　　　　　　　　m^2/kg

名称	主要成分	适用范围	参考用量
F80-31 酚醛地板漆	酚醛树脂	木质地板	2～3
S-700 聚氨酯弹性地面涂料	聚醚	超净车间、精密机房	1.2
多功能聚氨酯弹性彩色地面涂料	聚氨酯	纺织、化工、电子仪表、文化体育建筑地面	0.8
505 地面涂料	聚醋酸乙烯	木质、水泥地面	2
过氯乙烯地面涂料	过氯化烯	新旧水泥地面	5
DJQ-1 地面漆	尼龙树脂	水泥面、有弹性	5
氯—偏地坪涂料	聚氯乙烯、偏氯乙烯	耐碱、耐化学腐蚀、水泥地面	5～7

表6-24 特种涂料参考用量　　　　　　　　　　　　　　　　　　　m^2/kg

名称	主要成分	适用范围	参考用量
(1)防水类涂料			
JS 内墙耐水涂料	聚乙烯醇缩甲醛苯乙烯、丙烯酸酯	浴室厕所、厨房等潮湿部分的内墙	3
NF 防水涂料		地下室及有防水要求的内外墙面	2.5～3
洞库防潮涂料(水乳型)	氯—偏聚合物	内墙防潮	0.2
(2)防霉防腐类涂料			
水性内墙防霉涂料	氯偏乳液	食品厂以及地下室等易霉变的内墙	4
CP 防霉涂料	氯偏聚合物	内墙防霉	0.2
各色丙烯酸过氯乙烯厂房防腐漆	丙烯酸、过氯乙烯	厂房内外墙防腐与涂刷装修	5～8
(3)防火类涂料			
YZ-196 发泡型防火涂料	氮杂环和氧杂环	木结构和木材制品	1(二道)
CT-01-03 微珠防火涂料	无机空心微珠	钢木结构、混凝土结构、木结构建筑、易燃设备	1.5

续表

名称	主要成分	适用范围	参考用量
(4)文物保护类涂料			
古建筑保护涂料	丙烯酸、共聚树脂	石料、金箔、彩面、表面、保护装饰	4～5
丙烯酸文物保护涂料	甲基丙烯酸、108胶	室多孔性文物和遗迹、陶器、砖瓦、壁画和古建筑物的保护	2
(5)其他类涂料			
WS-1型卫生灭蚊涂料	聚乙烯醇丙烯酸复合杀蚊剂	城乡住宅、营房、医院、宾馆、畜舍以及有卫生要求的商店、工厂的内墙	2.5～3

第五节 屋面瓦及其他材料用量计算

一、屋面瓦用量计算

建筑常用的屋面瓦有平瓦和波形瓦、古建筑的琉璃瓦和民间的小青瓦等。各种瓦屋面的瓦及砂浆用量计算见表6-25。

表6-25 各种瓦屋面的瓦及砂浆用量计算

材料	用量计算
瓦	每100 m² 屋面瓦耗用量 = $\dfrac{100}{瓦有效长度 \times 瓦有效宽度} \times (1+损耗率)$
脊瓦	每100 m² 屋面脊瓦耗用量 = $\dfrac{11(9)}{脊瓦长度-搭接长度} \times (1+损耗率)$ (每100 m² 屋面面积屋脊摊入长度:水泥瓦黏土瓦为11 m,石棉瓦为9 m)
抹灰量	每100 m² 屋面瓦出线抹灰量(m³) = 抹灰宽×抹灰厚×每100 m² 屋面摊入抹灰长度×(1+损耗率) (每100 m² 屋面面积摊入长度为4 m)
脊瓦填缝砂浆	脊瓦填缝砂浆用量(m³) = $\dfrac{脊瓦内圆面积 \times 70\%}{2} \times$ 每100 m² 瓦屋面取定的屋脊长×(1−砂浆空隙率)×(1+损耗率) (脊瓦用的砂浆量按脊瓦半圆体积的70%计算;梢头抹灰宽度按120 mm计算,砂浆厚度按30 mm计算;铺瓦条间距300 mm。瓦的选用规格、搭接长度及综合脊瓦、梢头抹灰长度见表6-26)

表 6-26 瓦的选用规格、搭接长度及综合脊瓦、梢头抹灰长度

项目	规格/mm		搭接/mm		有效尺寸/mm		每 100 m² 屋面摊入	
	长	宽	长向	宽向	长	宽	脊长	梢头长
黏土瓦	380	240	80	33	300	207	7 690	5 860
小青瓦	200	145	133	182	67	190	11 000	9 600
小波石棉瓦	1 820	720	150	62.5	1 670	657.5	9 000	
大波石棉瓦	2 800	994	150	165.7	2 650	828.3	9 000	
黏土脊瓦	455	195	55				11 000	
小波石棉脊瓦	780	180	200	1.5 波			11 000	
大波石棉脊瓦	850	460	200	1.5 波			11 000	

平瓦和波形瓦，其搭接宽度，如波形瓦大波和中波瓦不应少于半个波，小波瓦不应少于一个波；上下两排瓦搭接长度，应以屋面坡度而主，但不应小于 100 mm。

二、卷材(油毡)用量计算

卷材(油毡)用量计算公式如下：

$$\text{油毡 100 m}^2 \text{ 用量} = \frac{\text{每卷面积} \times 100}{(\text{卷材宽} - \text{长边搭接}) \times (\text{卷材长} - \text{短边搭接})} \times (1 + \text{损耗率})$$

本章小结

预算定额中的材料消耗，是指在合理节约使用材料的条件下，直接用到工程上构成工程实体的材料消耗量，再加上不可避免的施工操作过程中的损耗量所得的总消耗量。材料消耗量一般采用试验法和计算法来确定，计算法主要是根据施工图和设计要求，用理论公式计算出产品的材料用量。本章主要介绍了砂浆配合比材料用量计算，建筑装饰用块料用量计算，建筑装饰用壁纸、地毯用量计算，建筑装饰用油漆、涂料用量计算，屋面瓦及其他材料用量计算。

思考与练习

1. 石灰砂浆配合比为 1:3(石灰膏比砂)，求每 1 m³ 的材料用量。

2. 釉面瓷砖规格为 152 mm×152 mm，接缝宽为 1.5 mm，损耗率为 1%，求 100 m² 需用量。

3. 天然大理石板规格为 300 mm×300 mm，接缝宽为 5 mm，损耗率为 1%，求 100 m² 需用量。

4. 装饰石膏板规格为 500 mm×500 mm，拼缝宽为 2 mm，其损耗率为 1%，求 100 m² 需用量。

第七章 建设项目投资估算

1. 了解投资估算的定义与作用，熟悉投资估算的工作内容，掌握投资估算阶段划分的方法与精度要求。
2. 掌握投资估算的费用构成与计算方法。
3. 熟悉投资估算文件的组成，掌握建筑装饰投资估算编制的方法。

1. 能进行建设工程投资估算费用的计算。
2. 具备编制建筑装饰投资估算编制的能力。

第一节 投资估算概述

一、投资估算的概念与作用

投资估算是指在建设项目投资决策过程中，依据现有的资料和特定的方法，对建设项目的投资数额进行的估计。其是项目建设前期编制项目建议书和可行性研究报告的重要组成部分，是项目决策的重要依据之一。投资估算的准确与否不仅影响到可行性研究工作的质量和经济评价结果，而且也直接关系到下一阶段设计概算和施工图预算的编制，对建设项目资金筹措方案也有直接的影响。因此，全面准确地估算建设项目的工程造价，是可行性研究乃至整个决策阶段造价管理的重要任务。投资估算在项目开发建设过程中的作用有以下几点：

（1）项目建议书阶段的投资估算，是项目主管部门审批项目建议书的依据之一，并对项目的规划、规模起参考作用。

（2）项目可行性研究阶段的投资估算，是项目投资决策的重要依据，也是研究、分析、计算项目投资经济效果的重要条件。当可行性研究报告被批准之后，其投资估算额就是作为设计任务书中下达的投资限额，即作为建设项目投资的最高限额，不得随意突破。

(3)项目投资估算对工程设计概算起控制作用,设计概算不得突破批准的投资估算额,并应控制在投资估算额以内。

(4)项目投资估算可作为项目资金筹措及制订建设贷款计划的依据,建设单位可根据批准的项目投资估算额,进行资金筹措和向银行申请贷款。

(5)项目投资估算是核算建设项目固定资产投资需要额和编制固定资产投资计划的重要依据。

二、投资估算工作内容

(1)工程造价咨询单位可接受有关单位的委托编制整个项目的投资估算、单项工程投资估算、单位工程投资估算或分部分项工程投资估算,也可接受委托进行投资估算的审核与调整,配合设计单位或决策单位进行方案比选、优化设计、限额设计等方面的投资估算工作,也可进行决策阶段的全过程造价控制等工作。

(2)估算编制一般应依据建设项目的特征、设计文件和相应的工程造价计价依据等资料对建设项目总投资及其构成进行编制,并对主要技术指标进行分析。

(3)对建设项目的设计方案、资金筹措方式、建设时间等发生变化时,应进行投资估算的调整。

(4)对建设项目进行评估时应进行投资估算的审核,政府投资项目的投资估算审核除依据设计文件外,还应依据政府有关部门发布的有关规定、建设项目投资估算指标和工程造价信息等计价依据。

(5)设计方案进行方案比选时,工程造价人员应配合设计人员对不同技术方案进行技术经济分析,主要依据各个单位或分部分项工程的主要技术经济指标确定合理的设计方案。

(6)对于已经确定的设计方案,注册造价人员可依据有关技术经济资料对设计方案提出优化设计的建议与意见,通过优化设计和深化设计使技术方案更加经济合理。

(7)对于采用限额设计的建设项目、单位工程或分部分项工程,工程造价人员应配合设计人员确定合理的建设标准,进行投资分解和投资分析,确定限额的合理可行。

三、投资估算的阶段划分和精度要求

在我国,项目投资估算是指在做初步设计之前各工作阶段中的一项工作。在做工程初步设计之前,根据需要可邀请设计单位参加编制项目规划和项目建议书,并可委托设计单位承担项目的初步可行性研究、可行性研究及设计任务书的编制工作,同时应根据项目已明确的技术经济条件,编制和估算出精确度不同的投资估算额。我国建设项目的投资估算分为以下几个阶段。

1. 项目规划阶段的投资估算

建设项目规划阶段是指有关部门根据国民经济发展规划、地区发展规划和行业发展规划的要求,编制一个建设项目的建设规划。此阶段是按项目规划的要求和内容,粗略地估算建设项目所需要的投资额。其对投资估算精度的要求为允许误差大于±30%。

2. 项目建议书阶段的投资估算

在项目建议书阶段,是按项目建议书中的产品方案、项目建设规模、产品主要生产工艺、企业车间组成、初选建厂地点等,估算建设项目所需要的投资额。其对投资估算精度的要求为误差控制在±20％以内。此阶段项目投资估算的意义是可据此判断一个项目是否需要进行下一阶段的工作。

3. 初步可行性研究阶段的投资估算

初步可行性研究阶段，是在掌握了更详细、更深入的资料条件下，估算建设项目所需的投资额。其对投资估算精度的要求为误差控制在±10％以内。此阶段项目投资估算的意义是据以确定是否进行详细可行性研究。

4. 详细可行性研究阶段的投资估算

详细可行性研究阶段的投资估算至关重要，因为这个阶段的投资估算经审查批准之后，便是工程设计任务书中规定的项目投资限额，并可据此列入项目年度基本建设计划。

第二节 建设工程投资估算的费用构成与计算

一、投资估算的费用构成

(1)建设项目总投资由建设投资、建设期利息、固定资产投资方向调节税和流动资金组成。

(2)建设投资是用于建设项目的工程费用、工程建设其他费用及预备费用之和。

(3)工程费用包括建筑工程费、设备及工器具购置费、安装工程费。

(4)预备费包括基本预备费和价差预备费。

建设项目投资估算编审规程(2015)

(5)建设期贷款利息包括银行借款、其他债务资金利息，以及其他融资费用。

(6)建设项目总投资的各项费用按资产属性分别形成固定资产、无形资产和其他资产(递延资产)。项目可行性研究阶段可按资产类别简化归并后进行经济评价。

二、固定资产其他费用的计算

1. 建设管理费

(1)以建设投资中的工程费用为基数乘以建设管理费费率计算。

$$建设管理费＝工程费用×建设管理费费率$$

(2)由于工程监理是受建设单位委托的工程建设技术服务，属建设管理范畴。如采用监理，建设单位的部分管理工作量转移至监理单位。监理费应根据委托的监理工作和监理深度在监理合同中商定，或按当地或所属行业部门有关规定计算。

(3)如建设管理采用工程总承包方式，其总包管理费由建设单位与总包单位根据总包工作范围在合同中商定，从建设管理费中支出。

(4)改扩建项目的建设管理费费率应比新建项目适当降低。

(5)建设项目按批准的设计文件规定的内容建设，工业项目经负荷试车考核(引进国外设备项目按合同规定试车考核期满)或试运行期能够正常生产合格产品，非工业项目符合设计要求且能够正常使用时,应及时组织验收、移交生产或使用。凡已超过批准的试运行期并符合验收条件,但未及时办理竣工验收手续的建设项目,视同项目已交付生产,其费用不得再从基建投资中支付,所实现的收入作为生产经营收入,不再作为基建收入。

2. 建设用地费

(1)根据征用建设用地面积、临时用地面积,按建设项目所在省(市、自治区)人民政府制定颁发的土地征用补偿费、安置补助费标准和耕地占用税、城镇土地使用税标准计算。

(2)建设用地上的建(构)筑物如需迁建,其迁建补偿费应按迁建补偿协议计列或按新建同类工程造价计算。建设场地平整中的余物拆除清理费在"场地准备及临时设施费"中计算。

(3)建设项目采用"长租短付"方式租用土地使用权,在建设期间支付的租地费用计入建设用地费,在生产经营期间支付的土地使用费应进入营运成本中核算。

3. 可行性研究费

(1)依据前期研究委托合同计列。

(2)编制预可行性研究报告参照编制项目建议书收费标准并可适当调增。

4. 研究试验费

(1)按照研究试验内容和要求进行编制。

(2)研究试验费不包括以下项目:

1)应由科技三项费用(即新产品试制费、中间试验费和重要科学研究补助费)开支的项目。

2)应在建筑安装费用中列支的施工企业对建筑材料、构件和建筑物进行一般鉴定、检查所发生的费用及技术革新的研究试验费。

3)应由勘察设计费或工程费用中开支的项目。

5. 勘察设计费

依据勘察设计委托合同计列。

6. 环境影响评价费

依据环境影响评价委托合同计列。

7. 劳动安全卫生评价费

依据劳动安全卫生预评价委托合同计列,或按照建设项目所在省(市、自治区)劳动行政部门规定的标准计算。

8. 场地准备及临时设施费

(1)场地准备及临时设施应尽量与永久性工程统一考虑。建设场地的大型土石方工程的场地准备及临时设施费应进入工程费用中的总图运输费用中。

(2)新建项目的场地准备和临时设施费应根据实际工程量估算,或按工程费用的比例计算。改建、扩建项目一般只计拆除清理费。

$$场地准备和临时设施费 = 工程费用 \times 费率 + 拆除清理费$$

(3)发生拆除清理费时可按新建同类工程造价或主材费、设备费的比例计算。

凡可回收材料的拆除工程,采用以料抵工方式冲抵拆除清理费。

(4)此项费用不包括已列入建筑安装工程费用中的施工单位临时设施费用。

9. 引进技术和引进设备其他费

(1)引进项目图纸资料翻译复制费。根据引起项目的具体情况计列,或按引进货价

(F.O.B)的比例估列；引进项目发生备品备件测绘费时，按具体情况估列。

(2)出国人员费用。依据合同或协议规定的出国人次、期限以及相应的费用标准计算。生活费按照财政部、外交部规定的现行标准计算，差旅费按中国民航公布的票价计算。

(3)来华人员费用。依据引进合同或协议有关条款及来华技术人员派遣计划进行计算。来华人员接待费用可按每人次费用指标计算。引进合同价款中已包括的费用内容不得重复计算。

(4)银行担保及承诺费。应按担保或承诺协议计取。编制投资估算和概算时可以以担保金额或承诺金额为基数乘以费率计算。

(5)引进设备材料的国外运输费、国外运输保险费、关税、增值税、外贸手续费、银行财务费、国内运杂费、引进设备材料国内检验费等按引进货价(F.O.B或C.I.F)计算后进入相应的设备材料费中。

(6)单独引进软件不计算关税只计算增值税。

10. 工程保险费

(1)不投保的工程不计取此项目费用。

(2)不同的建设项目可根据工程特点选择投保险种，根据投保合同计列保险费用。编制投资估算和概算时可按工程费用的比例估算。

(3)此项费用不包括已列入施工企业管理费中的施工管理用财产、车辆保险费。

11. 联合试运转费

(1)不发生试运转或试运转收入大于(或等于)费用支出的工程，不列此项费用。

(2)当联合试运转收入小于试运转支出时：

$$联合试运转费＝联合试运转费用支出－联合试运转收入$$

(3)联合试运转费不包括应由设备安装工程费用开支的调试及试车费用，以及在试运转中暴露出来的因施工原因或设备缺陷等发生的处理费用。

(4)试运行期按照以下规定确定：引进国外设备项目建设合同中规定的试运行期执行；国内一般性建设项目试运行期原则上按照批准的设计文件所规定的期限执行；个别行业的建设项目试运行期需要超过规定试运行期的，应报项目设计文件审批机关批准。试运行期一经确定，各建设单位应严格按规定执行，不得擅自缩短或延长。

12. 特殊设备安全监督检验费

特殊设备安全监督检验费按照建设项目所在省、市、自治区安全监察部门的规定标准计算。无具体规定的，在编制投资估算和概算时，可按受检设备现场安装费的比例估算。

13. 市政公用设施费

(1)按工程所在地人民政府规定标准计列。

(2)不发生或按规定免征项目不计取。

三、无形资产费用计算方法

无形资产费用主要指专利及专有技术使用费，其计算方法如下：

(1)按专利使用许可协议和专有技术使用合同的规定计列。

(2)专有技术的界定应以省、部级鉴定批准为依据。

(3)项目投资中只计需在建设期支付的专利及专有技术使用费。协议或合同规定在生产期支付的使用费应在生产成本中核算。

(4)一次性支付的商标权、商誉及特许经营权费按协议或合同规定计列。协议或合同规定在生产期支付的商标权或特许经营权费,应在生产成本中核算。

(5)为项目配套的专用设施投资,包括专用铁路线、专用公路、专用通信设施、变送电站、地下管道、专用码头等,如由项目建设单位负责投资但产权不归属本单位的,应做无形资产处理。

四、其他资产费用(递延资产)计算方法

其他资产费用(递延资产)主要指生产准备及开办费。其计算方法如下:
(1)新建项目按设计定员为基数计算,改扩建项目按新增设计定员为基数计算:

$$生产准备费=设计定员×生产准备费指标(元/人)$$

(2)可采用综合的生产准备费指标进行计算,也可以按费用内容的分类指标计算。

第三节 投资估算编制办法

建设项目投资估算要根据主体专业设计的阶段和深度,结合各自行业的特点,所采用生产工艺流程的成熟性,以及编制者所掌握的国家及地区、行业或部门相关投资估算基础资料和数据的合理、可靠、完整程度(包括造价咨询机构自身统计和积累的、可靠的相关造价基础资料),采用生产能力指数法、系数估算法、比例估算法、混合法(生产能力指数法与比例估算法、系数估算法与比例估算法等综合使用)、指标估算法进行建设项目投资估算。

建设项目投资估算无论采用何种办法,应充分考虑拟建项目设计的技术参数和投资估算所采用的估算系数、估算指标,在质和量方面所综合的内容,应遵循口径一致的原则。

建设项目投资估算无论采用何种办法,应将所采用的估算系数和估算指标价格、费用水平调整到项目建设所在地及投资估算编制年的实际水平。对于建设项目的边界条件,如建设用地费和外部交通、水、电、通信条件,或市政基础设施配套条件等差异所产生的与主要生产内容投资无必然关联的费用,应结合建设项目的实际情况修正。

一、投资估算文件的组成

(1)投资估算文件一般由封面、签署页、编制说明、投资估算分析、投资估算汇总表、单项工程投资估算汇总表、主要技术经济指标等内容组成。

(2)投资估算编制说明一般阐述以下内容:

1)工程概况。

2)编制范围。

3)编制方法。

4)编制依据。

5)主要技术经济指标。

6)有关参数、率值选定的说明。

7)特殊问题的说明(包括采用新技术、新材料、新设备、新工艺);必须说明的价格的确定;进口材料、设备、技术费用的构成与计算参数;采用特殊结构的费用估算方法;安全、节能、环保、消防等专项投资占总投资的比重;建设项目总投资中未计算项目或费用的必要说明等。

8)采用限额设计的工程还应对投资限额和投资分解做进一步说明。

9)采用方案比选的工程还应对方案比选的估算和经济指标做进一步说明。

10)资金筹措方式。

(3)投资分析应包括以下内容:

1)工程投资比例分析。一般建筑工程要分析土建、装饰、给水排水、消防、采暖、通风空调、电气等主体工程和道路、广场、围墙、大门、室外管线、绿化等室外附属/总体工程占建设项目总投资的比例;一般工业项目要分析主要生产项目(列出各生产装置)、辅助生产项目、公用工程项目(给水排水、供电和电信、供气、总图运输等)、服务性工程、生活福利设施、场外工程占建设项目总投资的比例。

2)分析设备购置费、建筑工程费、安装工程费、工程建设其他费用、预备费占建设项目总投资的比例;分析引进设备费用占全部设备费用的比例等。

3)分析影响投资的主要因素。

4)与国内类似工程项目的比较,分析说明投资高低的原因。

投资估算分析可单独成篇,也可列入编制说明中叙述。

(4)总投资估算。总投资估算包括汇总单项工程估算、工程建设其他费用、计算预备费和建设期利息等。

建设项目建议书阶段投资估算的表格受设计深度限制,无硬性规定,但要根据项目建设内容和预计发生的费用尽可能地纵向列表展开。但实际设计深度足够时,可参考投资估算汇总表的格式编制。

建设项目可行性研究阶段投资估算的表格,行业内已有明确规定的,按行业规定编制;无明确规定的,可参照投资估算汇总表的格式编制。

(5)单项工程投资估算,应按建设项目划分的各个单项工程分别计算组成工程费用的建筑工程费、设备购置费、安装工程费。

(6)工程建设其他费用估算,应按预期将要发生的工程建设其他费用种类,逐渐详细估算其费用金额。

二、投资估算的编制依据

投资估算的编制依据是指在编制投资估算时所遵循的计量规则、市场价格、费用标准及工程计价有关参数、率值等基础资料。投资估算的编制依据主要有以下几个方面:

(1)国家、行业和地方政府的有关法律、法规或规定;政府有关部门、金融机构等发布的价格指数、利率、汇率、税率等有关参数;

(2)行业部门、项目所在地工程造价管理机构或行业协会等编制的投资估算指标、概算指标(定额)、工程建设其他费用定额(规定)、综合单价、价格指数和有关造价文件等;

(3)类似工程的各种技术经济指标和参数;

(4)工程所在地的同期的工、料、机市场价格,建筑、工艺及附属设备的市场价格和有关费用;

(5)与建设项目相关的工程地质资料、设计文件、图纸或有关设计专业提供的主要工程量和主要设备清单等;

(6)委托单位提供的其他技术经济资料。

三、项目建议书阶段投资估算

项目建议书阶段的投资估算一般要求编制总投资估算,总投资估算表中工程费用的内容应分解到主要单项工程,工程建设其他费用可在总投资估算表中分项计算。

项目建议书阶段建设项目投资估算可采用生产能力指数法、系数估算法、比例估算法、混合法(生产能力指数法与比例估算法、系数估算法与比例估算法等综合使用)、指标估算法等。

1. 生产能力指数法

生产能力指数法是根据已建成的类似建设项目生产能力和投资额,进行粗略估算拟建建设项目相关投资额的方法。其计算公式为

$$C_2 = C_1 (Q/Q_1)^x \cdot f$$

式中 C_2——拟建建设项目的投资额;
  C_1——已建成类似建设项目的投资额;
  Q——拟建建设项目的生产能力;
  Q_1——已建成类似建设项目的生产能力;
  x——生产能力指数($0 \leqslant x \leqslant 1$);
  f——不同的建设时期、不同的建设地点而产生的定额水平、设备购置和建筑安装材料价格、费用变更和调整等综合调整系数。

2. 系数估算法

系数估算法是以已知的拟建建设项目主体工程费或主要生产工艺设备费为基数,以其他辅助费或配套工程费占主体工程费或主要生产工艺设备费的百分比为系数,进行估算拟建建设项目相关投资额的方法。其计算公式为

$$C = E(1 + f_1 P_1 + f_2 P_2 + f_3 P_3 + \cdots) + I$$

式中 C——拟建建设项目的投资额;
  E——拟建建设项目的主体工程费或主要设备购置费;
  P_1、P_2、P_3——已建成类似建设项目的辅助或配套工程费占主体工程费或主要生产工艺设备费的比重;
  f_1、f_2、f_3——不同建设时间、地点而产生的定额、价格、费用标准等差异的调整系数;
  I——根据具体情况计算的拟建建设项目各项其他费用。

3. 比例估算法

比例估算法是根据已知的同类建设项目主要设备购置费占整个建设项目的投资比例,先逐项估算出拟建建设项目主要设备购置费,再按比例进行估算拟建建设项目相关投资额的方法。其计算公式为

$$C = \sum_{i=1}^{n} Q_i P_i / k$$

式中 C——拟建建设项目的投资额;

k——主要生产工艺设备费占拟建建设项目投资额的比例;

n——主要生产工艺设备的种类;

Q_i——第 i 种主要生产工艺设备的数量;

P_i——第 i 种主要生产工艺设备购置费(到厂价格)。

4. 混合法

混合法是根据主体专业设计的阶段和深度,投资估算编制者所掌握的国家及地区、行业或部门相关投资估算基础资料和数据(包括造价咨询机构自身统计和积累的相关造价基础资料),对一个拟建建设项目采用生产能力指数法与比例估算法或系数估算法与比例估算法混合估算其相关投资额的方法。

5. 指标估算法

指标估算法是把拟建建设项目以单项工程或单位工程为单位,按建设内容纵向划分为各个主要生产系统、辅助生产系统、公用工程、服务性工程、生活福利设施以及各项其他工程费用,按费用性质横向划分为建筑工程、设备购置、安装工程等,根据各种具体的投资估算指标,进行各单位工程或单项工程投资的估算,在此基础上汇集编制成拟建建设项目的各个单项工程费用和拟建建设项目的工程费用投资估算,再按相关规定估算工程建设其他费用、预备费、建设期利息等,形成拟建建设项目总投资。

四、可行性研究阶段投资估算

(1)可行性研究阶段建设项目投资估算原则上应采用指标估算法,对于对投资有重大影响的主体工程应估算出分部分项工程量,参考相关综合定额(概算指标)或概算定额编制主要单项工程的投资估算。

(2)项目申请报告、预可行性研究阶段、方案设计阶段,建设项目投资估算视设计深度,可参照可行性研究阶段的编制办法进行。

(3)在一般的设计条件下,可行性研究投资估算深度在内容上应达到规定要求。对于子项单一的大型民用公共建筑,主要单项工程估算应细化到单位工程估算书。可行性研究投资估算深度应满足项目的可行性研究编制、经济评价和投资决策的要求,并最终满足国家和地方相关部门的管理要求。

五、投资估算过程中的方案比选、优化设计和限额设计

(1)工程建设项目由于受资源、市场、建设条件等因素的限制,为了提高工程建设投资效果,拟建项目可能存在建设场址、建设规模、产品方案、所选用工艺流程等不同的多个整体设计方案。而在一个整体设计方案中也可存在厂区总平面布置、建筑结构形式等不同的多个设计方案。当出现多个设计方案时,工程造价咨询机构和造价专业人员应与工程设计者配合,为建设项目投资决策者提供方案比选的意见。

(2)建设项目设计方案比选应遵循以下三个原则:

1)建设项目设计方案比选要协调好技术先进性和经济合理性的关系,即在满足设计功

能和采用合理先进技术的条件下，尽可能降低投入。

2）建设项目设计方案比选除考虑一次性建设投资的比选，还应考虑项目运营过程中的费用比选，即项目寿命期的总费用比选。

3）建设项目设计方案比选要兼顾近期与远期的要求，即建设项目的功能和规模应根据国家和地区远景发展规划，适当留有发展余地。

（3）建设项目设计方案比选的内容：在宏观方面有建设规模、建设场址、产品方案等；对于建设项目本身有平面布置、主体工艺流程选择、主要设备选型等；微观方面有工程设计标准、工业与民用建筑的结构形式、建筑安装材料的选择等。

（4）建设项目设计方案比选的方法：建设项目多方案整体宏观方面的比选，一般采用投资回收期法、计算费用法、净现值法、净年值法、内部收益率法，以及上述几种方法同时使用等。建设项目本身局部多方案的比选，除可用上述宏观方案的比选方法外，一般采用价值工程原理或多指标综合评分法（对参与比选的设计方案设定若干评价指标，并按其各自在方案中的重要程度给定各评价指标的权重和评分标准，计算各设计方案的权重加得分的方法）比选。

（5）优化设计的投资估算编制是针对在方案比选确定的设计方案基础上，通过设计招标、方案竞选、深化设计等措施，以降低成本或提高功能为目的的优化设计或深化过程中，对投资估算进行调整的过程。

（6）限额设计的投资估算编制的前提条件是严格按照基本建设程序进行，前期设计的投资估算应准确和合理，限额设计的投资估算编制应进一步细化建设项目投资估算，按项目实施内容和标准合理分解投资额度和预留调节金。

六、流动资金的估算

流动资金的估算一般可采用分项详细估算法和扩大指标估算法。对铺底流动资金有要求的建设项目，应按国家或行业的有关规定计算铺底流动资金。非生产经营性建设项目不列铺底流动资金。

（1）分项详细估算法。分项详细估算法是根据周转额与周转速度之间的关系，对构成流动资金的各项流动资产和流动负债分别进行估算。可行性研究阶段的流动资金估算应采用分项详细估算法，可按下述步骤及计算公式计算：

$$流动资金＝流动资产－流动负债$$
$$流动资产＝应收账款＋预付账款＋存货＋现金$$
$$流动负债＝应付账款＋预收账款$$
$$应收账款＝年经营成本/应收账款周转次数$$
$$周转次数＝360 天/应收账款周转次数$$
$$预付账款＝外购商品或服务年费用金额/预付账款周转次数$$
$$存货＝外购原材料、燃料＋其他材料＋在产品＋产成品$$
$$外购原材料、燃料＝年外购原材料、燃料费用/分项周转次数$$
$$外购燃料其他材料＝年其他材料费用/其他材料周转次数$$
$$在产品＝（年外购原材料、燃料动力费用＋年工资及福利费＋年修理费＋年其他制造费用）/在产品周转次数$$

产成品＝(年经营成本－年其他营业费用)/产成品周转次数

现金＝(年工资及福利费＋年其他费用)/现金周转次数

年其他费用＝制造费用＋管理费用＋营业费用－(以上三项费用中所含的工资及福利费、折旧费、摊销费、修理费)

应付账款＝外购原材料、燃料动力及其他材料年费用/应付账款周转次数

预收账款＝预收的营业收入年金额/预收账款周转次数

流动资金本年增加额＝本年流动资金－上年流动资金

(2)扩大指标估算法。扩大指标估算法是根据销售收入、经营成本、总成本费用等与流动资金的关系和比例来估算流动资金。流动资金的计算公式为

年流动资金额＝年费用基数×各类流动资金率

本章小结

投资估算的准确与否不仅影响到可行性研究工作的质量和经济评价结果,而且也直接关系到下一阶段设计概算和施工图预算的编制,对建设项目资金筹措方案也有直接的影响。本章主要介绍了投资估算的阶段划分与精度要求;投资估算费用的构成与计算;投资估算文件的编制以及投资估算过程中的方案比选、优化设计和限额设计。

思考与练习

一、是非题

1. 项目建议书阶段的投资估算,是项目投资决策的重要依据,也是研究、分析、计算项目投资经济效果的重要条件。   (   )

2. 初步可行性研究阶段对投资估算精度的要求为误差控制在±10%以内。   (   )

3. 初步可行性研究阶段的投资估算至关重要,因为这个阶段的投资估算经审查批准之后,便是工程设计任务书中规定的项目投资限额,并可据此列入项目年度基本建设计划。(   )

4. 项目投资中只计需在建设期支付的专利及专有技术使用费。协议或合同规定在生产期支付的使用费应在生产成本中核算。   (   )

5. 建设项目投资估算无论采用何种办法,在质和量方面所综合的内容,应遵循口径一致的原则。   (   )

二、多项选择题

1. 投资估算是项目建设前期编制(   )的重要组成部分,是项目决策的重要依据之一。
   A. 项目建议书   B. 可行性研究报告
   C. 项目投资估算   D. 以上都对

2. 我国建设项目的投资估算分为(   )几个阶段。
   A. 项目规划阶段   B. 项目建议书阶段
   C. 初步可行性研究阶段   D. 详细可行性研究阶段

3. 建设项目总投资由(　　)组成。
   A. 建设投资　　　　　　　　　　B. 固定资产投资方向调节税和流动资金
   C. 建设期利息　　　　　　　　　D. 建筑安装工程费
4. 建设项目投资估算可采用(　　)进行建设项目投资估算。
   A. 试验法　　　　　　　　　　　B. 系数估算法
   C. 生产能力指数法　　　　　　　D. 指标估算法

三、简答题

1. 什么是投资估算？投资估算在项目开发建设过程中有何作用？
2. 投资估算的工作内容包括哪些？
3. 投资估算编制说明一般阐述哪些内容？
4. 投资估算编制的依据有哪些？

第八章 建设工程设计概算

知识目标

1. 了解设计概算的定义与作用,熟悉设计概算的编制依据。
2. 掌握设计概算总投资的费用构成与计算方法。
3. 掌握建筑装饰设计概算编制的方法。
4. 熟悉设计概算审查的内容,掌握设计概算审查的方法与步骤。

能力目标

1. 能进行概算总投资费用的计算。
2. 具备建筑装饰设计概算编制与审查的能力。

第一节 设计概算概述

一、设计概算的概念与作用

设计概算是初步设计概算的简称,是指在初步设计或扩大初步设计阶段,由设计单位根据初步设计图纸、定额、指标、其他工程费用定额等,对工程投资进行的概略计算。

建设项目设计概算是设计文件的重要组成部分,是确定和控制建设项目全都投资的文件,是编制固定资产投资计划、实行建设项目投资包干、签订承发包合同的依据,是签订贷款合同、项目实施全过程造价控制管理以及考核项目经济合理性的依据。设计概算的作用具体表现如下:

(1)设计概算是确定建设项目、各单项工程及各单位工程投资的依据。按照规定报请有关部门或单位批准的初步设计及总概算,一经批准即作为建设项目静态总投资的最高限额,不得任意突破,必须突破时,需报原审批部门(单位)批准。

(2)设计概算是编制投资计划的依据。计划部门根据批准的设计概算编制建设项目年固定资产投资计划,并严格控制投资计划的实施。若建设项目实际投资数额超过了总概算,那么必须在原设计单位和建设单位共同提出追加投资的申请报告基础上,经上级计划部门审核批准后,方能追加投资。

(3)设计概算是进行拨款和贷款的依据。建设银行根据批准的设计概算和年度投资计划,进行拨款和贷款,并严格实行监督控制。对超出概算的部分,未经计划部门批准,建设银行不得追加拨款和贷款。

(4)设计概算是实行投资包干的依据。在进行概算包干时,单项工程综合概算及建设项目总概算是投资包干指标商定和确定的基础,尤其经上级主管部门批准的设计概算或修正概算,是主管单位和包干单位签订包干合同,控制包干数额的依据。

(5)设计概算是考核设计方案的经济合理性和控制施工图预算的依据。设计单位根据设计概算进行技术经济分析和多方案评价,以提高设计质量和经济效果;同时保证施工图预算在设计概算的范围内。

(6)设计概算是进行各种施工准备、设备供应指标、加工订货及落实各项技术经济责任制的依据。

(7)设计概算是控制项目投资,考核建设成本,提高项目实施阶段工程管理和经济核算水平的必要手段。

二、设计概算的分类

设计概算分为三级概算,即单位工程概算、单项工程综合概算、建设项目总概算。建设工程总概算的编制内容及相互关系如图 8-1 所示。当建设项目为一个单项工程时,可采用单位工程概算、总概算两级概算编制形式。

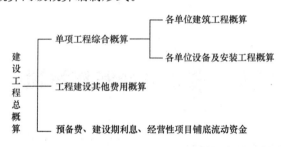

图 8-1 设计概算的编制内容及相互关系

三、设计概算的编制依据

设计概算的编制依据是指编制项目概算所需的一切基础资料,主要有以下几个方面:
(1)批准的可行性研究报告。
(2)工程勘察与设计文件或设计工程量。
(3)项目涉及的概算指标或定额,以及工程所在地编制同期的人工、材料、机械台班市场价格,相应工程造价管理机构发布的概算定额(或指标)。
(4)国家、行业和地方政府有关法律、法规或规定,政府有关部门、金融机构等发布的价格指数、利率、汇率、税率,以及工程建设其他费用等。
(5)资金筹措方式。
(6)正常的施工组织设计或拟定的施工组织设计和施工方案。

(7)项目涉及的设备材料供应方式及价格。
(8)项目的管理(含监理)、施工条件。
(9)项目所在地区有关的气候、水文、地质地貌等自然条件。
(10)项目所在地区有关的经济、人文等社会条件。
(11)项目的技术复杂程度以及新技术、专利使用情况等。
(12)有关文件、合同、协议等。
(13)委托单位提供的其他技术经济资料。
(14)其他相关资料。

第二节 设计概算的编制办法

一、建设项目总概算及单项工程综合概算的编制

(1)概算编制说明应包括以下主要内容：

1)项目概况：简述建设项目的建设地点、设计规模、建设性质(新建、扩建或改建)、工程类别、建设期(年限)、主要工程内容、主要工程量、主要工艺设备及数量等。

2)主要技术经济指标：项目概算总投资(有引进的给出所需外汇额度)及主要分项投资、主要技术经济指标(主要单位工程投资指标)等。

3)资金来源：按资金来源不同渠道分别说明发生资产租赁的租赁方式及租金。

4)编制依据，参见第一节"三、设计概算的编制依据"。

5)其他需要说明的问题。

6)总说明附表。

①建筑、安装工程工程费用计价程序表；

②进口设备材料货价及从属费用计算表；

建设项目设计
概算编审规程(2015)

③具体建设项目概算要求的其他附表及附件。

(2)总概算表。概算总投资由工程费用、工程建设其他费用、预备费及应列入项目概算总投资中的几项费用组成：

第一部分　工程费用；

第二部分　工程建设其他费用；

第三部分　预备费；

第四部分　应列入项目概算总投资中的几项费用：

①建设期利息；

②固定资产投资方向调节税；

③铺底流动资金。

(3)第一部分　工程费用。按单项工程综合概算组成编制，采用二级编制的按单位工程概算组成编制。

1)市政民用建设项目一般排列顺序：主体建(构)筑物、辅助建(构)筑物、配套系统。

2)工业建设项目一般排列顺序：主要工艺生产装置、辅助工艺生产装置、公用工程、总图运输、生产管理服务性工程、生活福利工程、厂外工程。

(4)第二部分　工程建设其他费用。一般按其他费用概算顺序列项，具体见下述"二、工程建设其他费用、预备费、专项费用概算编制"。

(5)第三部分　预备费。包括基本预备费和价差预备费，具体见下述"二、工程建设其他费用、预备费、专项费用概算编制"。

(6)第四部分　应列入项目概算总投资中的几项费用。一般包括建设期利息、铺底流动资金、固定资产投资方向调节税(暂停征收)等，具体见下述"二、工程建设其他费用、预备费、专项费用概算编制"。

(7)综合概算以单项工程所属的单位工程概算为基础，采用"综合概算表"进行编制，分别按各单位工程概算汇总成若干个单项工程综合概算。

(8)对单一的、具有独立性的单项工程建设项目，按二级编制形式编制，直接编制总概算。

二、工程建设其他费用、预备费、专项费用概算编制

(1)一般工程建设其他费用包括前期费用、建设用地费和赔偿费、建设管理费、专项评价及验收费、研究试验费、勘察设计费、场地准备及临时设施费、引进技术和进口设备材料其他费、工程保险费、联合试运转费、特殊设备安全监督检验及标定费、施工队伍调遣费、市政审查验收费及公用配套设施费、专利及专有技术使用费、生产准备及开办费等。

(2)引进技术其他费用中的国外技术人员现场服务费、出国人员旅费和生活费折合成人民币列入，用人民币支付的其他几项费用直接列入工程建设其他费用中。

(3)预备费包括基本预备费和价差预备费，基本预备费以总概算第一部分"工程建设其他费用"之和为基数的百分比计算。价差预备费一般按下式计算：

$$P = \sum_{t=1}^{n} I_t \left[(1+f)^m (1+f)^{0.5} (1+f)^{t-1} - 1 \right]$$

式中　P——价差预备费；

n——建设期年份数；

I_t——建设期第 t 年的投资计划额，包括工程费用、工程建设其他费用及基本预备费，即第 t 年的静态投资计划额；

f——投资价格指数；

i——建设期第 t 年；

m——建设前期年限(从编制概算到开工建设年数)。

(4)应列入项目概算总投资中的几项费用。

1)建设期利息：根据不同资金来源及利率分别计算。

$$Q = \sum_{j=1}^{n} (P_{j-1} + A_j/2)i$$

式中　Q——建设期利息；

P_{j-1}——建设期第$(j-1)$年末贷款累计金额与利息累计金额之和；

A_j——建设期第 j 年贷款金额；

i——贷款年利率；

n——建设期年数。

自由资金额度应符合国家或行业有关规定。

2)铺底流动资金按国家或行业有关规定计算。

3)固定资产投资方向调节税(暂停征收)。

三、单位工程概算的编制

(1)单位工程概算是编制单项工程综合概算(或项目总概算)的依据，单位工程概算项目根据单项工程中所属的每个单体按专业分别编制。

(2)单位工程概算一般分建筑工程、设备及安装工程两大类，建筑工程单位工程概算按下述(3)的要求编制，设备及安装工程单位工程概算按(4)的要求编制。

(3)建筑工程单位工程概算。

1)建筑工程概算费用内容及组成见住房城乡建设部、财政部印发的《建筑安装工程费用项目组成》(建标〔2013〕44号)。

2)建筑工程概算要采用"建筑工程概算表"编制，按构成单位工程的主要分部分项工程编制，根据初步设计工程量按工程所在省(直辖市、自治区)颁发的概算定额(指标)或行业概算定额(指标)，以及工程费用定额计算。

3)以房屋建筑为例，根据初步设计工程量按工程所在省(直辖市、自治区)颁发的概算定额(指标)分土石方工程、基础工程、墙壁工程、梁柱工程、楼地面工程、门窗工程、屋面工程、保温防水工程、室外附属工程、装饰工程等项编制概算，编制深度宜达到《13计价规范》的深度。

4)对于通用结构建筑，可采用"造价指标"编制概算；对于特殊或重要的建(构)筑物，必须按构成单位工程的主要分部分项工程编制，必要时，结合施工组织设计进行详细计算。

(4)设备及安装工程单位工程概算。

1)设备及安装工程概算费用由设备购置费和安装工程费组成。

2)设备购置费。

①定型或成套设备。

$$定型或成套设备费=设备出厂价格+运输费+采购保管费$$

②非标准设备。非标准设备原价有多种不同的计算方法，如综合单价法、成本计算估价法、系列设备插入估价法、分部组合估价法、定额估价法等。一般采用不同种类设备综合单价法计算。其计算公式为

$$设备费=\sum 综合单价(元/吨)\times 设备单重(吨)$$

③进口设备。进口设备费用分外币和人民币两种支付方式，外币部分按美元或其他国际主要流通货币计算。进口设备的国外运输费、国外运输保险费、关税、消费税、进口环节增值税、外贸手续费、银行财务费、国内运杂费等，按照引进货价(FOB或CIF)计算后进入相应的设备购置费中。

④超限设备运输特殊措施费。超限设备运输特殊措施费是指当设备质量、尺寸超过铁路、公路等交通部门所规定的限度，在运输过程中须进行路面处理、桥涵加固、铁路设施

改造或造成正常交通中断进行补偿所发生的费用，应根据超限设备运输方案计算超限设备运输特殊措施费。

3）安装工程费。安装工程费用内容组成，以及工程费用计算方法见住房城乡建设部、财政部引发的《建筑安装工程费用项目组成》（建标〔2013〕44号）；其中，辅助材料费按概算定额（指标）计算，主要材料费以消耗量按工程所在地当年预算价格（或市场价）计算。

4）进口材料费用计算方法与进口设备费用计算方法相同。

5）设备及安装工程概算采用"设备及安装工程概算表"形式，按构成单位工程的主要分部分项工程编制，根据初步设计工程量按工程所在省、市、自治区颁发的概算定额（指标）或行业概算定额（指标），以及工程费用定额计算。

6）概算编制深度可参照《13计价规范》深度执行。

（5）当概算定额或指标不能满足概算编制要求时，应编制"补充单位估价表"。

四、概算的调整

（1）设计概算批准后一般不得调整。由于特殊原因需要调整概算时，由建设单位调查分析变更原因，报主管部门审批同意后，由原设计单位核实编制、调整概算，并按有关审批程序报批。

（2）调整概算的原因：

1）超出原设计范围的重大变更；

2）超出基本预备费规定范围内不可抗拒的重大自然灾害引起的工程变动和费用增加；

3）超出工程造价调整预备费的国家重大政策性的调整。

（3）影响工程概算的主要因素已经清楚，工程量完成了一定量后方可进行调整，一个工程只允许调整一次概算。

（4）调整概算编制深度与要求、文件组成及表格形式同原设计概算，调整概算还应对工程概算调整的原因做详尽分析说明，所调整的内容在调整概算总说明中要逐项与原批准概算对比，并编制调整前后概算对比表，分析主要变更原因。

（5）在上报调整概算时，应同时提供有关文件和调整依据。

五、设计概算文件的编制程序和质量控制

（1）编制设计概算文件的有关单位应当一起制定编制原则、方法，以及确定合理的概算投资水平，对设计概算的编制质量、投资水平负责。

（2）项目设计负责人和概算负责人对全部设计概算的质量负责；概算文件编制人员应参与设计方案的讨论；设计人员要树立以经济效益为中心的观念，严格按照批准的工程内容及投资额度设计，提出满足概算文件编制深度的技术资料；概算文件编制人员对投资的合理性负责。

（3）概算文件需要经编制单位自审，建设单位（项目业主）复审，工程造价主管部门审批。

（4）概算文件的编制与审查人员必须具有国家注册造价工程师资格，或者具有省市（行业）颁发的造价员资格证。

（5）各造价协会（或者行业）、造价主管部门可根据所主管的工程特点制定概算编制质量的管理办法，并对编制人员采取相应的措施进行考核。

第三节 设计概算的审查

一、设计概算审查的意义

(1)有利于落实工程建设计划,合理确定工程造价,提高经济效益。
(2)有利于保证建设材料和物资的供应准确性,加速工程建设的进度。
(3)有利于施工单位端正经营思想,加强经济核算,提高经营管理水平。
(4)有利于搞好财务拨款。工程拨款和结算,必须以概算为依据。如果没有准确的概算,就不能有效地实现对财务拨款的监督,也不能正确地组织工程项目的经济活动。
(5)有利于促进设计概算编制单位严格执行国家有关概算的编制规定和费用标准,从而提高设计概算的编制质量。
(6)有利于合理分配投资资金,加强投资计划管理,有效控制工程造价。

二、设计概算审查的内容

(1)审查设计概算的编制依据。其包括国家综合部门的文件,国务院主管部门和各省、市、自治区根据国家规定或授权制定的各种规定及办法,以及建设项目的设计文件等重点审查。

1)审查编制依据的合法性。采用的各种编制依据必须经过国家或授权机关的批准,符合国家的编制规定,未经批准的不能采用。也不能强调情况特殊,擅自提高概算定额、指标或费用标准。

2)审查编制依据的时效性。各种依据,如定额、指标、价格、取费标准等,都应根据国家有关部门的现行规定进行,注意有无调整和新的规定。有的颁发时间较长,不能全部适用;有的应按有关部门做的调整系数执行。

3)审查编制依据的适用范围。各种编制依据都有规定的适用范围,如各主管部门规定的各种专业定额及其取费标准,只适用于该部门的专业工程;各地区规定的各种定额及其取费标准,只适用于该地区的范围以内。特别是地区的材料预算价格区域性更强,如某市有该市区的材料预算价格,又编制了郊区内一个矿区的材料预算价格,如在该市的矿区进行建设时,其概算采用的材料预算价格,则应用矿区的价格,而不能采用该市的价格。

(2)审查概算编制内容。

1)审查编制说明。审查编制说明可以检查概算的编制方法、深度和编制依据等重大原则问题。

2)审查概算编制内容。一般大中型项目的设计概算,应有完整的编制说明和"三级概算"(即总概算表、单项工程综合概算表、单位工程概算表),并按有关规定的深度进行编制。审查是否有符合规定的"三级概算",各级概算的编制、校对、审核是否按规定签署。

3)审查概算的编制范围。审查概算编制范围是否与主管部门批准的建设项目范围及具体工程内容一致;审查分期建设项目的建筑范围及具体工程范围有无重复交叉,是否重复计算或漏算；审查其他费用所列的项目是否都符合规定，静态投资、动态投资和经营性项目铺底流动资金是否分部列出等。

(3) 审查建设规模、标准。审查概算的投资规模、生产能力、设计标准、建设用地、建筑面积、主要设备、配套工程、设计定员等是否符合原批准可行性研究报告或立项批文的标准。如概算总投资超过原批准投资估算10%以上，应进一步审查超估算的原因。

(4) 审查设备规格、数量和配置。工业建设项目设备投资比重大，一般占总投资的30%~50%，要认真审查。审查所选用的设备规格、台数是否与生产规模一致，材质、自动化程度有无提高标准，引进设备是否配套、合理，备用设备台数是否适当，消防、环保设备是否计算等。还要重点审查价格是否合理、是否符合有关规定，如国产设备应按当时询价资料或有关部门发布的出厂价、信息价，引进设备应依据询价或合同价编制概算。

(5) 审查工程费。建筑安装工程投资是随工程量增加而增加的，要认真审查。要根据初步设计图纸、概算定额及工程量计算规则、专业设备材料表、建构筑物和总图运输一览表进行审查，审查有无多算、重算、漏算。

(6) 审查计价指标。审查建筑工程采用工程所在地区的计价定额、费用定额、价格指数和有关人工、材料、机械台班单价是否符合现行规定；审查安装工程所采用的专业部门或地区定额是否符合工程所在地区的市场价格水平，概算指标调整系数、主材价格、人工、机械台班和辅材调整系数是否按当地最新规定执行；审查引进设备安装费率或计取标准、部分行业专业设备安装费率是否按有关规定计算等。

(7) 审查其他费用。工程建设其他费用投资约占项目总投资25%，必须认真逐项审查。审查费用项目是否按国家统一规定计列，具体费率或计取标准、部分行业专业设备安装费率是否按有关规定计算等。

三、设计概算审查的方法

(1) 对比分析法。对比分析法主要是通过建设规模、标准与立项批文对比；工程数量与设计图纸对比；综合范围、内容与编制方法、规定对比；各项取费与规定标准对比；材料、人工单价与市场价格对比；引进设备、技术投资与报价要求对比；技术经济指标与同类工程对比等。通过以上对比，容易发现设计概算存在的主要问题和偏差。

(2) 查询核实法。查询核实法是对一些关键设备和设施、重要装置、引进工程图纸不全、难以核算的较大投资进行多方查询核对，逐项落实的方法。主要设备的市场价向设备供应部门或招标代理公司查询核实；重要生产装置、设施向同类企业（工程）查询了解；引进设备价格及有关税费向进出口公司调查落实；复杂的建安工程向同类工程的建设、承包、施工单位征求意见；深度不够或不清楚的问题直接向原概算编制人员、设计者询问清楚。

(3) 联合会审法。联合会审前，可先采取多种形式分头审查，包括设计单位自审，主管、建设、承包单位初审，工程造价咨询公司评审，邀请同行专家预审，审批部门复审等，经层层审查把关后，由有关单位和专家进行联合会审。在会审会上，由设计单位介绍概算编制情况及有关问题，各有关单位、专家汇报初审和预审意见。然后进行认真分析、讨论，结合对各专业技术方案的审查意见所产生的投资增减，逐一核实原概算出现的问题。经过充分协商，认真听取设计单位意见后，实事求是地处理、调整。通过以上复审后，对审查中发现的问题和偏差，按照单项、单位工程的顺序，先按设备费、安装费、建筑费和工建设其他费用分类整理；然后按照静态投资部分、动态投资部分和铺底流动资金三大类，汇总核增或核减的项目及其投资额；最后将具体审核数据，按照"原编""审核结果""增减投资""增减幅度"四栏列表，并按照原总概算表汇总顺序，将增减项目逐一列出，相应调整所属项目投资合计数，依次汇总审核后的总投资及增减投资额。对于差错较多、问题较大或不能满足要求的，责成按会审意见修改返工后，重新报批；对于无重大原则问题，深度基本满足要求，投资增减不多的，当场核定概算投资额，并提交审批部门复核后，正式下达审批概算。

四、设计概算审查的步骤

设计概算审查是一项复杂而细致的技术经济工作，审查人员既应懂得有关专业技术知识，又应具有熟练编制概算的能力，一般情况下可按如下步骤进行：

(1)概算审查的准备。概算审查的准备工作包括了解设计概算的内容组成、编制依据和方法；了解建设规模、设计能力和工艺流程；熟悉设计图纸和说明书、掌握概算费用的构成和有关技术经济指标；明确概算各种表格的内涵；收集概算定额、概算指标、取费标准等有关规定的文件资料等。

(2)进行概算审查。根据审查的主要内容，分别对设计概算的编制依据、单位工程设计概算、综合概算、总概算进行逐级审查。

(3)进行技术经济对比分析。利用规定的概算定额或指标以及有关技术经济指标与设计概算进行分析对比，根据设计和概算列明的工程性质、结构类型、建设条件、费用构成、投资比例、占地面积、生产规模、设备数量、造价指标、劳动定员等与国内外同类型工程规模进行对比分析，从大的方面找出和同类型工程的差距，为审查提供线索。

(4)研究、定案、调整概算。对概算审查中出现的问题要在对比分析、找出差距的基础上深入现场进行实际调查研究。了解设计是否经济合理、概算编制依据是否符合现行规定和施工现场实际、有无扩大规模、多估投资或预留缺口等情况，并及时核实概算投资。对于当地没有同类型的项目而不能进行对比分析时，可向国内同类型企业进行调查，收集资料，作为审查的参考。经过会审决定的定案问题应及时调整概算，并经原批准单位下发文件。

本章小结

为了提高建设项目投资效益，合理确定建设项目投资额度，合理确定和有效控制工程造价，规范建设项目设计阶段概算文件编制内容和深度，应认真编制与审查设计概算。本章主要介绍了设计概算编制依据、方法与质量控制；设计概算的审查内容、方法与步骤。

思考与练习

一、是非题

1. 设计概算一经批准即作为建设项目静态总投资的最高限额，不得任意突破，必须突

破时，需报原审批部门(单位)批准。（　　）
2. 工程监理是受建设单位委托的工程建设技术服务，属建设管理范畴。（　　）
3. 编制预可行性研究报告参照编制项目建议书收费标准，但不可调增。（　　）
4. 试运行期一经确定，各建设单位应严格按规定执行，不得擅自缩短或延长。（　　）
5. 进行设计概算审查时，应分别对设计概算的编制依据、单项工程设计概算、综合概算、总概算进行逐级审查。（　　）

二、多项选择题

1. 设计概算分为三级概算，即（　　）。
   A. 单位工程概算　　　　　　　　B. 分部工程概算
   C. 单项工程综合概算　　　　　　D. 建设项目总概算
2. 概算总投资由（　　）及应列入项目概算总投资中的几项费用组成。
   A. 工程费用　　　　　　　　　　B. 工程建设其他费用
   C. 预备费　　　　　　　　　　　D. 设备工、器具购置费
3. 设计概算审查的主要方法有（　　）。
   A. 对比分析法　　　　　　　　　B. 查询核实法
   C. 重点审查法　　　　　　　　　D. 联合会审法
4. 进行技术经济对比分析时，应根据设计和概算列明的（　　）、建设条件、投资比例、占地面积、生产规模、设备数量、劳动定员等与国内外同类型工程规模进行对比分析，从大的方面找出和同类型工程的差距，为审查提供线索。
   A. 工程性质　　　　　　　　　　B. 费用构成
   C. 结构类型　　　　　　　　　　D. 造价指标

三、简答题

1. 什么是工程设计概算？
2. 建筑装饰工程设计概算的作用有哪些？
3. 设计概算编制的依据有哪些？
4. 设计概算编制说明包括哪些内容？
5. 设计概算的审查内容有哪些？
6. 试述设计概算审查的步骤。

第九章　建筑装饰工程施工图预算

知识目标

1. 了解施工图预算的定义与作用，熟悉施工图预算的文件组成。
2. 熟悉施工图预算编制的依据，掌握施工图预算编制的步骤与方法。
3. 了解施工图预算审查的意义，熟悉施工图预算审查的内容，掌握建筑装饰施工图预算审查的方法。

能力目标

具备建筑装饰工程施工图预算编制与审查的能力。

第一节　建筑装饰工程施工图预算概述

一、建筑装饰工程施工图预算的概念

建筑装饰工程施工图预算是建筑安装工程施工图预算的组成部分，是工程建设施工阶段核定工程施工造价的重要文件。

建筑装饰工程施工图预算是在建筑装饰工程设计的施工图完成以后，以施工图为依据，根据建筑装饰工程预算定额、费用标准，以及工程所在地区的人工、材料、施工机械台班的预算价格所编制的一种确定单位建筑装饰工程预算造价的经济文件。

二、建筑装饰工程施工图预算的作用

建筑装饰工程施工图预算是确定建筑装饰工程造价、进行工程款调拨和实行财务监督管理的基础。其主要作用有以下几点：

(1)建筑装饰工程施工图预算是施工图设计阶段合理确定和有效控制工程造价的重要依据。

(2)建筑装饰工程施工图预算是签订建设工程施工合同的重要依据。

(3)建筑装饰工程施工图预算是办理工程财务拨款、工程贷款和工程结算的依据。

(4)建筑装饰工程施工图预算是施工单位进行人工和材料准备、编制施工进度计划、控制工程成本的依据。

(5)建筑装饰工程施工图预算是落实或调整年度进度计划和投资计划的依据。

(6)建筑装饰工程施工图预算是施工企业降低工程成本、实行经济核算的依据。

第二节 施工图预算文件组成及签署

一、施工图预算编制形式及文件组成

施工图预算根据建设项目实际情况可采用三级预算编制或二级预算编制形式。当建设项目有多个单项工程时，应采用三级预算编制形式。三级预算编制形式由建设项目施工图总预算、单项工程综合预算、单位工程施工图预算组成。当建设项目只有一个单项工程时，应采用二级预算编制形式。二级预算编制形式由建设项目施工图总预算和单位工程施工图预算组成。

1. 三级预算编制形式的工程预算文件组成

(1)封面、签署页及目录；

(2)编制说明包括工程概况、主要技术经济指标、编制依据、工程费用计算表(建筑、设备、安装工程费用计算方法和其他费用计取的说明)、其他有关说明的问题；

(3)总预算表；

(4)综合预算表；

(5)单位工程预算表；

(6)附件。

2. 二级预算编制形式的工程预算文件组成

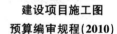

建设项目施工图
预算编审规程(2010)

(1)封面、签署页及目录；

(2)编制说明包括工程概况、主要技术经济指标、编制依据、工程费用计算表(建筑、设备、安装工程费用计算方法和其他费用计取的说明)、其他有关说明的问题；

(3)总预算表；

(4)单位工程预算表；

(5)附件。

二、施工图预算文件表格格式

(1)建设项目施工图预算文件的封面、签署页、目录、编制说明式样参见《建设项目施工图预算编审规程》(CECA/GC 5—2010)附录 A。

(2)建设项目施工图预算文件的预算表格。包括总预算表、其他费用表、其他费用计算表、综合预算表、综合预算表、建筑工程取费表、建筑工程预算表、设备及安装工程取费表、设备及安装工程预算表、补充单位估价表、主要设备材料数量及价格表、分部工程工料分析表、分部工程工种数量分析汇总表、单位工程材料分析汇总表、进口设备材料货价及从属费用计算表，表格格式参见《建设项目施工图预算编审规程》(CECA/GC 5—2010)附录 B。

(3)调整预算表格。

1)调整预算"正表"表格，其格式同上述"(2)建设项目施工图预算文件的预算表格"。

2)调整预算对比表格。包括总预算对比表、综合预算对比表、其他费用对比表及主要设备材料数量及价格对比表，表格格式参见《建设项目施工图预算编审规程》(CECA/GC 5—2010)附录 B。

三、施工图预算文件签署

(1)建设项目施工图预算文件签署页应按编制人、审核人、审定人等顺序签署，其中编制人、审核人、审定人还需加盖执业或从业印章。

(2)表格签署要求：总预算表、综合预算表签编制人、审核人、项目负责人等，其他各表均签编制人、审核人。

(3)建设项目施工图预算应经签署齐全后方能生效。

第三节 施工图预算的编制

建设项目施工图预算的编制应由相应专业资质的单位和造价专业人员完成。编制单位应在施工图预算成果文件上加盖公章和资质专用章，对成果文件质量承担相应责任；注册造价工程师和造价员应在施工图预算文件上签署执业(从业)印章，并承担相应责任。对于大型或复杂的建设项目，应委托多个单位共同承担其施工图预算文件编制时，委托单位应指定主体承担单位，由主体承担单位负责具体编制工作的总体规划、标准的统一、编制工作的部署、资料的汇总等综合性工作，其他各单位负责其所承担的各个单项、单位工程施工图预算文件的编制。

施工图预算的编制应保证编制依据的合法性、全面性和有效性，以及预算编制成果文件的准确性、完整性。

建设项目施工图预算应按照设计文件和项目所在地的人工、材料和机械等要素的市场价格水平进行编制，应充分考虑项目其他因素对工程造价的影响；并应确定合理的预备费，力求能够使投资额度得以科学、合理地确定，以保证项目的顺利进行。

一、施工图预算的编制依据

编制依据是指编制建设项目施工图预算所需的一切基础资料。建设项目施工图预算的编制依据主要有以下几个方面：

(1)国家、行业、地方政府发布的计价依据、有关法律法规或规定。

(2)工程施工合同或协议书。装饰工程施工合同是发包单位和承包单位履行双方各自承担的责任和分工的经济契约，也是当事人按有关法令、条例签订的权利和义务的协议。它完整表达甲乙双方对有关工程价值既定的要求，明确了双方的责任以及分工协作、互相制约、互相促进的经济关系。经双方签订的合同包括双方同意的有关修改承包合同的设计和变更文件，承包范围，结算方式，包干系数的确定，材料量、质和价的调整，协商记录，会议纪要以及资料和图表等。这些都是编制装饰工程概预算的主要依据。

（3）经过批准和会审的施工图纸和设计文件。预算编制单位必须具备建设单位、设计单位和施工单位共同会审的全套施工图和设计变更通知单，经三方签署的图纸会审记录，以及有关的各类标准图集。完整的建筑装饰施工图及其说明，以及图上注明采用的全部标准图是进行预算列项和计算工程量的重要依据之一。全套施工图应包括装饰工程施工图图样说明、总平面布置图、平面图、立面图、剖面图、装饰效果图和局部装饰大样图，以及门窗和材料明细表等。除此以外，预算部门还应具备所需的一切标准图(包括国家标准图和地区标准图)。通过这些资料，可以对工程概况(如工程性质、结构等)有一个详细的了解，这是编制施工图预算的前提条件。

（4）批准的施工图设计图纸及相关标准图集和规范。

（5）经过批准的设计总概算文件。经过批准的设计总概算文件是国家控制拨款或贷款的最高限额，也是控制单位工程预算的主要依据。因此，在编制装饰工程施工图预算时，必须以此为依据，使其预算造价不能突破单项工程概算中所规定的限额。如工程预算确定的投资总额超过设计概算，应补做调整设计概算，并经原批准单位批准后方可实施。

（6）装饰工程预算定额。装饰工程预算定额对于各分项工程项目都进行了详细的划分，同时对于分项工程的内容、工程量计算规则等都有明确的规定。装饰工程预算定额还给出了各个项目的人工、材料、机械台班的消耗量，是编制建筑装饰施工图预算的基础资料。

（7）经过批准的施工组织设计或施工方案。建筑装饰工程施工组织设计具体规定了装饰工程中各分部分项工程的施工方法、施工机具、构配件加工方式、施工进度计划技术组织措施和现场平面布置等内容，它直接影响整个装饰工程的预算造价，是计算工程量、选套定额项目和计算其他费用的重要依据。施工组织设计或施工方案必须合理，且必须经过上级主管部门批准。

（8）材料价格。材料费在装饰工程造价中所占的比重很大，由于工程所在地区不同，运费不同，必将导致材料预算价格的不同。因此，要正确计算装饰工程造价，必须以相应地区的材料预算价格进行定额调整或换算，作为编制装饰工程预算的主要依据。

（9）项目所在地区有关的气候、水文、地质地貌等的自然条件。

（10）项目的技术复杂程度，以及新技术、专利使用情况等。

（11）项目所在地区有关的经济、人文等社会条件。

二、施工图预算的编制步骤

（一）收集编制施工图预算的相关资料

编制建筑装饰工程施工图预算相关资料主要包括经过交底会审后的施工图样、经批准的设计总概算书、施工组织设计、国家和地区主管部门颁布的装饰工程预算定额、工人工资标准、材料预算价格、机械台班价格、单位估价表、工程施工合同、预算工作手册等资料。

(二)熟悉审核图样内容，掌握设计意图

施工图是计算工程量、套用定额项目的主要依据，必须认真按楼地面、墙柱面、门窗、天棚吊顶等各分部内容进行阅读，切实掌握图样设计意图，掌握工程全貌，这是迅速、准确编制装饰工程施工图预算的关键。

1. 整理施工图样

装饰工程施工图样，应把目录上所排列的总说明、平面图、立面图、剖面图和构造详图等按顺序进行整理，将目录放在首页，装订成册，避免使用过程中引起混乱而造成失误。

2. 审核施工图样

审核施工图样的目的就是看其是否齐全，根据施工图样的目录，对全套图样进行核对，发现缺少应及时补全，同时收集有关的标准图集。使用时必须了解标准图的应用范围、设计依据、选用条件、材料及施工要求等，弄清标准图规格尺寸的表示方法。

3. 熟悉图样

熟悉施工图是正确计算工程量的关键。经过对施工图样进行整理、审核后，就可以进行阅读。其目的在于了解该装饰工程中，各图样之间、图样与说明之间有无矛盾和错误；各设计标高、尺寸、室内外装饰材料和做法要求，以及施工中应注意的问题；采用的新材料、新工艺、新构件和新配件等是否需要编制补充定额或单位估价表；各分项工程的构造、尺寸和规定的材料品种、规格以及它们之间的相互关系是否明确；相应项目的内容与定额规定的内容是否一致等。同时做好记录，为精确计算工程量、正确套用定额项目创造有利条件。

4. 交底会审

施工单位在熟悉和审核图样的基础上，参加由建设单位主持、设计单位参加的图样交底会审会议，并妥善解决好图样交底和会审中发现的问题。

(三)熟悉施工组织设计和施工现场情况

施工组织设计是施工单位根据施工图样、组织施工的基本原则和上级主管部门的有关规定及现场的实际情况等资料编制的，是用以指导拟建工程施工过程中各项活动的技术、经济、组织的综合性文件。在编制装饰工程预算前，应深入施工现场，了解施工方法、机械选择、施工条件以及技术组织措施，熟悉并注意施工组织设计中影响工程预算造价的有关内容，严格按照施工组织设计所确定的施工方法和技术组织措施等要求，准确计算工程量，套取相应的定额项目，使施工图预算能够反映现场实际情况。

(四)熟悉预算定额并按要求计算工程量

预算定额是编制装饰工程施工图预算基础资料的主要依据。熟悉和了解现行地区装饰工程预算定额的内容、形式和使用方法，结合施工图样，迅速、准确地确定工程项目，根据工程量计算规则计算工程量，并将设计中有关定额上没有的项目单独列出来，以便编制补充定额或采用实物计价法进行计算。

(五)计算人工费、材料费、施工机具使用费总和

项目工程量计算完毕并复核无误后，把装饰工程施工图中已经确定下来的计算项目和与其相对应的预算定额中的定额编号、计量单位、工程量、预算定额基价及相应的人工费、材料费、施工机具使用费等填入工程预算表中，分别求出各分项工程的人工费、材料费、

施工机具使用费。

(六)计算企业管理费、利润、规费和税金,确定工程造价

在全部工程项目人工费、材料费、施工机具使用费计算完成后,根据各地主管部门所定费用定额或取费标准中的费用"计算程序"和计费标准,计算企业管理费、利润、规费和税金,最后得出装饰工程的工程造价。

(七)计算工程技术经济指标

汇总上述各项费用及部分报价的项目,得到工程造价,在此基础上分析计算各项经济技术指标。

(1)每平方米建筑面积造价指标＝工程预算造价/建筑面积;

(2)每立方米建筑体积造价指标＝工程预算造价/建筑体积;

(3)每平方米建筑面积人工量消耗指标＝人工量/建筑面积;

(4)每平方米建筑面积主要材料消耗指标＝相应材料消耗量/建筑面积。

(八)编制主要材料汇总表

根据分部分项工程量,按定额编号从装饰预算定额中查出各分项工程定额计量单位人工、材料的数量,并以此计算出相应分项工程所需人工和各种材料的消耗量,最后汇总计算出该项工程所需人工、各种材料的总消耗量,填入"工料分析表"。

(九)编制装饰工程施工图预算书

编制装饰工程施工图预算书主要包括以下几项工作内容。

1. 校核

装饰施工图预算初步编制完成后,需进行校核,以保证装饰预算的质量。

2. 编写装饰工程预算的编制说明

编制说明主要由编制依据、施工地点、施工企业资质等内容组成。编制说明的目的是使人们很容易了解预算的编制对象、工程概况、编制依据、预算中已经考虑和未考虑的问题等,以便审核和结算时有所参考。

3. 整理和装订

编制填写工程预算的各种表格,如封面、编制说明、工程费用计算表、工程计价表等,然后将各表格按顺序进行整理并装订。

三、施工图预算编制方法

建设项目施工图预算由总预算、综合预算和单位工程预算组成。

施工图预算总投资包含建筑工程费、设备及工器具购置费、安装工程费、工程建设其他费用、预备费、建设期贷款利息、固定资产投资方向调节税及铺底流动资金。

1. 总预算编制

建设项目总预算由综合预算汇总而成。

总预算造价由组成该建设项目的各个单项工程综合预算以及经计算的工程建设其他费、预备费、建设期贷款利息、固定资产投资方向调节税汇总而成。

施工图总预算应控制在已批准的设计总概算投资范围以内。

2. 综合预算编制

综合预算由组成本单项工程的各单位工程预算汇总而成。

综合预算造价由组成该单项工程的各个单位工程预算造价汇总而成。

3. 单位工程预算编制

单位工程预算包括建筑工程预算和设备安装工程预算。

单位工程预算的编制应根据施工图设计文件、预算定额(或综合单价)以及人工、材料与施工机械台班等价格资料进行编制,主要编制方法有单价法和实物量法。

(1)单价法。单价法可分为定额单价法和工程量清单单价法。

1)定额单价法使用事先编制好的分项工程的单位估价表来编制施工图预算的方法。

2)工程量清单单价法是指根据招标人按照国家统一的工程量计算规则提供工程数量,采用综合单价的形式计算工程造价的方法。

(2)实物量法。实物量法是依据施工图纸和预算定额的项目划分及工程量计算规则,先计算出分部分项工程量,然后套用预算定额(实物量定额)来编制施工图预算的方法。

4. 建筑工程预算编制

建筑工程预算费用内容及组成,应符合住房和城乡建设部、财政部发布的《建筑安装工程费用项目组成》(建标〔2013〕44号)的有关规定。

建筑工程预算按构成单位工程本部分项工程编制,根据设计施工图纸计算各分部分项工程量,按工程所在省(自治区、直辖市)或行业颁发的预算定额或单位估价表,以及建筑安装工程费用定额进行编制。

5. 安装工程预算编制

安装工程预算费用组成应符合住房和城乡建设部、财政部发布的《建筑安装工程费用项目组成》(建标〔2013〕44号)的有关规定。

安装工程预算按构成单位工程的分部分项工程编制,根据设计施工图计算各分部分项工程工程量,按工程所在省(自治区、直辖市)或行业颁发的预算定额或单位估价表,以及建筑安装工程费用定额进行编制。

6. 设备及工具、器具购置费组成

设备购置费由设备原价和设备运杂费构成;工具、器具购置费一般以设备购置费为计算基数,按照规定的费率计算。

进口设备原价即该设备的抵岸价,引进设备费用可分为外币和人民币两种支付方式,外币部分按美元或其他国际主要流通货币计算。

国产标准设备原价即其出厂价,国产非标准设备原价有多种不同的计算方法,如综合单价法、成本计算估价法、系列设备插入估价法、分部组合估价法、定额估价法等。

工具、器具及生产家具购置费,是指按项目初步设计要求,保证初期正常生产必须购置的没有达到固定资产标准的设备、仪器、生产家具和备品备件的购置费用。

7. 工程建设其他费用、预备费等

工程建设其他费用、预备费及应列入建设项目施工图总预算中的几项费用的计算方法与计算顺序,应参照本书第三章中相关内容编制。

8. 调整预算的编制

工程预算批准后,一般情况下不得调整。由于重大设计变更、政策性调整及不可抗力等原因造成的可以调整。

调整预算编制深度与要求、文件组成及表格形式同原施工图预算。调整预算还应对工程预算调整的原因做详尽分析说明，所调整的内容调整预算总说明中要逐项与原批准预算对比，并编制调整前后预算对比表，分析主要变更原因。在上报调整预算时，应同时提供有关文件和调整依据。需要进行分部工程、单位工程及人工、材料等分析的参见《建设项目施工图预算编审规程》(CECA/GC 5—2010)附录 B。

第四节　施工图预算审查与质量管理

一、施工图预算审查的意义

建筑装饰工程施工图预算是建筑装饰工程建设施工过程中的重要文件，它的编制准确程度不仅直接关系到建设单位和施工单位的经济利益，同时，也关系到装饰工程的经济合理性，因此，对装饰工程预算进行审查是确保预算造价准确的重要环节，具有十分重要的意义，主要体现在以下几个方面：

(1)能够合理确定装饰工程造价。

(2)能够为签订工程承发包合同的当事人或参与招投标的单位提供可靠的造价指标，确定承发包双方的经济利益。

(3)能够为银行提供拨付工程进度款、办理工程价款结算的可靠依据。

(4)能够为建设单位、监理单位进行造价控制、合同管理、资金筹备、材料采购等工作提供依据。

(5)能够为施工单位的成本核算与控制、施工方案的编制与优化、施工过程中的材料采购、内部结算与造价控制提供依据。

二、施工图预算审查的原则及依据

(一)建筑装饰工程施工图预算审查的原则

如前所述，建筑装饰工程施工图预算审查有着极其重要的意义，因此，在审查过程中一定要坚持一定的原则，才能保证对预算的有效监督审核，否则，不但起不了监督作用，还会为工程各方提供错误的决策信息，甚至造成巨大的经济损失。因此，加强和遵循审查的原则性是装饰工程施工图预算审查的一个非常重要的前提，归纳起来有以下几条原则。

1. 坚持实事求是的原则

审查装饰工程施工图预算的主要内容是审核工程预算造价，因此，在审查过程中，参与审核装饰工程施工图预算的人员要结合国家的有关政策和法律规定、相关的图纸和技术经济资料，按照一定的审核方法逐项合理地核实其预算工程量和造价等内容，无论是多估冒算还是少算漏项，都应一一如实调整。遵循实事求是的原则，并结合施工现场条件、相关的技术措施恰当地计算有关费用。

2. 坚持清正廉洁的作风

审查人员应从国家的利益出发，站在维护双方合法利益的角度上，按照国家有关装饰材料的性能和质量要求，来合理确定所用材料的质量和价格。

3. 坚持科学的工作态度

目前，因装饰工程材料和工艺的变化较大，一时间还没有相应完整的配套标准，造成了装饰工程定额的缺口还较多。如遇定额缺项，必须坚持科学的工作态度，以施工图为基础并结合相应施工工艺，对项目进行充分分解，按不同的劳动分工、不同的工艺特点和复杂程度区分和认识施工过程的性质和内容，研究工时和材料消耗的特点，经过综合分析和计算，确定合理的工程单项造价。

(二)建筑装饰工程施工图预算审查的依据

建筑装饰工程施工图预算的审查依据通常包括以下几项：

(1)国家或地方现行规定的各项方针、政策、法律法规。

(2)建设单位与施工单位双向认可并经审核的施工图纸及附属文件。

(3)工程承包合同或相关招标资料。

(4)现行装饰工程预算定额及相关规定。

(5)各种经济信息，如装饰材料的动态价格、造价信息等资料。

(6)各类工程变更和经济洽商。

(7)拟采用的施工方案、现场地形及环境资料。

三、施工图预算审查的方式、内容与方法

1. 施工图审查方式

施工图预算文件的审查，应当委托具有相应资质的工程造价咨询机构进行。从事建设工程施工图预算审查的人员，应具备相应的执业(从业)资格，需在施工图预算审查文件上加盖注册造价工程师执业资格专用章或造价员从业资格专用章，并出具施工图预算审查意见报告，报告要加盖工程造价咨询企业的公章和资质专用章。

根据预算编制单位和审查部门的不同，建筑装饰工程预算审查的方式有以下几种：

(1)单独审查。一般是指编制单位经过自审后，将预算文件分别送交建设单位和有关银行进行审核，建设单位和有关银行(或审计单位)进行审查，对审查中发现的问题，经与施工单位交换意见后协商解决。

(2)委托会审。一般是指因建设单位或银行自身审查力量不足而难以完成审查任务，委托具有审查资格的咨询部门代其进行审查，并与施工单位交换意见，协商定案。

(3)会审。一般是指工程装饰规模大，且装饰高档豪华、造价高的工程预算，因采用单独审查或委托审查比较困难而采用设计、建设、施工等单位会同建设银行一起审查的方式。这种方式定案时间短、效率高，但组织工作较复杂。

2. 施工图预算审查内容

(1)审查施工图预算的编制是否符合现行国家、行业、地方政府有关法律、法规和规定要求。

(2)审查工程计算的准确性、工程量计算规则与计价规范规则或定额规则的一致性。

(3)审查在施工图预算的编制过程中，各种计价依据使用是否恰当，各项费率计取是否

正确;审查依据主要有施工图设计资料、有关定额、施工组织设计、有关造价文件规定和技术规范、规程等。

(4)审查各种要素市场价格选用是否合理。

(5)审查施工图预算是否超过概算以及进行偏差分析。

3. 施工图预算审查方法

(1)全面审查法。全面审查法是指按照全部施工图的要求,结合有关预算定额分项工程中的工程细目,逐一、全部地进行审核的方法。其具体计算方法和审核过程与编制预算的计算方法和编制过程基本相同。

全面审查法的优点是全面、细致,所审核过的工程预算质量高,差错比较少;缺点是工作量太大。全面审查法一般适用于一些工程量较小、工艺比较简单、编制工程预算力量较薄弱的设计单位所承包的工程。

(2)重点审查法。抓住工程预算中的重点进行审查的方法,称为重点审查法。一般情况下,重点审查法的内容如下:

1)选择工程量大或造价较高的项目进行重点审查。

2)对补充单价进行重点审查。

3)对计取的各项费用的费用标准和计算方法进行重点审查。

重点审查工程预算的方法应灵活掌握。例如,在重点审查中,如发现问题较多,应扩大审查范围;反之,如没有发现问题或发现的差错很小,应考虑适当缩小审查范围。

(3)经验审查法。经验审查法是指监理工程师根据以前的实践经验,审查容易发生差错的那些部分工程细目的方法。如土方工程中的平整场地、土壤分类等比较容易出错的地方,应重点加以审查。

(4)分解对比审查法。把一个单位工程,按费用构成进行分解,然后再把相关费用按工种工程和分部工程进行分解,分别与审定的标准图预算进行对比分析的方法,称为分解对比审查法。

这种方法是把拟审的预算造价与同类型的定型标准施工图或复用施工图的工程预算造价相比较,如果出入不大,就可以认为本工程预算问题不大,不再审查;如果出入较大,比如超过或少于已审定的标准设计施工图预算造价的1‰或3‰以上(根据本地区要求),应按分部分项工程进行分解,边分解边对比,哪里出入较大,就进一步审查那一部分工程项目的预算价格。

四、施工图预算质量管理

建设项目施工图预算编制单位应建立相应的质量管理体系,对编制建设项目施工图预算基础资料的收集、归纳和整理,成果文件的编制、审核和修改、提交、报审和归档等,都要有具体的规定。

预算编制人员应配合设计人员树立以经济效益为核心的观念,严格按照批准的初步设计文件的要求和工程内容开展施工图设计,同时要做好价值分析和方案比选。

建设项目施工图预算编制者应对施工图预算编制委托者提供的书面资料(委托者提供的书面资料应加盖公章或有效合法的签名)进行有效性和合理性核对,应保证自身收集的或已有的造价基础资料和编制依据全面、有效。

建设项目施工图预算的成果文件应经相关负责人进行审核、审定二级审查。工程造价文件的编制、审核、审定人员应在工程造价成果文件上加盖注册造价工程师执业资格专用章或造价员从业资格专用章。

本章小结

建筑装饰工程施工图预算是建筑安装工程施工图预算的组成部分，是工程建设施工阶段核定工程造价的重要经济文件。本章主要介绍了施工图预算的编制与审查。施工图预算的编制应由相应专业资质的单位和造价专业人员完成。编制单位应在施工图预算成果文件上加盖公章和资质专用章，对成果文件质量承担相应责任；注册造价工程师和造价员应在施工图预算文件上加盖执业（从业）印章，并承担相应责任。

思考与练习

一、是非题

1. 施工图预算根据建设项目实际情况可采用三级预算编制或二级预算编制形式。（   ）
2. 建设项目施工图预算由总预算、综合预算和单项工程预算组成。（   ）
3. 实物量法使用事先编制好的分项工程的单位估价表来编制施工图预算的方法。（   ）
4. 施工图预算的编制应保证编制依据的准确性、全面性和有效性，以及预算编制成果文件的合法性、完整性。（   ）
5. 全面审查法一般适用于一些工程量较小、工艺比较简单、编制工程预算力量较薄弱的设计单位所承包的工程。（   ）

二、多项选择题

1. 编制装饰工程施工图预算书主要包括（   ）等几项工作内容。
   A. 校核   B. 编写装饰工程预算的编制说明
   C. 整理   D. 装订
2. 单位工程预算的编制的主要方法有（   ）。
   A. 单价法   B. 总价法
   C. 实物量法   D. 以上都对
3. 根据预算编制单位和审查部门的不同，建筑装饰工程预算审查的方式有（   ）。
   A. 单独审查   B. 会审   C. 委托审查   D. 重点审查
4. 建筑装饰工程施工图预算进行审查的主要作用表现在（   ）。
   A. 能够合理确定装饰工程造价
   B. 能够为签订工程承发包合同的当事人或参与招投标的单位提供可靠的造价指标，确定承发包双方的经济利益
   C. 能够为建设单位、监理单位进行造价控制、合同管理、资金筹备、材料采购等工作提供依据

D. 能够为施工单位的成本核算与控制、施工方案的编制与优化、施工过程中的材料采购、内部结算与造价控制提供依据

三、简答题

1. 什么是建筑装饰工程施工图预算？其主要作用是什么？
2. 建筑装饰工程施工图预算的编制依据是什么？
3. 试述建筑装饰工程施工图预算的编制步骤。
4. 建筑装饰工程施工图预算审查的原则和依据是什么？
5. 施工图预算审查方法主要有哪些？

第十章 建筑装饰工程结算与竣工决算

1. 了解工程结算的概念与意义，熟悉工程结算编审的一般原则，掌握工程结算的编制与审查方法。
2. 了解竣工决算的概念与作用，熟悉竣工决算编制的内容，掌握决算编制的步骤与方法。

1. 初步具备进行工程结算的能力。
2. 能进行工程结算与竣工决算编制。

第一节 建筑装饰工程结算

一、建筑装饰工程结算的概念及意义

1. 建筑装饰工程结算的概念

建筑装饰工程结算是指在建筑装饰工程的经济活动中，施工单位依据承包合同中关于付款条款的规定和已经完成的工程量，并按照规定的程序向业主(建设单位)收取工程价款的一项经济活动。

由于建筑装饰工程施工周期长，人工、材料和资金耗用量大，在工程实施的过程中为了合理补偿工程承包商的生产资金，通常将已完成的部分施工工程量作为"假定合格建筑装饰产品"，按有关文件规定或合同约定的结算方式结算工程价款，并按规定时间和额度支付给工程承包商，这种行为通常称为工程结算。

2. 建筑装饰工程结算的意义

(1)建筑装饰工程结算是反映工程进度的主要指标。在施工过程中，工程价款的结算主要是按照已完成的工程量进行结算。也就是说，承包商完成的工程量越多，所应结算的工程价款也应越多，所以，根据累计结算的工程价款占合同总价款的比例，能够近似地反映

出工程的进度情况，有利于准确掌握工程进度。

(2)建筑装饰工程结算是加速资金周转的重要环节。承包商能够尽早地结算工程价款，有利于资金回笼，降低内部运营成本。通过加速资金周转，可提高资金使用的有效性。

(3)建筑装饰工程结算是考核经济效益的重要指标。对于承包商来说，只有工程价款如数地结算，才能够获得相应的利润，进而达到预期的经济效益。

二、工程结算编审一般原则

(1)工程造价咨询单位应以平等、自愿、公平和诚实信用的原则，订立工程咨询服务合同。

(2)在结算编制和结算审查中，工程造价咨询单位和工程造价咨询专业人员必须严格遵循国家相关法律、法规和规章制度，坚持实事求是、诚实信用和客观公正的原则。拒绝任何一方违反法律、行政法规、社会公德、影响社会经济秩序和损害公共利益的要求。

(3)工程结算编制应当遵循承发包双方在建设活动中平等和责、权、利对等原则；工程结算审查应当遵循维护国家利益、发包人和承包人合法权益的原则。造价咨询单位和造价咨询专业人员应以遵守职业道德为准则，不受干扰，公正、独立地开展咨询服务工作。

(4)工程结造价咨询企业和工程造价专业人员在进行结算编制和结算审查时，应依据工程造价咨询服务台合同约定的工作范围和工作内容开展工作，严格履行合同义务，做好工作计划和工作组织，掌握工程建设期间政策和价款调整的有关因素，认真开展现场调研，全面、准确、客观地反映建设项目工程价款确定和调整的各项因素。

(5)工程结算编制严禁巧立名目、弄虚作假、高估冒算，工程结算审查严禁滥用职权、营私舞弊或提供虚假结算审查报告。

(6)承担工程结算编制或工程结算审查咨询服务的受托人，应严格履行合同，及时完成工程造价咨询服务合同约定范围内的工程结算编制和审查工作。

(7)工程造价咨询单位承担工程结算编制，其成果文件一般应得到委托人的认可。

(8)工程造价咨询单位单方承担工程结算审查，其成果文件一般应得到审查委托人、结算编制人和结算审查受托人以及建设单位共同认可，并签署"结算审定签署表"。确因非常原因不能共同签署时，工程造价咨询单位应单独出具成果文件，并承担相应法律责任。

(9)工程造价专业人员在进行工程结算审查时，应独立开展工作，有权拒绝其他人的修改和其他要求，并保留其意见。

(10)工程结算编制应采用书面的形式。有电子文本要求的，应一并报送与书面形式内容一致的电子版本。

(11)工程结算应严格按工程结算编制程序进行编制，做到程序化、规范化，结算资料必须完整。

(12)结算编制或审核委托人应与委托人在咨询服务委托合同内约定结算编制工作的所需时间，并在约定的期限内完成工程结算编制工作。合同未做约定或约定不明的，结算编制或审核受托人应以财务部、原建设部联合颁发的《建设工程价款结算暂行办法》(财建〔2004〕369号)第十三条有关结算期限规定为依据，在规定期限内完成结算编制或审查工作。结算编制或审查委托人未在合同约定或规定期限内完成，且无正当理由延期的，应当承担违约责任。

三、建设项目工程结算编制

(一)结算编制文件组成

工程结算文件一般由工程结算汇总表、单项工程结算汇总表、单位工程结算汇总表和分部分项(措施、其他、零星)工程结算表及结算编制说明等组成。工程结算汇总表、单项工程结算汇总表、单位工程结算汇总表应当按表格所规定的内容详细编制。

工程结算编制说明可根据委托工程的实际情况,以单位工程、单项工程或建设项目为对象进行编制,并应说明以下内容:

(1)工程概况;
(2)编制范围;
(3)编制依据;
(4)编制方法;
(5)有关材料、设备、参数和费用说明;
(6)其他有关问题的说明。

建设项目工程
结算编审规程(2010)

工程结算文件提交时,受委托人应当同时提供与工程结算相关的附件,包括所依据的发承包合同调整条款、设计变更、工程洽商、材料及设备定价单、调价后的单价分析表等与工程结算相关的书面证明材料。

(二)编制程序

工程结算应按准备、编制和定稿三个工作阶段进行,并实行编制人、校对人和审核人分别署名盖章确认的编审签署制度。

1. 结算编制准备阶段

(1)收集与工程结算编制相关的原始资料;
(2)熟悉工程结算资料内容,进行分类、归纳、整理;
(3)召集相关单位或部门的有关人员参加工程结算预备会议,对结算内容和结算资料进行核对与充实完善;
(4)收集建设期内影响合同价格的法律和政策性文件;
(5)掌握工程项目发承包方式、现场施工条件、应采用的工程计价标准、定额、费用标准、材料价格变化等情况。

2. 结算编制阶段

(1)根据竣工图及施工图以及施工组织设计进行现场踏勘,对需要调整的工程项目进行观察、对照、必要的现场实测和计算,做好书面或影像记录;
(2)按既定的工程量计算规则计算需调整的分部分项、施工措施或其他项目工程量;
(3)按招标文件、施工发承包合同规定的计价原则和计价办法对分部分项、施工措施或其他项目进行计价;
(4)对于工程量清单或定额缺项以及采用新材料、新设备、新工艺的,应根据施工过程中的合理消耗和市场价格,编制综合单价或单位估价分析表;
(5)工程索赔应按合同约定的索赔处理原则、程序和计算方法,提出索赔费用,经发包人确认后作为结算依据;

(6)汇总计算工程费用,包括编制分部分项费、施工措施项目费、其他项目费、零星工作项目费等表格,初步确定工程结算价格;

(7)编写编制说明;

(8)计算主要技术经济指标;

(9)提交结算编制的初步成果文件待校对、审核。

工程结算编制人员按其专业分别承担其工作范围内的工程结算相关编制依据收集、整理工作,编制相应的初步成果文件,并对其编制的初步成果文件质量负责。

3. 结算编制定稿阶段

(1)由结算编制受托人单位的部门负责人对初步成果文件进行检查、校对;

(2)工程结算审定人对审核后的初步成果文件进行审定;

(3)工程结算编制人、审核人、审定人分别在工程结算成果文件上署名,并应签署造价工程师或造价员执业或从业印章;

(4)工程结算文件经编织、审核、审定后,工程造价咨询企业的法定代表人或其授权人在成果文件上签字或盖章;

(5)工程造价咨询企业在正式的工程上加盖工程造价咨询企业执业印章。

工程审核人员应由专业负责人和技术负责人承担,对其专业范围内的内容进行审核,并对其审核专业的工程结算成果文件的质量负责;工程审定人员应由专业负责人和技术负责人承担,对工程结算的全部内容进行审定,并对工程结算成果文件的质量负责。

(三)编制依据

工程结算编制依据是指编制工程结算时需要的工程计量、价格确定、工程计价有关参数、率值确定的基础资料。

(1)建设期内影响合同的法律、法规和规范性文件。

(2)国务院住房城乡建设主管部门以及各省、自治区、直辖市和有关部门发布的工程造价计价标准、计价办法、有关规定及相关解释。

(3)施工发承包合同、专业分包合同及补充合同,有关材料、设备采购合同。

(4)招投标文件,包括招标答疑文件、投标承诺、中标报价书及其组成内容。

(5)工程竣工图或施工图、施工图会审记录、经批准的施工组织设计,以及设计变更、工程洽商和相关会议纪要。

(6)经批准的开、竣工报告或停工、复工报告。

(7)工程材料及设备中标价、认价单。

(8)双方确认追加(减)的工程价款。

(9)影响工程造价的相关资料。

(10)结算编制委托合同。

(四)编制原则

1. 按工程的施工内容或完成阶段进行编制

工程结算按工程的施工内容或完成阶段,可按竣工结算、分阶段结算、合同终止结算和专业分包结算等形式进行编制。

(1)工程结算的编制应对相应的施工合同进行编制。当在合同范围内设计整个项目的,应按建设项目组成,将各单位工程汇总为单项工程,再将各单位工程汇总为建设项目,编制相应的建设项目工程结算成果文件。

(2)实行分阶段结算的建设项目,应按合同要求进行分阶段结算,出具各阶段工程结算成果文件。在竣工结算时,将各阶段工程结算汇总,编制相应竣工结算成果文件。除合同另有约定外,分阶段结算的工程项目,其工程结算文件用于价款支付时,应包括下列内容:

1)本周期已完成工程的价款;
2)累计已完成的工程价款;
3)累计已支付的工程价款;
4)本周期已完成计日工金额;
5)应增加和扣减的变更金额;
6)应增加和扣减的索赔金额;
7)应抵扣的工程预付款;
8)应扣减的质量保证金;
9)根据合同应增加和扣减的其他金额;
10)本付款周期实际应支付的工程价款。

(3)进行合同终止结算时,应按已完工程的实际工程量和施工合同的有关约定,编制合同终止结算。

(4)实行专业分包结算的工程,应将各专业分包合同的要求,对各专业分包分别编制工程结算。总承包人应按工程总承包合同的要求将各专业分包结算汇总在相应的单位工程或单项工程结算内进行工程总承包结算。

2. 区分施工合同类型及工程结算的计价模式进行编制

工程结算编制应区分施工合同类型及工程结算的计价模式采用相应的工程结算编制方法。

(1)施工合同类型按计价方式,可分为总价合同、单价合同、成本加酬金合同。

1)工程结算编制时,采用总价合同的,应在合同价基础上对设计变更、工程洽商以及工程索赔等合同约定可以调整的内容进行调整。

2)工程结算的编制时,采用单价合同的,工程结算的工程量应按照经发承包双方在施工合同中约定的方法对合同价款进行调整。

3)工程结算的编制时,采用成本加酬金合同的,应依据合同约定的方法计算各个分部分项工程,以及设计变更、工程洽商、施工措施等内容的工程成本,并计算酬金及有关税费。

(2)工程结算的计价模式应分为单价法和实物量法,单价法可分为定额单价法和工程量清单单价法。

(五)编制方法

采用工程量清单方式计价的工程,一般采用单价合同,应按工程量清单单价法编制工程结算。

(1)分部分项工程费应依据施工合同相应约定以及实际完成的工程量、投标时的综合单价等进行计算。

(2)工程结算中涉及工程单价调整时,应当遵循以下原则:

1)合同中已有适用于变更工程、新增工程单价的,按已有的单价结算;

2)合同中有类似变更工程、新增工程单价的,可以参照类似单价作为结算依据;

3)合同中没有适用或类似变更工程、新增工程单价的,结算编制受委托人可商洽承包人或发包人提出适当的价格,经对方确认后作为结算依据。

(3)工程结算编制时,措施项目费应依据合同约定的项目和金额计算,发生变更、新增的措施项目,以发承包双方合同约定的计价方式计算,其中措施项目清单中的安全文明费用应按照国家或省级、行业建设主管部门的规定计算。施工合同中未约定措施项目费结算方法时,措施项目费可按以下方法结算。

1)与分部分项实体相关的措施项目,应随该分部分项工程的实体工程量的变化,依据双方确定的工程量、合同约定的综合单价进行结算。

2)独立性的措施项目,应充分体现其竞争性,一般应固定不变,按合同价中相应的措施项目费用进行结算。

3)与整个建设项目相关的综合取定的措施项目费用,可按照投标时的取费基数及费率基数及费率进行结算。

(4)其他项目费应按以下方法进行结算:

1)计日工按发包人实际签证的数量和确定的事项进行结算;

2)暂估价中的材料单价按发承包双方最终确认价,在分部分项工程费中对相应综合单价进行调整,计入相应的分部分项工程;

3)专业工程结算价应按中标价或发包人、承包人与分包人最终确认的分包工程价进行结算;

4)总承包服务费应依据合同约定的结算方式进行结算;

5)暂列金额应按合同约定计算实际发生的费用,并分别列入相应的分部分项工程费、措施项目费中。

(5)招标工程量清单漏项、设计变更、工程洽商等费用应依据施工图,以及发承包双方签证资料确认的数量和合同约定的计价方式进行结算,其费用列入相应的分部分项工程费或措施项目费中。

(6)工程索赔费用应依据发承包双方确认的索赔事项和合同约定的计价方式进行结算,其费用列入相应的分部分项工程费或措施项目费中。

(7)规费和税金应按国家、省级或行业建设主管部门的规费规定计算。

(六)编制的成果文件形式

1. 工程结算成果文件的形式

(1)工程结算书封面,包括工程名称、编制单位和印章、日期等。

(2)签署页,包括工程名称、编制人、审核人、审定人姓名和执业(从业)印章、单位负责人印章(或签字)等。

(3)目录。

(4)工程结算编制说明需对下列情况加以说明:工程概况;编制范围;编制依据;编制方法;有关材料、设备、参数和费用说明;其他有关问题的说明。

(5)工程结算相关表式。

(6)必要的附件。

2. 工程结算相关表式

(1)工程结算汇总表;

(2)单项工程结算汇总表;

(3)单位工程结算汇总表;

(4)分部分项清单计价表;

(5)措施项目清单与计价表;

(6)其他项目清单与计价汇总表;

(7)规费、税金项目清单与计价表;

(8)必要的相关表格。

以上表格读者可查阅《建设项目工程结算编审规程》(CECA/GC 3—2010)附录 A。

四、建设项目工程结算审查

(一)结算审查文件组成

工程结算审查文件一般由工程结算审查报告、结算审定签署表、工程结算审查汇总对比表、分部分项(措施、其他、零星)工程结算审查对比表以及结算内容审查说明等组成。

(1)工程结算审查报告可根据该委托工程项目的实际情况,以单位工程、单项工程或建设项目为对象进行编制,并应说明以下内容:

1)概述;

2)审查范围;

3)审查原则;

4)审查依据;

5)审查方法;

6)审查程序;

7)审查结果;

8)主要问题;

9)有关建议。

(2)结算审定签署表由结算审查受托人填制,并由结算审查委托单位、结算编制人和结算审查受委托人签字盖章。当结算审查委托人与建设单位不一致时,按工程造价咨询合同要求或结算审查委托人的要求,确定是否增加建设单位在结算审定签署表上签字盖章。

(3)工程结算审查汇总对比表、单项工程结算审查汇总对比表、单位工程结算审查汇总对比表应当按表格所规定的内容详细编制。

(4)结算内容审查说明应阐述以下内容:

1)主要工程子目调整的说明;

2)工程数量增减变化较大的说明;

3)子目单价、材料、设备、参数和费用有重大变化的说明;

4)其他有关问题的说明。

(二)审查程序

工程结算审查应按准备、审查和审定三个工作阶段进行,并实行编制人、校对人和审核人分别署名盖章确认的内部审核制度。

1. 结算审查准备阶段

（1）审查工程结算手续的完备性、资料内容的完整性，对不符合要求的应退回限时补正；

（2）审查计价依据及资料与工程结算的相关性、有效性；

（3）熟悉招投标文件、工程发承包合同、主要材料设备采购合同及相关文件；

（4）熟悉竣工图纸或施工图纸、施工组织设计、工程概况，以及设计变更、工程洽商和工程索赔情况等；

（5）掌握工程量清单计价规范、工程预算定额等与工程相关的国家和当地的建设行政主管部门发布的工程计价依据及相关规定。

2. 结算审查阶段

（1）审查结算项目范围、内容与合同约定的项目范围、内容的一致性。

（2）审查工程量计算的准确性、工程量计算规则与计价规范或定额保持一致性。

（3）审查结算单价时应严格执行合同约定或现行的计价原则、方法。对于清单或定额缺项以及采用新材料、新工艺的，应根据施工过程中的合理消耗和市场价格审核结算单价。

（4）审查变更签证凭据的真实性、合法性、有效性，核准变更工程费用。

（5）审查索赔是否依据合同约定的索赔处理原则、程序和计算方法以及索赔费用的真实性、合法性、准确性。

（6）审查取费标准时，应严格执行合同约定的费用定额标准及有关规定，并审查取费依据的时效性、相符性。

（7）编制与结算相对应的结算审查对比表。

（8）提交工程结算审查初步成果文件，包括编制与工程结算相对应的工程结算审查对比表，待校对、复核。

工程结算审查编制人员按其专业分别承担其工作范围内的工程结算审查相关编制依据收集、整理工作，编制相应的初步成果文件，并对其编制的成果文件质量负责。

3. 结算审定阶段

（1）工程结算审查初稿编制完成后，应召开由结算编制人、结算审查委托人及结算审查受托人共同参加的会议，听取意见，并进行合理的调整；

（2）由结算审查受托人单位的部门负责人对结算审查的初步成果文件进行检查、校对；

（3）由结算审查受托人单位的主管负责人审核批准；

（4）发承包双方代表人和审查人应分别在"结算审定签署表"上签认并加盖公章；

（5）对结算审查结论有分歧的，应在出具结算审查报告前，至少组织两次协调会；凡不能共同签认的，审查受托人可适时结束审查工作，并做出必要说明；

（6）在合同约定的期限内，向委托人提交经结算审查编制人、校对人、审核人和受托人单位盖章确认的正式的结算审查报告。

工程结算审核审查人员应由专业负责人或技术负责人担任，对其专业范围内的内容进行校对、复核，并对其审核专业内的工程结算审查成果文件的质量负责；工程结算审查审定人员应由专业负责人或技术负责人担任，对工程结算审查的全部内容进行审定，并对工程结算审查成果文件的质量负责。

(三)审查依据

工程结算审查委托合同和完整、有效的工程结算文件。工程结算审查依据主要有以下几个方面：

(1)建设期内影响合同价格的法律、法规和规范性文件；

(2)工程结算审查委托合同；

(3)完整、有效的工程结算书；

(4)施工发承包合同，专业分包合同及补充合同，有关材料、设备采购合同；

(5)与工程结算编制相关的国务院住房城乡建设主管部门以及各省、自治区、直辖市和有关部门发布的建设工程造价计价标准、计价方法、计价定额、价格信息、相关规定等计价依据；

(6)招标文件、投标文件；

(7)工程竣工图或施工图、经批准的施工组织设计、设计变更、工程洽商、索赔与现场签证，以及相关的会议纪要；

(8)工程材料及设备中标价、认价单；

(9)双方确认追加(减)的工程价款；

(10)经批准的开、竣工报告或停、复工报告；

(11)工程结算审查的其他专项规定；

(12)影响工程造价的其他相关资料。

(四)审查原则

1. 按工程的施工内容或完成阶段分类进行编制

工程价款结算审查按工程的施工内容或完成阶段分类，其形式包括竣工结算审查、分阶段结算审查、合同终止结算审查和专业分包结算审查。

(1)建设项目由多个单项工程或单位工程构成的，应按建设项目划分标准的规定，分别审查各单项工程或单位工程的竣工结算，将审定的工程结算汇总，编制相应的工程结算审定文件。

(2)分阶段结算的审定工程，应分别审查各阶段工程结算，将审定结算汇总，编制相应的工程结算审查成果文件。除合同另有约定外，分阶段结算的支付申请文件应审查以下内容：

1)本周期已完成工程的价款；

2)累计已完成的工程价款；

3)累计已支付的工程价款；

4)本周期已完成计日工金额；

5)应增加和减扣的变更金额；

6)应增加和减扣的索赔金额；

7)应抵扣的工程预付款；

8)应扣减的质量保证金；

9)根据合同应增加和扣减的其金额；

10)本付款合同增加和扣减的其他金额。

(3)合同终止工程的结算审查,应按发包人和承包人认可的已完工程的实际工程量和施工合同的有关规定进行审查。合同中止结算审查方法基本同工程结算的审查方法。

(4)专业分包工程的结算审查,应在相应的单位工程或单项工程结算内分别审查各专业分包工程结算,并按分包合同分别编制专业分包工程结算审查成果文件。

2. 按施工发承包合同类型及工程结算的计价模式进行编制

(1)工程结算审查应区分施工发承包合同类型及工程结算的计价模式,采用相应的工程结算审查方法。

1)审查采用总价合同的工程结算时,应审查与合同所约定的结算编制方法的一致性,按照合同约定可以调整的内容,在合同价基础上对调整的设计变更、工程洽商以及工程索赔等合同约定可以调整的内容进行审查。

2)审查采用单价合同的工程结算时,应审查按照竣工图或施工图以内的各个分部分项工程量计算的准确性,依据合同约定的方式审查分部分项工程项目价格,并对设计变更、工程洽商、施工措施以及工程索赔等调整内容进行审查。

3)审查采用成本加酬金合同的工程结算时,应依据合同约定的方法审查各个分部分项工程以及设计变更、工程洽商、施工措施等内容的工程成本,并审查酬金及有关税费的取定。

(2)采用工程量清单计价的工程结算审查:

1)工程项目的所有分部分项工程量,以及实施工程项目采用的措施项目工程量;为完成所有工程量并按规定计算的人工费、材料费和施工机械使用费、企业管理费利润,以及规费和税金取定的准确性;

2)对分部分项工程和措施项目以外的其他项目所需计算的各项费用进行审查;

3)对设计变更和工程变更费用依据合同约定的结算方法进行审查;

4)对索赔费用依据相关签证进行审查;

5)合同约定的其他约定审查。

工程结算审查应按照与合同约定的工程价款方式对原合同进行审查,并应按照分项分部工程费、措施费、措施项目费、其他项目费、规费、税金项目进行汇总。

(3)采用预算定额计价的工程结算审查:

1)套用定额的分部分项工程量、措施项目工程量和其他项目,以及为完成所有工程量和其他项目并按规定计算的人工费、材料费、机械使用费、规费、企业管理费、利润和税金与合同约定的编制方法的一致性,计算的准确性;

2)对设计变更和工程变更费用在合同价基础上进行审查;

3)工程索赔费用按合同约定或签证确认的事项进行审查;

4)合同约定的其他费用的审查。

(五)审查方法

工程结算的审查应依据施工发承包合同约定的结算方法进行,根据施工发承包合同类型,采用不同的审查方法。本书所述审查方法主要适用于采用单价合同的工程量清单单价法编制竣工结算的审查。

(1)审查工程结算,除合同约定的方法外,对分部分项工程费用的审查应参照相关规定。

(2)工程结算审查时,对原招标工程量清单描述不清或项目特征发生变化,以及变更工程、新增工程中的综合单价应按下列方法确定:

1)合同中已有使用的综合单价,应按已有的综合单价确定;

2)合同中有类似的综合单价,可参照类似的综合单价确定;

3)合同中没有适用或类似的综合单价,由承包人提出综合单价,经发包人确认后执行。

(3)工程结算审查中设计措施项目费用的调整时,措施项目费应依据合同约定的项目和金额计算,发生变更、新增的措施项目,以发承包双方合同约定的计价方式计算,其中措施项目清单中的安全文明措施费用应审查是否按国家或省级、行业建设主管部门的规定计算。施工合同中未约定措施项目费结算方法时,按以下方法审查:

1)审查与分部分项实体消耗相关的措施项目,应随该分部分项工程的实体工程量的变化是否依据双方确定的工程量、合同约定的综合单价进行结算;

2)审查独立性的措施项目是否按合同价中相应的措施项目费用进行结算;

3)审查与整个建设项目相关的综合取定的措施项目费用是否参照投标报价的取费基数及费率进行结算。

(4)工程结算审查中涉及其他项目费用的调整时,按下列方法确定:

1)审查计日工是否按发包人实际签证的数量、投标时的计日工单价,以及确认的事项进行结算;

2)审查暂估价中的材料单价是否按发承包双方最终确认价在分部分项工程费中对相应综合单件进行调整,计入相应分部分项工程费用;

3)对专业工程结算价的审查应按中标价或发包人、承包人与分包人最终确定的分包工程价进行结算;

4)审查总承包服务费是否依据合同约定的结算方式进行结算,以总价形式的固定的总承包服务费不予调整,以费率形式确定的总包服务费,应按专业分包工程中标价或发包人、承包人与分包人最终确定的分包工程价为基数和总承包单位的投标费率计算总承包服务费;

5)审查计算金额是否按合同约定计算实际发生的费用,并分别列入相应的分部分项工程费、措施项目费中。

(5)投标工程量清单的漏项、设计变更、工程洽商等费用应依据施工图以及发承包双方签证资料确认的数量和合同约定的计价方式进行结算,其费用列入相应的分部分项工程费或措施项目费中。

(6)工程结算审查中设计索赔费用的计算时,应依据发承包双发确认的索赔事项和合同约定的计价方式进行结算,其费用列入相应的分部分项工程费或措施项目费中。

(7)工程结算审查中进行设计规费和税金的计算时,应按国家、省级或行业建设主管部门的规定计算并调整。

(六)审查的成果文件形式

1. 工程结算审查成果

(1)工程结算书封面。

(2)签署页。

(3)目录。

(4)结算审查报告书。

(5)结算审查相关表式。

(6)有关的附件。

2. 工程结算相关表式

采用工程量清单计价的工程结算审查相关表时宜按规定的格式编制,包括以下内容:

(1)工程结算审定表;

(2)工程结算审查汇总对比表;

(3)单项工程结算审查汇总对比表;

(4)单位工程结算审查汇总对比表;

(5)分部分项工程清单与计价结算审查对比表;

(6)措施项目清单与计价审查对比表;

(7)其他项目清单与计价审查汇总对比表;

(8)规费税金项目清单与计价审查对比表。

以上表格读者可查阅《建设项目工程结算编审规程》(CECA/GC 3—2010)附录 B。

五、质量管理

1. 工程造价咨询企业

工程造价咨询企业承担工程结算编制或工程结算审核,应满足国家或行业有关质量标准的精度要求。当工程结算编制或工程结算审核委托方对质量标准有更高的要求时,应在工程造价咨询合同中予以明确。

工程造价咨询企业应对工程结算编制和审核方法的正确性,工程结算编审范围的完整性,计价依据的正确性、完整性和时效性,工程计量与计价的准确性负责。

工程造价咨询企业对工程结算的编制和审核应实行编制、审核与审定三级质量管理制度,并应明确审核、审定人员的工作程度。

2. 工程造价咨询单位

工程造价咨询单位对项目的策划和工作大纲的编制,基础资料收集、整理,工程结算编制审核和修改的过程文件的整理和归档,成果文件的印制、签署、提交和归档,工作中其他相关文件借阅、使用、归还与移交,均应建立具体的管理制度。

3. 工程造价专业人员

工程造价专业人员从事工程结算的编制和工程结算审查工作的应当实行个人签署负责制,审核、审定人员对编制人员完成的工作进行修改应保持工作记录,承担相应责任。

六、档案管理

工程造价咨询企业对与工程结算编制和工程结算审查业务有关的成果文件、工作过程文件、使用和移交的其他文件清单、重要会议纪要等,均应收集齐全,整理立卷后归档。

工程造价咨询单位应建立完善的工程结算编制与审查档案管理制度。工程结算编制和工程结算审查文件的归档应符合国家、相关部门或行业组织发布的相关规定。工程造价咨询单位归档的文件保存期,成果文件应为 10 年,过程文件和相关移交清单、会议纪要等一般应为 5 年。

归档的工程结算编制和审查的成果文件应包括纸质原件和电子文件。其他文件及依据可为纸质原件、复印件或电子文件。归档文件应字迹清晰、图表整洁、签字盖章手续完备。归档文件应采用耐久性强的书写材料，不得使用易褪色的书写材料。

归档文件应必须完整、系统，能够反映工程结算编制和审查活动的全过程。归档文件必须经过分类整理，并应组成符合要求的案卷。归档可以分阶段进行，也可以在项目结算完成后进行。

向有关单位移交工作中使用或借阅的文件，应编制详细的移交清单，双方签字、盖章后方可交接。

第二节　建筑装饰工程竣工决算

一、竣工决算的概念与作用

1. 竣工决算的概念

竣工决算是建设工程经济效益的全面反映，是项目法人核定各类新增资产价值、办理其交付使用的依据。通过竣工决算，一方面能够正确反映建设工程的实际造价和投资结果；另一方面，可以通过竣工决算与概算、预算的对比分析，考核投资控制的工作成效，总结经验教训，积累技术经济方面的基础资料，提高未来建设工程的投资效益。

2. 竣工决算的作用

（1）竣工决算是综合、全面地反映竣工项目建设成果及财务情况的总结性文件，它采用货币指标、实物数量、建设工期和种种技术经济指标，综合、全面地反映建设项目自开始建设到竣工为止的全部建设成果和财务状况。

（2）竣工决算是办理交付使用资产的依据，也是竣工验收报告的重要组成部分。建设单位与使用单位在办理交付资产的验收交接手续时，通过竣工决算反映了交付使用资产的全部价值，包括固定资产、流动资产、无形资产和递延资产的价值。同时，它还详细提供了交付使用资产的名称、规格、数量、型号和价值等明细资料，是使用单位确定各项新增资产价值并登记入账的依据。

（3）竣工决算是分析和检查设计概算的执行情况以及考核投资效果的依据。竣工决算反映了竣工项目计划、实际的建设规模、建设工期以及设计和实际的生产能力，反映了概算总投资和实际的建设成本；同时，还反映了所达到的主要技术经济指标。通过对这些指标计划数、概算数与实际数进行对比分析，不仅可以全面掌握建设项目计划和概算执行情况，而且可以考核建设项目投资效果，为今后制订基建计划、降低建设成本、提高投资效果提供必要的资料。

二、竣工决算的编制

(一)竣工决算的编制依据

(1)经批准的可行性研究报告及其投资估算。
(2)经批准的初步设计或扩大初步设计及其概算或修正概算。
(3)经批准的施工图设计及其施工图预算。
(4)设计交底或图纸会审纪要。
(5)招投标的招标控制价和中标价、承包合同、工程结算资料。
(6)施工记录或施工签证单,以及其他施工中发生的费用记录,如索赔报告与记录、停(交)工报告等。
(7)竣工图及各种竣工验收资料。
(8)历年基建资料、历年财务决算及批复文件。
(9)设备、材料调价文件和调价记录。
(10)有关财务核算制度、办法和其他有关资料、文件等。

(二)竣工决算的编制步骤和方法

1. 收集、整理和分析原始资料

收集和整理出一套较为完整的相关资料,是编制竣工决算的必要条件。在工程进行的过程中,应注意保存和收集资料,在竣工验收阶段则要系统地整理出所有技术资料、工程结算经济文件、施工图纸和各种变更与签证资料,分析其准确性。

2. 清理各项账务、债务和结余物资

在收集、整理和分析资料的过程中,应注意建设工程从筹建到竣工投产(或使用)的全部费用的各项账务、债权和债务的清理,既要核对账目,又要查点库存实物的数量,做到账物相等、相符;对结余的各种材料、工器具和设备要逐项清点核实,妥善管理,并按照规定及时处理、收回资金;对各种往来款项要及时进行全面清理,为编制竣工决算提供准确的数据依据。

3. 填写竣工决算报表

依照建设项目竣工决算报表的内容,根据编制依据中的有关资料进行统计或计算各个项目的数量,并将其结果填入相应表格栏目中,完成所有报表的填写。这是编制工程竣工决算的主要工作。

4. 编写建设工程竣工决算说明书

根据建设项目竣工决算说明的内容、要求以及编制依据材料和填写在报表中的结果编写说明。

5. 上报主管部门审查

以上编写的文字说明和填写的表格经核对无误,可装订成册,即可作为建设项目竣工文件,并报主管部门审查;同时,把其中财务成本部分送交开户银行签证。竣工决算在上报主管部门的同时,抄送设计单位;大、中型建设项目的竣工决算还需抄送财政部、建设银行总行和省、市、自治区财政局和建设银行分行各一份。

建设项目竣工决算的文件,由建设单位负责组织人员编制,在竣工建设项目办理验收使用一个月之内完成。

三、竣工决算的内容

竣工决算是建设工程从筹建到竣工投产全过程中发生的所有实际支出，包括设备工器具购置费、建筑安装工程费和其他费用等。竣工决算由竣工财务决算说明书、竣工财务决算报表、竣工工程平面示意图、工程造价比较分析四部分组成。其中，竣工财务决算报表和竣工财务决算说明书属于竣工财务决算的内容。竣工财务决算是竣工决算的组成部分，是正确核定新增资产价值、反映竣工项目建设成果的文件，是办理固定资产交付使用手续的依据。

1. 竣工财务决算说明书

竣工财务决算说明书主要反映竣工工程建设成果和经验，是对竣工决算报表进行分析和补充说明的文件，是全面考核分析工程投资与造价的书面总结，其内容主要包括：

(1)建设项目概况。对工程总的评价，一般从进度、质量、安全和造价、施工方面进行分析说明。进度方面主要说明开工和竣工时间，对照合理工期和要求工期分析是提前还是延期；质量方面主要根据竣工验收委员会或相当一级质量监督部门的验收评定等级、合格率和优良品率；安全方面主要根据劳资和施工部门的记录，对有无设备和人身事故进行说明；造价方面主要对照概算造价，说明节约还是超支，用金额和百分率进行分析说明。

(2)资金来源及运用等财务分析。主要包括工程价款结算、会计账务的处理、财产物资情况及债权债务的清偿情况。

(3)基本建设收入、投资包干结余、竣工结余资金的上交分配情况。通过对基本建设投资包干情况的分析，说明投资包干数、实际支用数及节约额、投资包干结余的有机构成和包干结余的分配情况。

(4)各项经济技术指标的分析。概算执行情况分析，根据实际投资完成额与概算进行对比分析；新增生产能力的效益分析，说明支付使用财产占总投资额的比例、占支付使用财产的比例、不增加固定资产的造价占投资总额的比例，分析有机构成和成果。

(5)工程建设的经验及项目管理和财务管理工作以及竣工财务决算中有待解决的问题。

(6)需要说明的其他事项。

2. 竣工财务决算报表

建设项目竣工财务决算报表要根据大、中型建设项目和小型建设项目分别制定。大、中型建设项目竣工决算报表包括建设项目竣工财务决算审批表，大、中型建设项目竣工工程概况表，大、中型建设项目竣工财务决算表，大、中型建设项目交付使用资产总表；小型建设项目竣工财务决算报表包括建设项目竣工财务决算审批表、竣工财务决算总表、建设项目交付使用资产明细表。

(1)建设项目竣工财务决算审批表(表10-1)。该表作为竣工决算上报有关部门审批时使用，其格式是按照中央级小型项目审批要求设计的，地方级项目可按审批要求做适当修改。

表 10-1　建设项目竣工财务决算审批表

建设项目法人(建设单位)		建设性质	
建设项目名称		主管部门	
开户银行意见： （盖章） 年　月　日			
专员办审批意见： （盖章） 年　月　日			
主管部门或地方财政部门审批意见： （盖章） 年　月　日			

（2）大、中型建设项目竣工工程概况表（表 10-2）。该表综合反映大、中型建设项目的基本概况，内容包括该项目的总投资、建设起止时间、新增生产能力、主要材料消耗、建设成本、完成主要工程量和主要技术经济指标及基本建设支出情况，为全面考核和分析投资效果提供依据。

表 10-2 大、中型建设项目竣工工程概况表

建设项目（单项工程）名称			建设地址				项目	概算	实际	主要指标
主要设计单位			主要施工企业				建筑安装工程			
占地面积	计划	实际	总投资/万元	设计		实际		设备、工具器具			
				固定资产	流动资产	固定资产	流动资产	基建支出	待摊投资		
								其中：建设单位管理费			
								其他投资			
新增生产能力	能力(效益)名称	设计		实际			待核销基建支出			
建设起、止时间	设计	从 年 月开工至 年 月竣工					非经营项目转出投资			
	实际	从 年 月开工至 年 月竣工					合计			
设计概算批准文号							主要材料消耗	名称	单位	概算	实际
								钢材	t		
完成主要工程量	建筑面积/m²		设备(台、套、t)					木材	m³		
	设计	实际	设计		实际			水泥	t		
							主要技术经济指标				
收尾工程	工程内容		投资额		完成时间						

(3)大、中型建设项目竣工财务决算表(表10-3)。该表反映竣工的大、中型建设项目从开工到竣工全部资金来源和资金运用的情况，它是考核和分析投资效果、落实结余资金，并作为报告上级核销基本建设支出和基本建设拨款的依据。在编制该表前，应先编制出项目竣工年度财务决算，根据编制出的竣工年度财务决算和历年财务决算编制项目的竣工财务决算。此表采用平衡表形式，即资金来源合计等于资金支出合计。

表 10-3 大、中型建设项目竣工财务决算表　　　　元

资金来源	金额	资金占用	金额	补充资料
一、基建拨款		一、基本建设支出		1. 基建投资借款期末余额
1. 预算拨款		1. 交付使用资产		
2. 基建基金拨款		2. 在建工程		2. 应收生产单位投资借款期末余额
3. 进口设备转账拨款		3. 待核销基建支出		
4. 器材转账拨款		4. 非经营项目转出投资		3. 基建结余资金
5. 煤代油专用基金拨款		二、应收生产单位投资借款		
6. 自筹资金拨款		三、拨款所属投资借款		

续表

资金来源	金额	资金占用	金额	补充资料
7. 其他拨款		四、器材		
二、项目资本金		其中：待处理器材损失		
1. 国家资本		五、货币资金		
2. 法人资本		六、预付及应收款		
3. 个人资本		七、有价证券		
三、项目资本公积金		八、固定资产		
四、基建借款		固定资产原值		
五、上级拨入投资借款		减：累计折旧		
六、企业债券资金		固定资产净值		
七、待冲基建支出		固定资产清理		
八、应付款		待处理固定资产损失		
九、未交款				
1. 未交税金				
2. 未交基建收入				
3. 未交基建包干结余				
4. 其他未交款				
十、上级拨入资金				
十一、留成收入				
合计		合计		

（4）大、中型建设项目交付使用资产总表（表10-4）。该表反映建设项目建成后新增固定资产、流动资产、无形资产和其他资产价值的情况和价值，作为财产交接、检查投资计划完成情况和分析投资效果的依据。小型项目不编制"交付使用资产总表"，直接编制"交付使用资产明细表"；大、中型项目在编制"交付使用资产总表"的同时，还需编制"交付使用资产明细表"。

表10-4 大、中型建设项目交付使用资产总表　　　　　　　　　　　　元

单项工程项目名称	总计	固定资产					流动资产	无形资产	其他资产
		建筑工程	安装工程	设备	其他	合计			

支付单位盖章　　　年　月　日　　　　　　　　　　　　　　接收单位盖章　　　年　月　日

(5)建设项目交付使用资产明细表(表10-5)。该表反映交付使用的固定资产、流动资产、无形资产和其他资产及其价值的明细情况,是办理资产交接的依据和接收单位登记资产账目的依据,也是使用单位建立资产明细账和登记新增资产价值的依据。大、中型和小型建设项目均需编制此表。编制时要做到齐全完整、数字准确,各栏目价值应与会计账目中相应科目的数据保持一致。

表10-5　建设项目交付使用资产明细表

单位工程项目名称	建筑工程			设备、工具、器具、家具					流动资产		无形资产		其他资产	
	结构	面积/m²	价值/元	规格型号	单位	数量	价值/元	设备安装费/元	名称	价值/元	名称	价值/元	名称	价值/元
合计														

支付单位盖章　　年　月　日　　　　　　　　　　　　接收单位盖章　　年　月　日

(6)小型建设项目竣工财务决算总表(表10-6)。由于小型建设项目内容比较简单,因此,可将工程概况与财务情况合并编制一张"竣工财务决算总表",该表主要反映小型建设项目的全部工程和财务情况。

表10-6　小型建设项目竣工财务决算总表

建设项目名称			建设地址			资金来源		资金运用	
						项目	金额/元	项目	金额/元
初步设计概算批准文号						一、基建拨款其中:预算拨款		一、交付使用资产	
	计划	实际	总投资/万元	计划	实际			二、待核销基建支出	
				固定资产	流动资金	固定资产	流动资金	二、项目资本	
占地面积								三、项目资本公积金	
								三、非经营项目转出投资	
新增生产能力	能力(效益)名称	设计	实际			四、基建借款		四、应收生产单位投资借款	
						五、上级拨入借款			
建设起止时间	计划	从　年　月开工 至　年　月竣工				六、企业债券资金		五、拨付所属投资借款	
	实际	从　年　月开工 至　年　月竣工				七、待冲基建支出		六、器材	

续表

建设项目名称		建设地址			资金来源	资金运用	
基建支出	项　　目		概算/元	实际/元	八、应付款	七、货币资金	
	建筑安装工程				九、未付款 其中：未交基建收入 未交包干收入	八、预付及应收款	
	设备、工具、器具						
						九、有价证券	
	待摊投资 其中：建设单位管理费					十、原有固定资产	
					十、上级拨入资金		
	其他投资				十一、留成收入		
	待核销基建支出						
	非经营性项目转出投资						
	合计				合计	合计	

3. 竣工工程平面示意图

建设工程竣工工程平面示意图是真实地记录各种地上、地下建筑物、构筑物等情况的技术文件，是工程进行交工验收、维护改建和扩建的依据，是国家的重要技术档案。国家规定：各项新建、扩建、改建的基本建设工程，特别是基础、地下建筑、管线、结构、井巷、桥梁、隧道、港口、水坝以及设备安装等隐蔽部位，都要编制竣工图。为确保竣工图质量，必须在施工过程中(不能在竣工后)及时做好隐蔽工程检查记录，整理好设计变更文件。其具体要求如下：

(1)凡按图竣工没有变动的，由施工单位(包括总包和分包施工单位，下同)在原施工图上加盖"竣工图"标志后，即作为竣工图。

(2)凡在施工过程中，虽有一般性设计变更，但能将原施工图加以修改补充作为竣工图的，可不重新绘制。由施工单位负责在原施工图(必须是新蓝图)上注明修改的部分，并附以设计变更通知单和施工说明，加盖"竣工图"标志后作为竣工图。

(3)凡结构形式改变、施工工艺改变、平面布置改变、项目改变以及有其他重大改变，不宜再在原施工图上修改、补充时，应重新绘制改变后的竣工图。由原设计原因造成的，由设计单位负责重新绘制；由施工原因造成的，由施工单位负责重新绘图；由其他原因造成的，由建设单位自行绘制或委托设计单位绘制。施工单位负责在新图上加盖"竣工图"标志，并附以有关记录和说明作为竣工图。

(4)为了满足竣工验收和竣工决算需要，还应绘制反映竣工工程全部内容的工程设计平面示意图。

4. 工程造价比较分析

工程造价比较分析是指对控制工程造价所采取的措施、效果及其动态的变化进行认真的比较对比，总结经验教训。批准的概算是考核建设工程造价的依据。在分析时，可先对比整个项目的总概算,然后将建筑安装工程费、设备工器具费和其他工程费用逐一与竣工决算表中所提供的实际数据和相关资料及批准的概算、预算指标及实际的工程造价进行对比分析,以确定竣工项目总造价是节约还是超支,并在对比的基础上,总结先进经验,找出节约和超支的内容和原因,提出改进措施。在实际工作中,应主要分析以下内容:

(1)主要实物工程量。对于实物工程量出入比较大的情况,必须查明原因。

(2)主要材料消耗量。考核主要材料消耗量,要按照竣工决算表中所列明的三大材料实际超概算的消耗量,查明是在工程的哪个环节超出量最大,再进一步查明超耗的原因。

(3)考核建设单位管理费、建筑及安装工程措施项目费、企业管理费和规费的取费标准。建设单位管理费、建筑及安装工程措施项目费、企业管理费和规费的取费标准要按照国家和各地的有关规定,根据竣工决算报表中所列的建设单位管理费与概预算所列的建设单位管理费数额进行比较,依据规定查明多列或少列的费用项目,确定其节约超支的数额,并查明原因。

本章小结

工程结算与竣工决算是工程项目承包中一项十分重要的工作,不仅是反映工程进度的主要依据,而且也成为考核经济效益的重要指标和加速资金周转的重要环节。因此,工程结算与竣工决算在工程造价中起到了相当重要的作用,应重点掌握工程结算、竣工决算的编制与审查工作。

思考与练习

一、是非题

1. 工程结算应按准备、编制和定稿三个工作阶段进行,并实行编制人、校对人和审核人分别署名盖章确认的编审签署制度。( )

2. 工程结算文件提交时,受委托人应当同时提供与工程结算相关的附件。( )

3. 工程结算编制时,采用总价合同的,应按照经发承包双方在施工合同中约定的方法对合同价款进行调整。( )

4. 独立性的措施项目,应充分体现其竞争性,一般应固定不变,按合同价中相应的措施项目费用进行结算。( )

二、多项选择题

1. 工程结算按工程的施工内容或完成阶段,可分为( )等形式进行编制。
   A. 竣工结算　　　　　　　　B. 分阶段结算
   C. 合同终止结算　　　　　　D. 专业分包结算

2. 施工合同类型按计价方式可分为( )。
   A. 总价合同　　　　　　　　B. 成本合同
   C. 单价合同　　　　　　　　D. 成本加酬金合同

3. 工程结算编制的内容包括（　　）。
   A. 工程概况　　　　　　　　　　　B. 编制依据
   C. 编制范围　　　　　　　　　　　D. 有关材料、设备参数和费用说明
4. 工程咨询服务合同应遵守的原则（　　）。
   A. 平等　　　B. 自愿　　　C. 公平　　　D. 公正

三、简答题
1. 什么是工程结算？工程结算的意义是什么？
2. 试述工程结算编制的程序和原则。
3. 工程结算审查的成果有哪些？
4. 什么是竣工决算？竣工决算的作用是什么？
5. 试述竣工决算的编制步骤和方法。

附录 装饰工程工程量清单前九位全国统一编码

附表 装饰工程工程量清单前九位全国统一编码

专业工程名称	分部工程	分项工程	
	项目名称	计量单位	项目编码
附录 H 门窗工程			
木门	木质门	1. 樘 2. m²	010801001
	木质门带套		010801002
	木质连窗门		010801003
	木质防火门		010801004
	木门框	1. 樘 2. m	010801005
	门锁安装	个（套）	010801006
金属门	金属(塑钢)门	1. 樘 2. m²	010802001
	彩板门		010802002
	钢质防火门		010802003
	防盗门		010802004
金属卷帘(闸)门	金属卷帘(闸)门		010803001
	防火卷帘(闸)门		010803002
厂库房大门、特种门	木板大门	1. 樘 2. m²	010804001
	钢木大门		010804002
	全钢板大门		010804003
	防护铁丝门		010804004
	金属格栅门		010804005
	钢制花饰大门		010804006
	特种门		010804007
其他门	电子感应门		010805001
	旋转门		010805002
	电子对讲门		010805003
	电动伸缩门		010805004
	全玻自由门		010805005
	镜面不锈钢饰面门		010805006
	复合材料门		010805007

续表

专业工程名称	分部工程		分项工程
	项目名称	计量单位	项目编码
木窗	木质窗	1. 樘 2. m²	010806001
	木飘(凸)窗		010806002
	木橱窗		010806003
	木纱窗		010806004
金属窗	金属(塑钢、断桥)窗	1. 樘 2. m²	010807001
	金属防火窗		010807002
	金属百叶窗		010807003
	金属纱窗		010807004
	金属格栅窗		010807005
	金属(塑钢、断桥)橱窗		010807006
	金属(塑钢、断桥)飘(凸)窗		010807007
	彩板窗		010807008
	复合材料窗		010807009
门窗套	木门窗套	1. 樘 2. m² 3. m	010808001
	木筒子板		010808002
	饰面夹板筒子板		010808003
	金属门窗套		010808004
	石材门窗套		010808005
	门窗木贴脸	1. 樘 2. m	010808006
	成品木门窗套	1. 樘 2. m² 3. m	010808007
窗台板	木窗台板	m²	010809001
	铝塑窗台板		010809002
	金属窗台板		010809003
	石材窗台板		010809004
窗帘、窗帘盒、轨	窗帘	1. m 2. m²	010810001
	木窗帘盒	m	010810002
	饰面夹板、塑料窗帘盒		010810003
	铝合金窗帘盒		010810004
	窗帘轨		010810005

续表

专业工程名称	分部工程	分项工程	
	项目名称	计量单位	项目编码
附录L 楼地面装饰工程			
整体面层及找平层	水泥砂浆楼地面	m²	011101001
	现浇水磨石楼地面		011101002
	细石混凝土楼地面		011101003
	菱苦土楼地面		011101004
	自流坪楼地面		011101005
	平面砂浆找平层		011101006
块料面层	石材楼地面	m²	011102001
	碎石材楼地面		011102002
	块料楼地面		011102003
橡塑面层	橡胶板楼地面	m²	011103001
	橡胶板卷材楼地面		011103002
	塑料板楼地面		011103003
	塑料卷材楼地面		011103004
其他材料面层	地毯楼地面	m²	011104001
	竹、木(复合)地板		011104002
	金属复合地板		011104003
	防静电活动地板		011104004
踢脚线	水泥砂浆踢脚线	1. m² 2. m	011105001
	石材踢脚线		011105002
	块料踢脚线		011105003
	塑料板踢脚线		011105004
	木质踢脚线		011105005
	金属踢脚线		011105006
	防静电踢脚线		011105007
楼梯面层	石材楼梯面层	m²	011106001
	块料楼梯面层		011106002
	拼碎块料面层		011106003
	水泥砂浆楼梯面层		011106004
	现浇水磨石楼梯面层		011106005
	地毯楼梯面层		011106006
	木板楼梯面层		011106007
	橡胶板楼梯面层		011106008
	塑料板楼梯面层		011106009

续表

专业工程名称	分部工程	分项工程	
	项目名称	计量单位	项目编码
台阶装饰	石材台阶面	m²	011107001
	块料台阶面		011107002
	拼碎块料台阶面		011107003
	水泥砂浆台阶面		011107004
	现浇水磨石台阶面		011107005
	剁假石台阶面		011107006
附录 M 墙、柱面装饰与隔断、幕墙工程			
墙面抹灰	墙面一般抹灰	m²	011201001
	墙面装饰抹灰		011201002
	墙面勾缝		011201003
	立面砂浆找平层		011201004
柱(梁)面抹灰	柱、梁面一般抹灰	m²	011202001
	柱、梁面装饰抹灰		011202002
	柱、梁面砂浆找平		011202003
	柱面勾缝		011202004
零星抹灰	零星项目一般抹灰	m²	011203001
	零星项目装饰抹灰		011203002
	零星项目砂浆找平		011203003
墙面块料面层	石材墙面	m²	011204001
	碎拼石材墙面		011204002
	块料墙面		011204003
	干挂石材钢骨架	t	011204004
柱(梁)面镶贴块料	石材柱面	m²	011205001
	块料柱面		011205002
	拼碎块柱面		011205003
	石材梁面		011205004
	块料梁面		011205005
镶贴零星块料	石材零星项目	m²	011206001
	块料零星项目		011206002
	拼碎块零星项目		011206003
墙饰面	墙面装饰板		011207001
	墙面装饰浮雕		011207002
柱(梁)饰面	柱(梁)面装饰		011208001
	成品装饰柱	1. 根 2. m	011208002

续表

专业工程名称	分部工程	分项工程	
	项目名称	计量单位	项目编码
幕墙工程	带骨架幕墙	m²	011209001
	全玻(无框玻璃)幕墙		011209002
隔断	木隔断	m²	011210001
	金属隔断		011210002
	玻璃隔断		011210003
	塑料隔断		011210004
	成品隔断	1. m² 2. 间	011210005
	其他隔断	m²	011210006
附录 N 天棚工程工程量清单计价			
天棚抹灰	天棚抹灰	m²	011301001
天棚吊顶	吊顶天棚	m²	011302001
	格栅吊顶		011302002
	吊筒吊顶		011302003
	藤条造型悬挂吊顶		011302004
	织物软雕吊顶		011302005
	装饰网架吊顶		011302006
采光天棚	采光天棚		011303001
天棚其他装饰	灯带(槽)		011304001
	送风口、回风口	个	011304002
附录 P 油漆、涂料、裱糊工程			
门油漆	木门油漆	1. 樘 2. m²	011401001
	金属门油漆		011401002
窗油漆	木窗油漆		011402001
	金属窗油漆		011402002
木扶手及其他板条、线条油漆	木扶手油漆	m	011403001
	窗帘盒油漆		011403002
	封檐板、顺水板油漆		011403003
	挂衣板、黑板框油漆		011403004
	挂镜线、窗帘棍、单独木线油漆		011403005
木材面油漆	木护墙、木墙裙油漆	m²	011404001
	窗台板、筒子板、盖板、门窗套、踢脚线油漆		011404002
	清水板条天棚、檐口油漆		011404003
	木方格吊顶天棚油漆		011404004

续表

专业工程名称	分部工程	分项工程	
	项目名称	计量单位	项目编码
木材面油漆	吸声板墙面、天棚面油漆	m²	011404005
	暖气罩油漆		011404006
	其他木材面		011404007
	木间壁、木隔断油漆		011404008
	玻璃间壁露明墙筋油漆		011404009
	木栅栏、木栏杆(带扶手)油漆		011404010
	衣柜、壁柜油漆		011404011
	梁柱饰面油漆		011404012
	零星木装修油漆		011404013
	木地板油漆		011404014
	木地板烫硬蜡面		011404015
金属面油漆	金属面油漆	1. t 2. m²	011405001
抹灰面油漆	抹灰面油漆	m²	011406001
	抹灰线条油漆	m	011406002
	满刮腻子		011406003
喷刷涂料	墙面喷刷涂料	m²	011407001
	天棚喷刷涂料		011407002
	空花格、栏杆刷涂料		011407003
	线条刷涂料	m	011407004
	金属构件刷防火涂料	1. m² 2. t	011407005
	木材构件喷刷防火涂料		011407006
裱糊	墙纸裱糊	m²	011408001
	织锦缎裱糊		011408002
附录Q 其他装饰工程			
柜类、货架	柜台	1. 个 2. m 3. m³	011501001
	酒柜		011501002
	衣柜		011501003
	存包柜		011501004
	鞋柜		011501005
	书柜		011501006
	厨房壁柜		011501007
	木壁柜		011501008
	厨房低柜		011501009

续表

专业工程名称	分部工程 项目名称	分项工程 计量单位	项目编码
柜类、货架	厨房吊柜	1. 个 2. m 3. m³	011501010
	矮柜		011501011
	吧台背柜		011501012
	酒吧吊柜		011501013
	酒吧台		011501014
	展台		011501015
	收银台		011501016
	试衣间		011501017
	货架		011501018
	书架		011501019
	服务台		011501020
压条、装饰线	金属装饰线	m	011502001
	木质装饰线		011502002
	石材装饰线		011502003
	石膏装饰线		011502004
	镜面玻璃线		011502005
	铝塑装饰线		011502006
	塑料装饰线		011502007
	GRC装饰线条		011502008
暖气罩	饰面板暖气罩	m²	011504001
	塑料板暖气罩		011504002
	金属暖气罩		011504003
扶手、栏杆、栏板装饰	金属扶手、栏杆、栏板	m	011503001
	硬木扶手、栏杆、栏板		011503002
	塑料扶手、栏杆、栏板		011503003
	GRC栏杆、扶手		011503004
	金属靠墙扶手		011503005
	硬木靠墙扶手		011503006
	塑料靠墙扶手		011503007
	玻璃栏板		011503008
暖气罩	饰面板暖气罩	m²	011504001
	塑料板暖气罩		011504002
	金属暖气罩		011504003

续表

专业工程名称	分部工程	分项工程	
	项目名称	计量单位	项目编码
浴厕配件	洗漱台	1. m² 2. 个	011505001
	晒衣架	个	011505002
	帘子杆		011505003
	浴缸拉手		011505004
	卫生间扶手		011505005
	毛巾杆(架)	套	011505006
	毛巾环	副	011505007
	卫生纸盒	个	011505008
	肥皂盒		011505009
	镜面玻璃	m²	011505010
	镜箱	个	011505011
雨篷、旗杆	雨篷吊挂饰面	m²	011506001
	金属旗杆	根	011506002
	玻璃雨篷	m²	011506003
招牌、灯箱	平面、箱式招牌		011507001
	竖式标箱		011507002
	灯箱		011507003
	信报箱		011507004
美术字	泡沫塑料字	个	011508001
	有机玻璃字		011508002
	木质字		011508003
	金属字		011508004
	吸塑字		011508005
附录 R 拆除工程			
砖砌体拆除	砖砌体拆除	1. m³ 2. m	011601001
混凝土及钢筋混凝土构件拆除	混凝土构件拆除	1. m³ 2. m² 3. m	011602001
	钢筋混凝土构件拆除		011602002
木构件拆除	木构件拆除		011603001
抹灰层拆除	平面抹灰层拆除	m²	011604001
	立面抹灰层拆除		011604002
	天棚抹灰面拆除		011604003
块料面层拆除	平面块料拆除		011605001
	立面块料拆除		011605002

续表

专业工程名称	分部工程	分项工程	
	项目名称	计量单位	项目编码
龙骨及饰面拆除	楼地面龙骨及饰面拆除	m²	011606001
	墙柱面龙骨及饰面拆除		011606002
	天棚面龙骨及饰面拆除		011606003
屋面拆除	刚性层拆除		011607001
	防水层拆除		011607002
铲除油漆涂料裱糊面	铲除油漆面	1. m² 2. m	011608001
	铲除涂料面		011608002
	铲除裱糊面		011608003
栏杆栏板、轻质隔断隔墙拆除	栏杆、栏板拆除	m²	011609001
	隔断隔墙拆除		011609002
门窗拆除	木门窗拆除	1. m² 2. 樘	011610001
	金属门窗拆除		011610002
金属构件拆除	钢梁拆除	1. t 2. m	011611001
	钢柱拆除		011611002
	钢网架拆除	t	011611003
	钢支撑、钢墙架拆除	1. t 2. m	011611004
	其他金属构件拆除		011611005
管道及卫生洁具拆除	管道拆除	m	011612001
	卫生洁具拆除	1. 套 2. 个	011612002
灯具、玻璃拆除	灯具拆除	套	011613001
	玻璃拆除	m²	011613002
其他构件拆除	暖气罩拆除	1. 个 2. m	011614001
	柜体拆除		011614002
	窗台板拆除	1. 块 2. m	011614003
	筒子板拆除		011614004
	窗帘盒拆除	m	011614005
	窗帘轨拆除		011614006
开孔（打洞）	开孔（打洞）	个	011615001
附录S 措施项目			
脚手架工程	综合脚手架	m²	011701001
	外脚手架		011701002
	里脚手架		011701003
	悬空脚手架		011701004
	挑脚手架	m	011701005

续表

专业工程名称	分部工程 项目名称	分项工程 计量单位	项目编码
脚手架工程	满堂脚手架		011701006
	整体提升架		011701007
	外装饰吊篮		011701008
混凝土模板及支架	基础	m^2	011702001
	矩形柱		011702002
	构造柱		011702003
	异形柱		011702004
	基础梁		011702005
	矩形梁		011702006
	异形梁		011702007
	圈梁		011702008
	过梁		011702009
	弧形、拱形梁		011702010
	直形墙		011702011
	弧形墙		011702012
	短肢剪力墙、电梯井壁		011702013
	有梁板		011702014
	无梁板		011702015
	平板		011702016
	拱板		011702017
	薄壳板		011702018
	空心板		011702019
	其他板		011702020
	栏板		011702021
	天沟、檐沟		011702022
	雨篷、悬挑板、阳台板		011702023
	楼梯		011702024
	其他现浇构件		011702025
	电缆沟、地沟		011702026
	台阶		011702027
	扶手		011702028
	散水		011702029
	后浇带		011702030
	化粪池		011702031
	检查井		011702032

续表

专业工程名称	分部工程	分项工程		
	项目名称	计量单位		项目编码
垂直运输	垂直运输	1. m² 2. 天		011703001
超高施工增加	超高施工增加	m²		011704001
大型机械设备进出场及安拆	大型机械设备进出场及安拆	台次		011705001
施工排水、降水	成井	m		011706001
	排水、降水	昼夜		011706002
安全文明施工及其他措施项目	安全文明施工	—		011707001
	夜间施工			011707002
	非夜间施工照明			011707003
	二次搬运			011707004
	冬雨期施工			011707005
	地上、地下设施、建筑物的临时保护设施			011707006
	已完工程及设备保护			011707007

参考文献

[1] 中华人民共和国住房和城乡建设部.GB 50500—2013 建设工程工程量清单计价规范[S].北京:中国计划出版社,2013.

[2] 《建设工程工程量清单计价规范》规范编制组.2013 建设工程计价计量规范辅导[M].北京:中国计划出版社,2013.

[3] 中华人民共和国住房和城乡建设部.GB 50854—2013 房屋建筑与装饰工程工程量计算规范[S].北京:中国计划出版社,2013.

[4] 中华人民共和国住房和城乡建设部.TY 01—31—2015 房屋建筑与装饰工程消耗量定额[S].北京:中国计划出版社,2015.

[5] 王春宁.建筑工程概预算[M].哈尔滨:黑龙江科学技术出版社,2000.

[6] 许炳权.装饰装修工程概预算和报价[M].3 版.北京:中国建材工业出版社,2010.